生态文明财经制度研究

梁云凤　著

经济科学出版社

图书在版编目（CIP）数据

生态文明财经制度研究/梁云凤著 . —北京：经济科学
出版社，2015.7
ISBN 978 - 7 - 5141 - 5881 - 6

Ⅰ.①生…　Ⅱ.①梁…　Ⅲ.①生态环境建设 - 财务
制度 - 研究 - 中国　Ⅳ.①X321.2

中国版本图书馆 CIP 数据核字（2015）第 152481 号

责任编辑：高进水　刘　颖
责任校对：曹　力
版式设计：齐　杰
责任印制：潘泽新

生态文明财经制度研究
梁云凤　著
经济科学出版社出版、发行　新华书店经销
社址：北京市海淀区阜成路甲 28 号　邮编：100142
总编部电话：010 - 88191217　发行部电话：010 - 88191522
网址：www. esp. com. cn
电子邮件：esp@ esp. com. cn
天猫网店：经济科学出版社旗舰店
网址：http：//jjkxcbs. tmall. com
北京季蜂印刷有限公司印装
710 × 1000　16 开　18.5 印张　330000 字
2015 年 7 月第 1 版　2015 年 7 月第 1 次印刷
ISBN 978 - 7 - 5141 - 5881 - 6　定价：38.00 元
（图书出现印装问题，本社负责调换。电话：010 - 88191502）
（版权所有　侵权必究　举报电话：010 - 88191586
电子邮箱：dbts@ esp. com. cn）

序一

党的十八大以来，以习近平为总书记的党中央高举中国特色社会主义伟大旗帜，继往开来，与时俱进，不断推进理论和实践创新，这为我们中国特色社会主义事业的发展，实现中华民族伟大复兴的"中国梦"提供了根本保证。党的十八大把生态文明建设纳入中国特色社会主义事业五位一体总体布局，提出建设美丽中国的目标。坚定不移地推进生态文明建设是"中国梦"宏伟诗篇的应有之义。生态文明建设是我国今后发展的重要方向、重大领域和重大任务，生态文明制度建设，是关系人民福祉、关乎民族未来的长远大计。

一直以来，梁云凤博士对如何用经济杠杆撬动和引导绿色发展、生态文明建设进行了长期不懈的研究，尤其关注财政、税收、规费以及金融等财经手段嵌入生态环保、资源有偿使用、能源集约节约使用以及绿色产业培育发展等领域，并都提出了极有政策参考价值的卓见。

2009 年，梁云凤博士出版了《绿色财税政策》专著，该书从宏观经济学视角，以破解资源环境瓶颈必须走绿色化道路为切入点，系统研究和借鉴国际上发达国家推动绿色经济发展的经验和方法，分析和归纳了我国绿色财税政策的演进过程和现行政策存在的不足与问题，依据可持续发展理论、公共财政理论、公共品理论和外部性理论，选择绿色经济的重要领域作为财税政策研究的着力点，综合考虑各领域的公共品程度、本质特点等因素，确定相应的财税政策搭配模式，提出了相应的绿色财税政策。作者认为，绿色财税政策是实现科学发展和可持续发展战略的重要政策载体。中国的资源环境问题是在发展中产生的，必须在发展中解决。中国的国情决定了在解决资源环境问题时，必须坚定不移地走绿色发展的道路。绿色经济是一种绿色技术驱动，生态环境良好，资源节约和高效利用，绿色产业为支柱的经济发展模式。生态环境、资源能源、绿色技术和绿色产业是绿色经济的四个关键领域。这些领域均具有公共品属性，但又具有不同的本质特点，在绿色经济运行中所处的地位和所起的作用也不尽相同，因此政府财税政策调节方式和介入程度也应该有所不同。绿色技术是绿色经济的支撑，生态环境是绿色经济的基础，资源能源是绿色经济重要的生产要素，绿色产业是绿色经济的支柱。绿色财税政策将这四个关键领域作为着力点，分别形成有利于生态环境保护与补偿、促进能源资源的开发与利用、鼓励绿色技术创新与应用、支持绿色产业培育与发展协调配合的财税政策。

本书是梁云凤博士坚持研究该领域的阶段性成果，在经济发展进入新常态的大背景下，按照党的十八大以来关于"大力推进生态文明建设"的要求，从生态文明理论依据、生态文明科学内涵、生态文明制度建设等三维角度构思本书的逻辑架构，重点对生态环境补偿制度、资源有偿使用制度、能源集约节约使用制度、绿色产业发展制度进行了系统分析。

本书逻辑清晰，资料翔实，论述充分。相关建议对生态文明财经制度的决策者和使用者会有启发和参考意义。

王春正

2015 年 5 月 19 日

序二

　　建设生态文明，是关系人民福祉、关乎民族未来的长远大计。面对资源约束趋紧、环境污染严重、生态系统退化的严峻形势，必须树立尊重自然、顺应自然、保护自然的生态文明理念，把生态文明建设放在突出地位，融入经济建设、政治建设、文化建设、社会建设各方面和全过程，努力建设美丽中国，实现中华民族永续发展。

　　从根本上说，人们的经济关系处于社会关系的支配地位，制约和规范经济行为的最有效手段是经济手段。经济手段的核心作用是贯彻物质利益原则，即把各种经济行为的负外部性内化到生产成本中。财政作为最重要的经济杠杆，通过各种具体的财税政策措施不断调整各行为主体的经济利益关系，约束与激励协同，把微观主体的局部利益、短期利益同全社会的共同利益、长期利益有机结合起来。使市场在资源配置中起决定性作用，财政的着眼点应该是从微观经济主体"经济人"的"趋利性"本质出发，对符合政府鼓励的行为进行正向激励，减少其成本性开支，对政府限制的行为进行反向激励，增加其成本性开支，促使微观主体从政府限制的行为方式向政府鼓励的行为方式转变。近年来，我国生态文明建设取得了很大进展，但从财经制度角度出发仍然存在许多不足。突出表现在生态环境补偿制度不完善、资源有偿使用制度不健全、能源集约节约使用制度不合理及绿色产业发展财经激励制度体系不完备等。

　　本书以纯公共产品，混合产品，市场提供私人产品为主线逐渐展开。全书共五章，第一章从生态文明的理论依据写起，主要介绍了新常态和生态文明制度建设的基本内涵、基本特征及重要意义；

第二章从生态环境、生态补偿和生态环境补偿的概念写起，主要阐述了生态环境补偿制度的发展现状、面临问题及相应对策，如何借鉴国外经验完善我国生态补偿制度；第三章从资源有偿使用的角度出发，主要分析了资源有偿使用制度的界定和评价，并借鉴国外先进经验完善我国资源有偿使用制度；第四章从能源集约节约的角度出发，主要梳理了我国能源集约节约改革面临的主要问题以及从四个方面加快能源集约节约使用制度的建立；第五章主要阐述了绿色产业发展现状以及如何完善绿色产业制度。

在梁云凤博士出版《生态文明财经制度研究》一书之际，以此为序，希望梁云凤博士站在本书新的起点上，不懈努力，再创佳绩。对生态文明财经制度的研究仍在探索之中，本书不足之处在所难免，希望广大读者和专家同行不吝批评指正。

郑新立

2015 年 6 月 21 日

目　录

第一章

绪　　论

第一节　理论依据

从历史的发展阶段来看，文明经历了原始文明、农业文明和工业文明三个阶段。现在，人类文明正处于从工业文明向生态文明转变的过渡阶段。工业文明是一种以工业为核心产业的文明形态，而生态文明的主要特征则是产业生态化。生态文明是人类文明发展的一个新阶段，是一种更高境界的文明程度，它是相对于精神文明、物质文明和制度文明而言的。其包括的三个重要特征是较高的环保意识，可持续的经济发展模式和更加公正合理的社会制度，当人类文明的主导因素是这三个因素的时候，人类文明就实现了向生态文明的过渡。

一、马克思主义生态文明观

马克思主义理论诠释了环境危机的根源性以及阶级斗争和生态斗争之间的辩证关系，阐述了人类社会和自然之间应采取健康的、可持续发展的解决方案。马克思、恩格斯强调首先应做到"人与人的和解"才会有"人与自然的和解"，这是结合现代生态学和哲学的经典表述。马克思和恩格斯的思想当中丰富地蕴含了生态学思想，生态马克思主义研究了马克思和恩格斯的各种生态思想。马克思主义对解决资本主义社会乃至全球生态危机都具有重要的理论价值和现实意义。生态马克思主义大致经历了三个理论阶段，分别是生态马克思主义、生态社会主义和马克思的生态学。生态社会主义是生态马克思主义从理论到现实的真实写照，而马克思的生态学则是生态马克思主义理论上的回归。马克思的生态学包括三个方面的关系：自然与人、自然与社会、科学与生态学。马克思主义从以下三个方面阐述了人与自然的关系：

首先是人与自然协调发展、和谐相处。人类产生发展的基础是自然界，自然不断地被人类的活动所改造，人与自然之间应该和谐相处。恩格斯认为自然界中所有的物体的相互作用都包含着和谐与冲突，包括有意识和无意识的合作与竞争。因此，自然界中决不是单纯存在着片面的斗争。马克思对资本主义工业文明进行了批判，认为共产主义是解决人和自然、人和人之间矛盾的最终办法。其次是人要爱护自然，不要破坏自然。人是自然界中的一部分，人应该像热爱自己的生命一样去热爱自然。马克思认为自然界是人的无机的身体，人需要依靠自然界而生活。这就说明自然是人们只有通过与之不断交往才能达到继续生存的实体。最后是人要按照自然规律办事。人类如果能认识自然规律并按照自然规律去办事，自然将会朝着有利于人类社会的方向发展。恩格斯指出能够正确认识和利用自然规律才能让我们统治整个自然界。恩格斯的论断，揭示了人类的发展必须同自然规律相一致。

我们建设的具有中国特色的社会主义生态文明包括两个主要方面：一方面是必须结合中国特有的自然生态环境、经济文化发展水平、人口素质状况和社会政治条件，建设具有中国特色的生态文明；另一方面，把社会主义生态文明的目标与社会主义现代化建设的其他远景发展目标结合起来，让生态文明的建设与小康社会、节约型社会、和谐社会以及联合国千年发展目标的实现有机地整合。

我们党运用马克思主义理论分析问题，结合社会主义建设的伟大实践，建立了科学的、系统的生态文明观。其主要观点如下：

重新认识人与自然的关系。以前，我们对自然规律的认识不是很深刻，在生态建设上犯过一些错误，导致了生态环境的恶化。

实现可持续发展。随着社会的发展，人们日益面对资源短缺、环境恶化、生态失衡等问题，人与自然的关系必须得到重新审核，可持续发展成为了时代的要求。针对我国人口发展与资源环境的突出矛盾问题，党中央、国务院制定了可持续发展战略。为了实现可持续发展战略，在《中国21世纪议程——中国21世纪人口、环境与发展白皮书》中，可持续发展目标被定义为：建设可持续发展的经济体系、社会体系和保持与之相适应的可持续利用的资源和环境基础。可持续发展战略作为一种新型的社会文明观，表达的是一种人与自然的和谐发展。这种文明观是由人类征服自然界转变为人与自然和谐发展，开辟了人类文明的新境界。

作为一种新型的文明形态，生态文明是其指人们在改造客观物质世界的同时，不断克服改造过程中的负面效应，积极改善和优化人与自然的关系，建设有序的生态运行机制和良好的生态环境所取得的物质、精神、制度方面成果的总和。它以环境资源承载力为基础、以可持续的社会经济政策为手段，以致力于构造一个人与自然和谐发展的社会为目的，是遵循自然规律的文明形态。其内涵在于：第一，生态文明是一种积极、良性发展的文明形态。生态文明绝不是拒绝发展，更不是停滞或倒退，而是要通过资源生产率的提高、生产生活方式的根本转变，提高人类适应自然、利用自然和修复自然的能力，实现人与自然和谐、健康发展。第二，生态文明是可持续发展的文明。这包括人类的可持续和自然的可持续，二者是相统一的。人类所有利用环境、开发资源的活动，都必须以环境可承载和可恢复、资源可接替为前提，是一种可持续的开发利用。第三，生态文明应是一种科学的、自觉的文明形态。未来的生态文明应是一种自觉的生态文明，不仅要有哲学上的自觉，还必须有科学上的自觉，要以科技的发展为基础，自觉地转变发展方式。第四，生态文明与物质、精神、政治文明共同构成了人类文明的整体框架。它们紧密联系，既相互促进又相互制约。

二、可持续发展理论

1983 年，应联合国秘书长的要求，联合国发起成立了关心地球问题的世界环境与发展委员会（WCED），1987 年 WCED 出版了关于环境与发展问题的报告《我们共同的未来》，首先正式提出了"可持续发展"（sustainable development）的概念，指出"可持续发展是既满足当代人的需要，又不对后代人满足其需要的能力构成危害的发展"，它包括两个重要的概念：一为"需要"，"尤其是世界上贫困人民的基本需要，应放在特别优先的地位来考虑"；二为"限制"，即"技术状况和社会组织对环境满足眼前和将来需要的能力施加的限制"。1992 年，联合国环境与发展大会在《里约宣言》[①] 中对可持续发展又

---

① 《里约宣言》是《里约环境与发展宣言》的简称。该宣言于 1992 年 6 月 14 日联合国环境与发展大会的最后一天通过。《里约宣言》旨在为各国在环境与发展领域采取行动和开展国际合作提供指导原则，规定一般义务。

作了进一步的阐述："人类应享有与自然和谐的方式过健康而富有成果的生活的权利，并公平地满足今世后代在发展和环境方面的需要"。由此，人类对经济发展的认识扩展到与自然环境、人类未来的统一发展上来。这是因为在传统经济发展模式下，经济增长总是依靠高污染、高能耗、高排放为代价，总是带来生态环境破坏的危险性，已经对资源、环境、人类的生存带来了巨大的压力。经济发展与生态环境的矛盾已经日益严重，甚至已经开始威胁到人类生存。因此，可持续发展的实质在于强调人类经济活动与自然环境的协调发展，从根本上解决经济发展与生态环境的对立统一矛盾。

如何解决这一矛盾呢？这就要求决策者在制定经济发展的决策时，确保经济增长是绝对建立在生态保护基础上，确保那些为生态环境发展而付出努力的人们得到利益，以使生态环境可以支持人类的延续发展和经济的长期增长。所以"经济学与生态学必须完全统一到决策和立法过程中，不仅要保护环境，而且也要保护和促进发展。经济学不仅仅在于生产财富，生态学也不仅仅在于保护自然，这两者同样都是为了改进人类的命运"。其根本目的是提高人类的福利。因此，可持续发展理论的观点是：（1）经济发展与环境保护是对立统一的，环境问题与社会经济问题必须一起考虑，并且在经济社会发展中求得解决，实现社会、经济、环境的同步发展。（2）世界上富足的人应当把他们的生活方式控制在生态许可的范围内，并且应当使人口数量和人口增长同生态系统生产潜力的变化协调一致。（3）必须摆脱过去的发展模式，从整个生态系统考虑环境问题，制定协调改善经济发展和环境保护的长期政策，重视自然资源的合理和持续利用，以生态改善来保障可持续发展目标的完成。对此，联合国环境与发展大会在 1992 年《里约宣言》中对可持续发展作了进一步的阐述。可见，创建生态补偿机制符合可持续发展观的要求，同时，可持续发展的思想也为生态补偿制度的创立提供理论上的支持。

综上所述，根据可持续发展理论，发展绿色经济需要从生态环境和人类的和谐发展角度入手，实现经济学与生态学在经济决策上和谐统一，并且最终表现在可持续发展中来。因此，可持续发展理论从理论上论证了绿色经济将经济发展置于自然环境系统中的必要性，论证了环境、资源纳入经济发展的内生变量的必须性，也体现了发展绿色经济的重要表现形式就是实现可持续的发展，实现人与自然在经济领域、生态领域的和谐发展。

三、公共品和外部性理论

（一）公共产品理论

按照微观经济学理论，社会产品可以分为公共产品和私人产品两大类。按照萨缪尔森的定义，公共产品是指这样一种产品，即每个人消费这种产品不会导致别人对该产品消费的减少。依照该定义，生态资源显然属于公共产品。与私人产品相比较，公共产品具有非竞争性和非排他性两个基本特征。而这两个特性往往使得公共产品在使用过程中容易产生"公共的悲剧"和"搭便车"问题。1968 年，美国环境保护主义者加勒特·哈丁以寓言的形式，给我们讲述了我们常说到的"公地悲剧"的故事。可见，如果一种生态资源的所有权没有排他功能，那么就会导致公共资源的过度使用，使生态环境和资源遭到破坏，而且这种破坏结果是不可逆转的。所以，我们必须建立一种补偿制度，给予那些为保护生态资源而牺牲自己利益的人们一定的补偿，最终保证全体成员的利益不受损失。"搭便车"问题也可体现在生态环境破坏过程中。此理论最早由休谟在 1740 年提出。他认为在一个经济社会，如果有公共产品的存在，免费搭车者就会出现；如果所有社会成员都成为免费搭车者，最终结果是谁也享受不到公共产品。由于政府无法了解每个人对某种公共产品的偏好及效用函数，再加之公共产品的非排他性，使得人们可能从低成本获得收益而减少其对公共产品的出资份额（缴税额），而这样做并不会减少他将要获得的收益。在这样的社会条件下，人们完全有可能在不付任何代价的情况下享受通过他人的捐献而提供的公共产品的效益，即出现了"搭便车"的现象。消费中的非竞争性往往导致"公地悲剧"——过度使用公共产品，并且，消费中的非排他性导致的"搭便车"心理使公共产品供给不足。政府管制和政府买单是有效解决公共产品的机制之一，但不是唯一的机制。如果通过制度创新让生态环境受益者付费，那么，生态保护者同样能够像生产私人产品一样得到有效激励。

1. 公共产品的定义和特征。按照微观经济学理论，社会产品可以分为公共产品和私人产品两大类。按照萨缪尔森的定义，公共产品是指这样一种产品，即每个人消费这种产品不会导致别人对该产品消费的减少。比如国防、灯塔、航标灯、法律、环境保护、基本卫生保健、公共资源等。以国防为例，将国防作为一种产品，守护着一个国家里的每一个人，每新增加一个人口（或移民），并不会影响原有的受保护的居民的安全利益，即不会影响其他人对该产品消费的减少。按照此定义，生态资源跟国防类似，每个消费者对生态资源的利用和消费并不会影响别人的消费情况，属于公共产品。在经济分析中，公共产品具有以下主要特征：

第一，不可分割性。这是公共产品最本质的物理性能，即只能作为一个整体被消费，不能分割消费，也不能被独占。生态环境是可持续发展的必要条件之一，对它的利用从来都没有被分割成某个人或企业的，而是由众多的消费者共同享受。也正因为如此，在后现代工业经济时代，生态环境一直没有像私人产品一样受到市场经济的保护。

第二，非竞争性。这是公共产品区别于私人产品的关键特征，是指消费者的增加不会引起该种产品生产成本的增加。面包作为私人产品，当需求增加时，就需要增加面粉从而导致生产面包的费用将会增加，同时在需求总量一定的情况下，会使该消费者在其他方面的消费减少，其消费情况很容易影响生产成本和消费结构。但作为公共产品与之相反，生态资源利用的人增加，通常不会影响到保护生态环境和资源成本费用的增加，同时也并不会影响到使用者在其他方面使用情况。

第三，非排他性。是指排斥某人消费此类产品是不可行的或是极其困难的（排斥成本很高），或者是不必要的。生态资源也同样具有这一特性，如某人对水资源的使用并不能排斥其他人对水资源的使用，或者说对此人来说，要想排斥他人使用水资源，就需要支付昂贵的排斥成本，如净化水资源的净化设备费用、净化技术研发费用等。

2. 公共产品的分类。根据排他性和竞争性与否，可以将产品分为私人物品、纯公共物品、公共资源（准公共产品）和俱乐部物品（准公共物品）。私人物品具有竞争性和排他性，它的生产、供给和消费都可以通过市场交易实现。纯公共物品同时具有非竞争性和非排他性，也被简称为公共物品。从经济理论中，公共物品通常分为狭义和广义之分，狭义的公共物品通常是一类具有物质属性的产品，如街道、灯塔等；而广义的公共物品除了包括这类具有物质属性的产品外，还包括政府、国防、法律以及各种制度等非物质产品，这类非物质物品往往具有非排他性和非竞争性，因此也被视为特殊意义上的纯公共物品。换句话说，狭义和广义将公共物品分为准公共物品和纯公共物品。

在准公共物品中通常有两种情况：一类以俱乐部物品（club goods）① 为代表，这类物品在一定限度内，消费上具有非竞争性，并且排他又是可行的，因为成本较低。典型的就是公路，在不拥挤的条件下，增加使用人数并不会减少其他人消费，也不会降低别人使用公路的质量。但如果使用人数增加到一定限度，并且常年处于拥挤状态下，公路将瘫痪，即市场失灵。另一类以公共资源为代表，具有很强的竞争性，并且排他几乎是不可能的，因为排他成本很高。这是研究绿色经济的理论逻辑起点之一，竞争性决定了公共资源在消费上的可枯竭性，每增加一个消费者或是使用者，其竞争性就越强。同时，这类资源又具有非排他性，不可能清楚的界定私有产权，由此，公共资源并不可能像私人物品一样实现完全的市场交易，并通过市场控制和调节其生产、消费。比如石油，众所周知是通过地质天然形成的不可再生资源，谁也无法将其私有；并且由于石油的稀缺性导致消费它的人每增加一个，将会引起其他人的减少，具有很强的竞争性。

正如前文所述，公共资源具有竞争性和非排他性。然而，长久以来，我国在市场经济的发展过程中，并没有注意到这点，导致以浪费、滥用、污染公共资源为"高昂"代价换取短期经济。随着市场经济的深度发展，公共资源的这种竞争特性更加凸显，不仅表现在市场上由于稀缺性带来的高价值（排除人为驱使价值因素外），还表现在对人类在生存环境上的"报复"。

3. "公地悲剧"和"搭便车"问题。公共产品具有非竞争性和非排他性的基本特性，还会使其在使用过程中容易产生"公地悲剧"和"搭便车"的问题。所谓"公地悲剧"是 1968 年美国环境保护主义者加勒特·哈丁（Garrit Hadin）以寓言的形式，给我们讲述了我们常说到的"公地悲剧"的故事：一群牧民面对向他们开放的草地，每一个牧民都想多养一头牛，因为多养一头牛增加的收益大于其购养成本，是合算的，尽管因平均草量下降，可能会使整个牧区的牛的单位收益下降，每个牧民都可能多增加一头牛，草地将可能被过度放牧，从而不能满足牛的食量，致使所有牧民的牛均饿死。随着环境问题的日益恶化，越来越多的学者认为哈丁论证的"公共"一词应翻译成"公共资源"，公共资源已经成为公共产品中越来越突出的经济现象。从理论上讲，如

---

① 布坎南曾指出："有这样的物品和服务，它们的消费包含着某些'公共性'，在这里，适度的分享团体多于一个人或一家人，但小于一个无限的数目。'公共'的范围是有限的。"因此，这种介于纯私人物品和纯公共物品之间的产品或服务就是俱乐部物品。

果一种生态资源的所有权没有排他功能，那么就会导致公共资源的过度使用，使生态环境和资源遭到破坏，而且这种破坏结果是不可逆转的。所以，我们必须建立一种补偿制度，给予那些为保护生态资源而牺牲自己利益的人们一定的补偿，最终保证全体成员的利益不受损失。

所谓"搭便车"是指如果由个人原因来表示他对某种公共产品支付的代价，个人会隐瞒自己的偏好，谎报自己支付的意愿，以便从其他人的支出而生产的产品中得到好处。简单地说，就是指人们不会自愿的为公共产品出资而获得收益的现象。此理论最早由休谟在 1740 年提出。他认为在一个经济社会，如果有公共产品的存在，免费搭车者就会出现；如果所有社会成员都成为免费搭车者，最终结果是谁也享受不到公共产品。由于政府无法了解每个人对某种公共产品的偏好及效用函数，再加之公共产品的非排他性，使得人们可能从低成本获得收益而减少其对公共产品的出资份额（缴税额），而这样做并不会减少他将要获得的收益。在这样的社会条件下，人们完全有可能在不付任何代价的情况下享受通过他人的捐献而提供的公共产品的效益，即出现了"搭便车"的现象。"搭便车"问题也可体现在生态环境破坏过程中。生态环境在很大程度上属于公共产品。在市场经济条件下，人们在生态环境具有非排他性的条件下都可能会产生免费利用而不愿主动支付使用成本（或是使用成本不确定、分配不明确）。在这样获得超价值收益的情况下，只能恶化生态环境被破坏的状况。

综上所述，一方面，消费中的非竞争性往往导致"公地悲剧"——过度使用生态环境；另一方面，消费中的非排他性往往导致"搭便车"心理——使用成本供给不足。如果仅仅依靠市场调节可能很小，或是生态资源的使用根本违反了市场的基本原则。因此，需要政府介入，而政府介入建立补偿制度的机制有很多，其中，政府管制和政府买单是有效解决公共产品的机制之一，但不是唯一的机制。如果通过制度创新让生态环境受益者付费，那么，生态保护者同样能够像生产私人物品一样得到有效激励。

（二）外部效应理论

20 世纪 70 年代以来，由于工业化、城市化及环境污染等一些社会问题的不断加剧，经济发展的外部性问题逐渐被认识。亚当·斯密指出，当个人追求自己的福利时，一只"看不见的手"会导致其他任何社会成员的福利增进。但"看不见的手"定理要依赖于一个隐含的假定——单个消费者和生产者的经济行为对于社会上其他个人的经济福利没有任何影响，单个经济活动主体从其经济行为中产生的私人成本和私人收益等于该行为所造成的社会成本、社会收益。但这种假定在现实生活中往往是不能够成立的，而更多的是单个经济单位从其经济行为中产生的私人成本和私人收益经常与社会成本、社会收益无法对等，生产太多或者生产不足总是存在，帕累托最优难以达到。因此，也就产生了外部效应理论。

马歇尔在1890年出版的经典著作《经济学原理》中首次提出并论述了外部经济概念。庇古在1920年发表的《福利经济学》一书中对外部性问题进行了系统分析，从而形成了较为完整的外部性理论。1962年，布坎南和斯塔布尔宾用数学语言给外部性下了这样一个定义：只要某人的效用函数或某厂商的生产函数所包含的某些变量在另一个人或厂商的控制之下，就表明该经济中存在外部性。从该定义可以看出，外部效应的内涵如下：外部性是市场交易机制之外的一种经济利益关系。外部效应有正有负。从外部性的发生主体来看，其行为可能对他人带来未获补偿的效用或产量的损失，也可能带来未付报酬的效用或产量的增加。前者称为负外部性，后者称为正外部性。外部性可以产生在消费领域，也可以产生在生产领域；可以产生于私人部门活动中，也可以产生于公共部门活动中；可以产生于私人产品，也可以产生于公共产品。

外部性通常有：正外部性和负外部性、生产外部性与消费外部性、简单外部性与复杂外部性、公共外部性与私人外部性等。第一，正外部性与负外部性。正外部性表示该外部性影响能够给承受者带来某种利益，反之亦然。比如，环境保护和基础教育是正外部性的例子。环境保护者利用自己的能力和知识给生态环境、人类社会带来了巨大利益，使得其他生存在生态环境的人们受到了巨大利益，这就是正外部效应。第二，生产外部性与消费外部性。根据庇古对外部性的概念论述，将产生外部的经济主体可以分为生产者或是消费者。如果经济主体是生产者，其实施的外部性行为就是生产外部性，反之亦然。对20世纪60年代以前，人们大多较为关注生产外部性，如企业对环境的污染问题等。70年代以来，消费外部性问题日益突出，如汽车消费过程的空气污染、道路拥挤、水资源污染、交通事故增多等。人们关注的焦点也逐渐转移到消费领域。可见，对生态环境破坏的认识也必然要求用外部效应理论解决。第三，公共外部性与私人外部性。按照外部性影响是否具有公共产品的性质，将其分为公共外部性和私人外部性。公共外部性类似于公共产品，具有非排他性和非竞争性的特点，也就是说公共外部性的受体众多，而且受体之间对外部性影响的"消费"并不互相影响。比如，工厂排放的有毒气体对周围居民的影响远远超过其排放的固体垃圾，因此前者属公共外部性，后者属私人外部性。因此，区分二者的意义就在于，对公共外部性来说，很难通过市场交易将外部性内部化。而对于私人外部性来说，能够通过市场形式将其影响内部化。事实上，人们也是这样做的，对工厂排放的固体垃圾往往会通过收费的形式消除，而对工厂排放的有毒气体却没有受到重视。

外部性问题的实质就在于社会成本与私人成本之间的差异，而其差异的结果就会导致资源配置失当。这是因为当私人成本大于社会成本时，产生正外部效应，生产者的产量将会远远小于社会最优产量；当私人成本小于社会成本时，产生负外部效应，生产者的产量将会远远高于社会最优量。只要是二者有差异，就会产生私人产量与社会产量的不均衡，就无法实现社会资源的最优配置，也就无法实现资源配置的帕累托最优，产生了市场失灵。

外部效应理论不仅解释了生态失衡、环境破坏的根本原因，也提出政府介入不仅是生态资源公共品外部性问题的实际要求。对于生态资源问题，生产者、消费者都会因为生态资源非排他性和非竞争性的特性无法有效、协调、生态地使用这类公共资源，产生了诸多负外部效应，不仅导致了生态资源的大量破坏，也导致了资源的配置失当，市场机制失灵。根据外部效应理论，这时，需要外界力量的介入，而政府是最好的介入力量。庇古提出：产生负外部效应的部门实施征税，以迫使其减少产量；同时对产生正外部效应的部门给予奖励和津贴，以鼓励其增加产量。庇古认为，通过这种外部性问题的内部化是有效解决市场低效率的方法。

那么，该怎么解决外部效应问题呢？新古典经济学认为，在完全竞争的市场条件下，社会边际成本与私人边际成本相等，社会边际收益与私人边际收益相等，从而可以实现资源配置的帕累托最优。但是在现实中，由于外部性等因素的存在往往使上述情况很难出现。社会边际成本收益与私人边际成本收益背离时，不能靠在合约中规定补偿办法予以解决。这时，市场机制无法发挥作用，即出现市场失灵。这就必须依靠外部力量，即政府干预加以解决。当它们不相等时，政府可以通过税收与补贴等经济手段使边际税率（边际补贴）等于外部边际成本（边际外部收益），使外部性"内部化"。外部性可被分为积极的和消极的两类，其划分取决于个人是否无偿的享有了额外收益，或是否承受了不是由他导致的额外成本。此理论在生态保护领域已经得到广泛的应用，例如排污收费制度、退耕还林制度等就分别是针对积极的外部性和针对消极的外部性的应用。相对而言，现实中对消极外部性的征收手段用得多一些，而对积极外部性的补贴手段用得少一些。所以，要激励人们从事具有积极外部性的生态保护行为，生态补偿机制不能少。必须在外部性理论的指导下，设计一套较完善、可行的补偿办法，使外部效应内部化，最终实现生态资源的最优配置。

四、生态经济学理论

生态经济学是一门研究生态——经济复合系统的结构和运动规律的边缘学科，它以人类经济活动为中心，在人类与环境的生态关系基础上，研究人口、资源与环境之间的相互关系。生态系统是经济系统的基础，对经济系统的发展起着基础性的决定作用，经济系统的发展必然依靠生态系统，经济系统对生态系统有反馈作用。建立生态补偿制度，正是要在生态系统和经济系统之间建立一座桥梁，促进经济和生态环境双向、共同发展。通过上述分析可以知道，生态补偿机制就是这样一种制度：通过一定的政策手段实行生态保护外部性的内部化，让生态保护成果的"受益者"支付相应的费用；通过制度设计解决好生态产品这一特殊公共产品消费中的"搭便车"现象，激励公共产品的足额提供；通过制度创新解决好生态投资者的合理回报，激励人们从事生态保护投资并使生态资本增值。

"生态资本"是指一种生态服务或生态价值的载体。那么，生态系统提供的这种生态服务应被视为一种资源、一种基本的生产要素，所以必然离不开有效的管理。从功效论看，必须承认生态环境对我们是不可或缺的，是有用的。从财富论看，生态环境是我们创造财富的要素之一。由于人类活动范围的不断扩大、活动程度的不断深入，在现代生态系统中，生态环境已不是"天然的自然"，而是"人化的自然"。所以，生态资本实质上就是人造自然资产。不管是土地、矿藏，还是森林、水体，作为资源它们现在都可以通过级差地租或者影子价格来反映其经济价值，从而实现生态资源资本化。生态资本主要包括以下三个方面：（1）能直接进入当前社会生产与再生产过程的自然资源，即自然资源总量（可更新的和不可更新的）和环境消耗并转化废物的能力（环境的自净能力）；（2）自然资源（及环境）的质量变化和再生量变化，即生态潜力；（3）生态环境质量，这里是指生态系统的水环境质量、大气等各种生态因子为人类生命和社会生产消费所必需的环境资源。而整个生态系统就是通过各环境要素对人类社会生存及发展的效用总合体现它的整体价值。随着社会的进步，人类对生存环境质量的要求就越高，生态系统的整体性就越重要，而生态资本存量的增加在经济发展中的作用也日益显著。随着生态产品稀缺性的日益凸显，人们意识到，不能只向自然索取，而要投资于自然。但是，如果随着生态资本的增殖，而生态投资者不能得到相应的回报，那么谁又愿意从事这种"公益事业"呢？建立生态补偿机制就是要给生态投资者建立一种回报机制，激励更多的人为生态投资。

五、产权理论

产权直观地说就是财产权利，是人们在资源稀缺性条件下使用资源的规则，他不是一种单项权利，而是对某种经济物品的多种用途进行选择的权利。环境产权是指行为主体对某一环境资源具有的占有、使用、处置以及收益等各种权利的集合。拥有一种环境资源的产权就是拥有这种资源使用的决策权和收益权，涉及影响环境资源利用的权利，完备的产权应包括关于资源利用的所用权利。

产权经济学认为，市场交换的实质不是物品和服务的交换，而是一组权利的交换，所交易的物品的价值取决于交易的产权多寡或产权的强度，资源的市场价格就是资源的产权价格。明晰的产权是交易的结果，因此产权界定是在产权交易中不断演进的。环境资源产权的不明确性、非专一性和非排他性，导致了环境资源稀缺程度与市场价格的脱节，从而导致了环境资源生产与消费中成本与收益、权利与义务、行为与结果的背离，是环境恶化的根源。

六、公平观

公平，即公正、平等，但什么样的公平才是科学的公平观却一直没有共识。总体而言，就目前关于公平的争论，主要形成了三种公平观：第一种是起点公平；第二种是过程公平（即通过规则约束以实现过程公平，亦称规则公平）；第三种是结果公平。环境法意义上的公平观则是在承认市场主体资源禀赋差异即承认起点不公平的前提下，给每个主体以相对特权，试图追求结果上的公平，即以不公平求公平。在这样的公平观指导下，不同地区居民的贫富差距太大是不公平的，牺牲当代人和后代人的环境利益的单纯经济发展也是不公平的，都必须加以调整和控制。环境法意义上的公平，还包括人与生物的公平，人与自然的公平，人类的代内公平、代际公平、权利公平等。所以，从公平观的角度来看，建立生态补偿制度正是在给生态保护者和生态受益者之间寻求一种结果上的公平。

第二节　新常态与生态文明

"四万亿"刺激效应过后，中国经济增速再度下滑。截至 2014 年年底，这种探底过程仍未结束。当前一个社会共识是：中国经济现在面临的挑战与过去有很大不同，不是短期冲击，而是长期转型，政府和企业都必须适应"新常态"。2014 年 12 月中央经济工作会议提出，"认识新常态，适应新常态，引领新常态，是当前和今后一个时期中国经济发展的大逻辑"。

一、新常态论述

2014 年新常态一词首次出现在习近平总书记 5 月在河南视察时的表述之中。7 月 29 日，在中南海召开的党外人士座谈会上，习近平总书记问计当前经济形势，又一次提到新常态。习近平总书记指出："我国发展仍处于重要战略机遇期，我们要增强信心，从当前我国经济发展的阶段性特征出发，适应新常态，保持战略的平常心态。"以新常态来判断当前中国经济的特征，并将之上升到战略高度，表明中央对当前中国经济增长阶段变化规律的认识更加深刻，正在对宏观政策的选择、行业企业的转型升级产生方向性、决定性的重大影响。

新常态之"新"，意味着不同以往；新常态之"常"，意味着相对稳定，主要表现为经济增长速度适宜、结构优化、社会和谐；转入新常态，意味着我国经济发展的条件和环境已经或即将发生诸多重大转变，经济增长将与过去30 多年 10% 左右的高速度基本告别，与传统的不平衡、不协调、不可持续的粗放增长模式基本告别。

2014 年 12 月 9 日至 11 日在北京举行中央经济工作会议。会议首次阐述了新常态的九大特征——会议认为，科学认识当前形势，准确判断未来走势，必须历史地、辩证地认识我国经济发展的阶段性特征，准确把握经济发展新常态。

1. 从消费需求看，过去我国消费具有明显的模仿型排浪式特征，现在模仿型排浪式消费阶段基本结束，个性化、多样化消费渐成主流，保证产品质量安全、通过创新供给激活需求的重要性显著上升，必须采取正确的消费政策，释放消费潜力，使消费继续在推动经济发展中发挥基础作用。

2. 从投资需求看，经历了30多年高强度大规模开发建设后，传统产业相对饱和，但基础设施互联互通和一些新技术、新产品、新业态、新商业模式的投资机会大量涌现，对创新投融资方式提出了新要求，必须善于把握投资方向，消除投资障碍，使投资继续对经济发展发挥关键作用。

3. 从出口和国际收支看，国际金融危机发生前国际市场空间扩张很快，出口成为拉动我国经济快速发展的重要动能，现在全球总需求不振，我国低成本比较优势也发生了转化，同时我国出口竞争优势依然存在，高水平引进来、大规模走出去正在同步发生，必须加紧培育新的比较优势，使出口继续对经济发展发挥支撑作用。

4. 从生产能力和产业组织方式看，过去供给不足是长期困扰我们的一个主要矛盾，现在传统产业供给能力大幅超出需求，产业结构必须优化升级，企业兼并重组、生产相对集中不可避免，新兴产业、服务业、小微企业作用更加凸显，生产小型化、智能化、专业化将成为产业组织新特征。

5. 从生产要素相对优势看，过去劳动力成本低是最大优势，引进技术和管理就能迅速变成生产力，现在人口老龄化日趋发展，农业富余劳动力减少，要素的规模驱动力减弱，经济增长将更多依靠人力资本质量和技术进步，必须让创新成为驱动发展新引擎。

6. 从市场竞争特点看，过去主要是数量扩张和价格竞争，现在正逐步转向质量型、差异化为主的竞争，统一全国市场、提高资源配置效率是经济发展的内生性要求，必须深化改革开放，加快形成统一透明、有序规范的市场环境。

7. 从资源环境约束看，过去能源资源和生态环境空间相对较大，现在环境承载能力已经达到或接近上限，必须顺应人民群众对良好生态环境的期待，推动形成绿色低碳循环发展新方式。

8. 从经济风险积累和化解看，伴随着经济增速下调，各类隐性风险逐步显性化，风险总体可控，但化解以高杠杆和泡沫化为主要特征的各类风险将持续一段时间，必须标本兼治、对症下药，建立健全化解各类风险的体制机制。

9. 从资源配置模式和宏观调控方式看，全面刺激政策的边际效果明显递减，既要全面化解产能过剩，也要通过发挥市场机制作用探索未来产业发展方向，必须全面把握总供求关系新变化，科学进行宏观调控。

进入新常态后，我国发展仍处于重要战略机遇期，我们可以保持发展信心。一是中央做出的重大战略部署，"一带一路"的对外开放战略拓展了外部发展空间，京津冀协同发展、长江经济带则在内部空间启动两个发展的发动机。二是我国庞大的人口数量仍然是发展的基础。三是30多年发展积累起来的资本也为我国在全球寻找发展机会、实现发展提供了条件，资本积累基础上的对外直接投资既分享全球发展机遇，又拓展发展空间。四是技术创新正处于集中爆发的前夜，制度变革将使得抽屉中的技术更加迅捷转化为现实生产力。五是改革成为未来增长最大的红利，改革将充分释放出市场活力，把中国人的聪明才智转化为现实生产力。六是新型城镇化和城乡一体化将创造巨大的内需空间。七是稳健的财政体系、健康的银行体系、巨大的外汇储备为应对潜在风险提供了强大的保障。

由于中国经济总量已很大，基数已很高，即使保持中高速增长，也将为全球经济创造很可观的增量，带来巨大的市场投资机会。随着中国经济结构的不断优化升级，第三产业、高新技术产业、装备制造业、绿色低碳产业将呈现越来越大的发展空间，中西部地区和一些新兴城镇、新兴农村地区将产生越来越多的机会。随着经济增长动力结构的多元化，中国经济的活力将进一步增强，效率将进一步提高，制度环境将进一步规范。随着财富分配更多惠及广大民众，中国内需潜力将进一步提高，民众创新创业的积极性和创造性将进一步迸发。

进入"新常态"并不会一帆风顺，一些潜在风险正渐渐浮出水面，新常态不会自动实现。经济发展模式存在惯性，企业、民众和政府对高速增长有"路径依赖"，当经济速度换挡、结构调整时，难免会出现阵痛，引发一些问题、矛盾和风险。特别是多年来积累的高房价、地方政府债务偏高、影子银行、产能过剩等，在进入新常态过程中会使一些潜在风险暴露出来。对此，必须高度重视，通过改革、转型、创新和科学的宏观调控予以防范和化解。

二、"新常态"下经济社会发展面临新需求

经过三十多年高速增长后，我国经济进入目前 7%～8% 的中高速增长的新常态。新常态下经济社会面临诸多需求转向。

（一）从速度跨越向持续健康转向的需求

长期以来，我国经济增长基本上是建立在要素投入和劳动力比较优势的基础上。随着市场竞争的加剧和资源、环境压力的增大，产业结构调整和升级的紧迫性日益增加。切实转变经济发展方式，注重增长的效率和质量，提高产业竞争力，真正使经济增长建立在创新和技术进步的基础上，已成为国民经济发展的主要任务。

制造业效率低下，全行业人均劳动生产率仅为美国的 1/25、德国的 1/20，主要用能产品的能耗比发达国家高出 25%～90%。在资本、产业技术和品牌等方面正在形成日益显著的对外依赖。特别是在占固定资产投资 40% 左右的设备投资中，有 60% 以上要靠进口来满足，高科技含量的关键装备基本上依赖进口。农业领域科技约束突出。农业科技创新能力明显不足，难以满足农业产业结构、产品结构调整的需求。由于我国至今仍未建立起既符合市场经济规律、又适应中国国情和现实需求的农业社会化科技服务体系，大量先进实用的农业科技成果长期沉淀在科研单位和科技人员中，难以真正为农民所用。我国高新技术产业创新能力不足。据有关资料统计，外国企业在中国申请的发明专利中，信息技术领域占 90%，计算机领域占 70%，医药领域占 60.5%，生物领域占 87.3%，通讯领域占 92.2%。从本质上说，我国的大多数"高技术企业"并不是真正意义上的高技术企业，而是高技术产业中的劳动密集型环节。我国服务业发展水平不高，生产性服务业的国际竞争力较弱。特别是金融、电信、中介服务等现代服务业发展滞后，严重制约了资本积累速度和资本利用效率的提高，制约了人力资本的增长，制约了技术创新能力的提高，制约了市场的有效开拓，已成为经济增长和社会发展的"瓶颈"。

（二）从环境破坏向绿色生态转变的需求

我国生态环境具有明显的脆弱性，巨大人口总量，不断增强的活动强度和提高生活质量的要求，与生态环境的承载能力构成了尖锐的矛盾。当前，我国

生态环境总体功能在下降，抵御各种自然灾害的能力在减弱。我国人均资源量明显不足，关键资源要素如能源、水资源、矿产资源等方面的人均占有量只有世界平均水平的一半及以下，而且资源开发和利用效率低，进一步恶化了供给资源状况。随着经济规模扩大，资源对经济发展的制约作用越来越大。从长期看，水、电、油、矿产等资源对经济发展的约束会进一步强化。

现实发展与生态环境间的矛盾，要求我们必须牢固树立新的发展观，充分利用各种科技手段，积极发展循环经济，使经济发展与生态环境建设相协调，使经济增长从环境破坏型转向绿色生态型增长。在水资源方面，把治水理念从以引水为主转为以节水为主，通过技术创新，提高节水效率，治理水污染，切实解决好水资源短缺与水资源浪费的矛盾。在能源发展上，一方面应当做到科技先行一步，力争在开发利用各种新型能源上有突破性的进展，改变能源供给与消费结构，促进化石能源的清洁利用；另一方面是大力提高能源利用效率，特别是要充分利用现代技术改造和提升传统产业，提高工业产品的技术含量，大幅度降低传统产业发展中的能源消耗。

（三）从要素驱动向创新驱动转变的需求

当代国际竞争空前激烈的一个重要表现，就是从对自然资源的争夺扩大到知识资源和人力资源的争夺，科技知识和人才成为重要的战略性资源。研究表明，世界科技发展的不均衡性要远大于世界经济的不均衡性，当代绝大多数领域的技术制高点被发达国家所控制。与知识资源高度不平衡的状态相比，新的国际竞争秩序对发展中国家提出了更为严峻的挑战。一是与贸易相关的知识产权条约（TRIPs），正在使发达国家和跨国公司将技术标准、知识产权作为保持其技术垄断利益和竞争优势的重要手段。特别是在许多发展中国家选择出口导向战略的情况下，TRIPs不但使发展中国家主要建立在自然资源和廉价劳动力基础之上的比较优势逐步下降，而且还使得这些国家难以获得国外先进技术。二是随着投资自由化的推进，发达国家及其跨国公司并没有放松对于知识的垄断。他们通过企业间策略性技术联盟建立起了一个立体的全球性技术监控网络，始终严格控制着科学技术发展的方向、速度以及向发展中国家转移的规模与价格。这不仅意味着发展中国家不得不付出更高的技术转移和学习成本，而且有可能对发展中国家自身的研究开发和创新活动产生"挤出"效应，从而进一步强化对发达国家技术供应的依赖。因此，创新能力成为当今国际竞争的决定性因素，加速科技进步，由要素驱动向创新驱动转变是提高我国国际地位的当务之急。

（四）从人口大国向人才强国转变的需求

我国是一个人口大国。从工业化角度，发展意味着将 13 亿人口带入工业化社会。在过去 200 多年的漫长时间里，七八个主要工业国家人口先后实现了工业化，其总人口约 7 亿人，占世界 60 亿人口比例不足 12%。而中国正在进行的工业化则是人口近 13 亿人、占世界人口的 21% 以上的工业化。在几十年的时间之内中国工业化的实现，将使全球工业化社会的人口翻一番以上。因此，大规模投资于人力资源开发，培养大批具有现代科技素养和创新能力的人力资源，将是一项事关长远和根本利益的国家战略。

在知识经济时代，人才资源已成为各国提升和保持竞争优势的关键。一个国家的经济实力不再取决于有怎样的装备水平和物质产品生产能力，而是取决于有怎样的人才创新规模、科技产业水平和文化财富多寡。人才作为第一重要的战略资源，呈现出明显的"马太效应"：占有人才越多的地方，对人才越有吸引力，从而产生更大的积累优势；反之，人才流失的越严重的地方，其竞争力就会遭到持续的削减，甚至形成人才断层危机。新加坡和中国台湾的故事即是明显例证。新加坡的快速发展不仅得益于其得天独厚的地理环境和严丝合缝的法治环境，更重要的原因还在于一以贯之的"人才立国"、"精英治国"理念。相反，我国台湾地区在创造"台湾奇迹"之后，对外部人才采取了"闭关政策"，许多优秀人才不断往外流向美国、中国大陆等国家和地区，导致人才资源出现越来越严峻的供需失衡局面。

从全球范围看，各国都纷纷从经济社会发展的需求出发，通过修订移民政策、吸引留学生等手段，各显神通地争夺人才。不仅是广大发展中国家竭力推动"人才回流"，即使是美国、德国、英国等发达国家也纷纷强调所面临的人才短缺危机。据世界经济论坛（WEF）的研究，从 2010 年至 2020 年的 10 年间，美国、加拿大、德国、法国、韩国、日本等主要发达国家将面临人才严重紧缺的挑战；2020 ~ 2030 年，人才紧缺可能有所缓解，但仍将处于匮乏状态。

我国自改革开放以来，逐渐加大人才培养和吸收力度，将人才发展战略提升至国家层面，初步解决了人才严重匮乏问题。据统计，2012 年我国科技人力资源总量已达到 3850 万人，研发人员总数达 109 万人，分别居世界第一位和第二位，相较于解放时青壮年文盲率 80% 的情况，实现了人才资源量与质的飞跃。但是，我国高层次创新型人才还是非常匮乏，人才创新创业能力还不够强，人才区域布局不够合理，人才资源开发投入力度与发达国家相比还有较大的距离，我们还特别缺乏国际化、现代化、市场化的引领型、领军型、战略型、创新型人才队伍。

三、生态文明概述

生态文明是人类面对日益恶化的生态环境，反思与调整人与自然关系，而提出的新文明形态，是人类文明形态的又一次进步与飞跃。生态文明的内涵是一个不断发展和丰富的认识过程。生态文明的核心内容是人与自然关系的和解与回归，在遵照客观规律实践的基础上，实现人类社会发展的需要，适时调整和维护人与自然的和谐发展。

（一）生态文明的产生

从人类产生以来，主要经历了原始文明、农业文明和工业文明这三个阶段。回顾人类文明发展史，在工业文明时期，人力取得了前所未有的辉煌，但也遭受着前所未有的生态危机。这些伴随工业文明而来的生态危机正严重影响和制约着人类的生存与发展。20 世纪 70 年代，生态危机成为全球各国政府和学术界关注的焦点问题。面对水污染、土地荒漠化、资源能源枯竭等生态危机的情况下，人类开始重新考虑并调整人与自然的关系。生态文明就是人类对传统发展观的反思，重新思考和调整人与自然的关系而提出来的。20 世纪 30 年代美国著名环境保护主义者、威斯康星大学的利奥波尔德提出了"大地伦理学"。① 其主要观点是，人类不仅需要处理人与人、人与社会的伦理关系，而且需要处理人与大地的相互关系。在处理人与大地的关系中，人并不是大地的统治者。由于当时人类沉溺于征服自然的快感中，利奥博尔德的理论在美国经济复苏和飞速发展的 30 年代并未得到关注。直到 60 年代初，美国生物学家卡尔逊的《寂静的春天》一经出版，立刻引起社会的关注。该书从食物链的生态原理揭示了农药的危害性，阐述了农药不仅可以杀死害虫，而且可以毒害鸟类，甚至危害人类健康。《寂静的春天》成为全球绿色运动的序曲，从此，开始了世界范围的生态保护运动。70 年代，联合国人类环境会议在斯德哥尔摩召开，大会发表了《人类环境宣言》。与此同时，罗马俱乐部诞生，并发表了

---

① 生态伦理学的一个派别，是 1933 年美国哲学家利奥博尔德首创的。

《增长的极限》和《人类处于转折点》等报告。由此，绿色和平运动进入了高潮。80 年代，世界环境与发展委员会发表了《我们共同的未来》这一纲领性文件。《我们共同的未来》明确提出了可持续发展战略的定义，即满足当代人的生存发展需要又不损害后代人发展的需求。从此，生态环境保护成为世界各国政府的一项重要市政内容。

可持续发展战略的提出，为人类寻求和创建新的文明形态指明了方向。90 年代，世界环境大会和《里约宣言》成为建设生态文明的标志。20 世纪末、21 世纪初，随着全球环保运动的持续进行和深入发展，生态文明逐步建立起来，内涵也日渐丰富。

生态文明的出现，是一种必然，是人类社会发展的选择。人类文明与生产生活方式密不可分，不同的生产和生活方式形成不同的文明形态。刀耕火种到因地制宜的农业社会产生的是"听天由命"的农业文明，从手工工场到机器大工业的现代化工业社会产生的是"人定胜天"的工业文明。生产和生活方式的改善和提高，改变了人类对自然的看法。在发展过程中，人类充分发挥主观能动性，充分利用了大自然对于人类的"消费"价值，展现了人类作为地球上特殊的生命个体所呈现出的非凡意义。然而，"气吞山河"式的掠夺不仅带来了物质财富的增加，同时带来了生态灾难，危及人类的存在和发展。生态文明建立在人类对工业文明的反思基础之上，是以人与自然和谐发展为核心的文明。生态文明为人类的持续发展提供了可能，是人类 21 世纪的发展方向。

"生态文明是人类文明的一种形态，它以尊重和维护自然为前提，以可持续发展为依据，以未来人类的继续发展为着眼点，以人与人、人与自然、人与社会和谐共生为宗旨，以建立可持续的生产方式和消费方式为内涵，以引导人们走上持续、和谐的发展道路为着眼点。"

生态文明时代是人类对传统文明形态特别是工业文明进行深刻反思的成果，是人类文明形态和文明发展的重大突破。生态文明是人与自然的关系经历了从和谐到失衡、再到和谐盘旋上升的过程，纵观人类悠久的历史，人们从敬畏自然的 100 多万年的石器时代逐渐到了近 1 万年历史以铁器为标志的农业文明时代，那个时代人类是以自然为主去生产和生活的，进而又过渡到了近 300 年以蒸汽机为标志的工业文明时代，工业文明阶段人们主要以征服自然为主，最终破坏了大自然的承受能力，给人们生产和生活带来了一系列不良的后果，让人们在发展过程中不断的思索和反思。这样才会有了如今正在崛起的以高新技术为标志的生态文明阶段。它的发展主要经历了三个阶段：

第一阶段是原始文明阶段，这个阶段大约在石器时代，大概经历了 100 万年的时间，在人类产生、发展、文明的漫漫长河中，人类与大自然是息息相关的，人类是大自然中的一员，从大自然中演化而来，并从中走出去，一直依靠自然得以生存下去。在那个时候人们的生活主要靠简单的采集渔猎、人工取火、用火照明、取暖、烧熟食、打野兽等，使人们的衣、食、住、行逐渐丰富起来。人们在这个阶段通过不断的开发大脑很快得到了快速的进化，让人们的智力有了进一步的飞跃，进而推动了人类文明的进步。

第二阶段是农业文明阶段，这个阶段经历了近 1 万年的时光，在原始文明过后人类智力达到了飞跃的发展，人们开始有意识地从事谷物的栽培，人类为了满足自己在食物上的保障逐渐的开辟大片的农田，结束了原始文明那样的捕猎漂泊不定的生活，开始建立自己的农业家园。这时还出现了铁器，人们不再用石头、木头去生产、生活，而是用铁器去工作和生活，这个阶段人类逐渐改变了生活方式和生产活动，农耕的出现是人类文明的又一大进步，产生了质的飞跃，成为历史上划时代的文明阶段，这个阶段让人们的生存有了很好的保障。

第三阶段是以蒸汽机为标志的工业文明阶段，这个阶段则经历了近 300 年。这个阶段是以工业生产为核心，人类通过工业革命人类征服了大自然，开始了现代化生活。现代化的生活中给人们带来了物质上的富裕但是却引发了一系列的生态危机，大自然开始向人类报复，资源的短缺、环境破坏等导致工业文明无法继续进行下去，此时我们需要走一条新的道路来拯救我们的家园，开创一种新的文明形态来延续我们的生存与发展。这就是人类正在从工业文明过渡到生态文明关键时期，人类文明发展正迈入一个新阶段也就是生态文明时期。有人曾经把这些文明做了比喻：农业文明是黄色文明，工业文明是黑色文明，那么我们新阶段的生态文明就是绿色文明。

关于生态文明的提出，在西方语言体系中，"文明"一词来源于古希腊"城邦"的代称。生态文明是对传统工业文明的跨越的深刻理解后的产物，是具有历史性的，工业文明带来的各种危机让人们深刻认识到要解决这些危机，人类就必须寻找一条新的发展道路，从而实现人类从工业文明走向生态文明的转型新时期。

在我国古代人们对生态文明的思想就有所了解，古代的贤人志士就对人与自然和谐关系有所论述。我国古代圣人孔子就非常关注生态文明问题,"在孔子论语中记载'子钓而不纲,戈不射宿',孟子也是主张'天人合一'的思想这些都体现了古代人对人与自然和谐关系的关注。"

改革开放以来,随着经济的突飞猛进,在人们生活水平提高的同时,环境、生态问题却给人们带来了严重的考验,此时生态文明建设开始引起了社会各界的关注。1999年温家宝总理就明确的表示,21世纪将是一个生态文明的世纪,但是由于各种原因这一思想没有得到很好的发展,又一次被人们忽视了。随着我国工业化进程的不断发展,我国的生态环境也遭到了前所未有的威胁,这就要求我们必须深刻提升生态文明的观念。党的十七大报告首次将"建设生态文明"写入了党的政治报告,引导人们正确处理人与自然的关系,让生态文明的观念在全社会牢固树立,进而加快建设环境友好型社会和资源节约型社会。生态文明已经成为当今的热点话题,体现了生态文明建设是深入贯彻科学发展观的重要内容,是全面建设小康社会的内在需求,更显示了国家对未来生态城市建设得更好充满信心。

(二)生态文明的内涵与特征

应该说,生态文明不是局部的经济现象,而是比工业文明更进步、更科学的一种文明形态。文明形态的改变是一个过程,需要多方面的引导和配合。生态文明欲代替工业文明也不是一蹴而就的,不仅需要转变观念,而且需要政策、法律法规的引导和约束。建立生态文明,需要文明摒弃传统的价值观、伦理观、消费观及发展观,建立科学的、可持续的生态文明观。只有形成可持续的生态文明观,才可能实现人与自然系统的和谐发展,从而保证人类的生存和发展可以持续下去。

生态文明的内涵是一个不断发展和丰富的认识过程。从20世纪70年代以来,得到全世界众多学者的关注和深入研究。中外众多学者从不同角度对生态文明进行界定,但是,理论界还没有统一的定论。我国学者从20世纪80年代开始进行有关生态文明的研究工作。其中,申曙光认为,生态文明是建立在生态系统不断进化基础上的持久文明,是一种"人——自然"的整体生态价值观。俞可平认为,生态文明是表征了人与自然关系的进步状态,是人类在谋求自身发展的过程中为实现人与自然和谐发展所作的所有努力和全部成果的总和。姬振海则认为生态文明应该包括生态文明意识、生态文明行为、生态文明产业及生态文明制度四个方面。江泽慧视生态文明为一种社会形态,它以可持续发展为标志，以建立生态社会为目标，以人为本、全面协调可持续的科学发展观为道德观，以人与自然和谐相处为价值观。生态文明的含义主要有狭义和广义两种界定方式。狭义的生态文明，一般认为，生态文明是与物质文明、精神文明和政治文明相并列的具体的文明形式，也就是通常所讲的环境文明。其并不是一种独立的文明形态，而是渗透于物质文明、精神文明和政治文明当中的，与它们相关促进，共同发展。广义的生态文明认为生态文明是继续工业文明之后的，迄今人类文明的最新文明形态，主要指人类在开发利用自然的同时，从维护社会、经济、自然系统的整体利益出发，积极改善和优化人与人、人与自然的关系，建设有序的生态运行机制和良好的生态环境所取得的物质、精神和制度方面成果的总和。具体来说，生态文明就是人类在生产实践活动中遵循人、自然及社会和谐发展这一客观规律而取得的一切物质与精神成果的总和，遵循的基本宗旨是：在尊重和维护自然系统的前提下，实现人与人、人与自然以及人与社会的和谐共生。生态文明的核心内容是人与自然关系的和解与回归，在遵照客观规律实践的基础上，实现人类社会发展的需要，适时调整和维护人与自然的和谐发展。具体来讲，生态文明以尊重和维护自然为前提，以实现人类社会的全面发展，人与自然的和谐共生为宗旨，以可持续发展为目标，并主要包括生态意识文明、生态经济文明和生态制度文明三个方面。其中，生态意识文明是指人们对待生态文明问题的价值观念，具体表现为人与自然和谐、平等的意识、生态道德和生态伦理等；生态经济文明是指在生产生活实践中，引导、培育人们用先进的生态文明思想、科学的生态价值理念进行各种活动和行为；生态制度文明是指为了促使人们正确对待生态问题而用一种科学进步的制度形态进行约束的他律。

生态文明概念的提出，体现了人类对工业革命带来的传统发展观的深刻反思，也体现了人类对人与自然关系认识的又一次升华。生态文明的主要特征包括以下几个方面的内容：

第一，和谐性。生态文明视人与自然环境的和谐共生为首要目标，尊重自然、以生态系统平衡为前提进行生产实践活动，不仅注重人与自然的和谐发展，同样关注代际的和谐发展。也就是说，人类通过反思工业文明的自然观，改变了过去那种为了人类的利益不惜牺牲自然环境的思维模式，建立起新的自然观。马克思认为："人本身是自然界的产物，是在自己所处的环境中并且和这个环境一起发展起来的"。

人是自然的一部分，自然是人类生存和发展的基础，为人类的生存和发展提供物质资料。人类为了生存和发展一定会改造自然，但是，必须在不破坏自然系统平衡的前提下改造。无视客观规律，破坏自然系统平衡的改造，必然受到自然的报复。所以，人类为了自身的持续生存和发展，必须尊重自然，遵循自然客观规律，以人与自然的和谐发展为人类发展的核心问题。

生态文明认为，人类与客观自然环境共同生存在自然系统当中，构成一个协调发展的大系统，它们分别成为自然这个大系统的子系统，相互依存，共生共存。人类在追求自身进化发展的同时，应该珍惜和爱护客观自然环境，并承担起自觉维护和爱护它们责任。只有这样，才能实现人类持续的生存和发展。

第二，整体性。生态伦理以生态学为理论依据，认为人与客观自然环境共同构成一个自然系统，是一种新的伦理观念。"生态文明观是关于人、自然、社会三者之间有机联系的总的科学观点，以及正确处理三者关系的科学方法，是关于生态文明的一系列思想、观点的总和，是指导生态文明建设的根本性理论体系，也可以说是一种世界观"。

生态文明的生态伦理性，摒弃极端的人类中心主义，树立生态意识，建立新的伦理观念。生态伦理观并不认为，人类可以凌驾于自然之上，并肆无忌惮的奴化自然，意味向大自然掠夺资源。生态伦理观把人与自然都看做是道德对象的范围，同样包括客观的自然环境，并用其约束和规范人类的实践活动行为，引导人类正确看待人与自然的关系，建立人与自然和谐发展的社会制度和法律法规，推动人与自然这个大系统协调、有序的发展。

第三，适度的消费性。在传统发展观下，人类把经济的增长混淆为社会的进步，把GDP等经济指标的增长视为衡量社会发展的标杆，盲目追求物质财富的增加，过度开发和掠夺自然资源。

生态文明提倡的是一种人与自然和谐的消费行为。它认为，自然是人类生命的依托，人是自然界的一部分，自然的消亡必将导致人类生命系统的灭亡，尊重自然、遵循人与自然和谐发展的理念并不是人类惧怕自然，而是人类自身生存和发展的需要。生态文明观倡导适度消费，反对浪费资源、破坏生态、恶化环境的过度消费。工业文明一味追求经济增长，过度消费自然资源，破坏了自然系统的生态平衡，最终，引发了生态危机，严重影响了人类的生存和发展。因此，树立生态消费观，既保证人类生活质量的改善，又不破坏生态环境，走可持续的经济模式才是正确的选择。

四、"新常态"下的生态文明

自党的十八大报告提出"努力走向社会主义生态文明新时代"以来，生态文明建设作为"五位一体"战略格局的重要组成部分，已经成为一种"新常态"在祖国大地、各行各业展现出来。国家主席习近平在北京 APEC 会议重提"新常态"概念，向世界表明，中国有信心适应未来中国经济的中高速增长，并有能力通过创新驱动和绿色转型让"APEC 蓝"成为一种新常态持久光顾北京、覆盖华夏。"新常态"论为生态文明建设带来了新机遇和新价值，值得深刻领会和把握。

习总书记虽然最初（2014 年 5 月）是从经济发展角度谈"新常态"的，但对于中国所处的这样一个发展阶段，"新常态"具有普遍性特征。就生态文明建设领域看，"新常态"可以概括为以下几点：

1. 生态平等的新价值观。党的十八大报告提出，要树立"尊重自然、顺应自然、保护自然"的新理念，就是在全社会倡导生态平等的新价值观，这是我们需要认识和适应的"新常态"。生态文明建设的"新常态"弘扬的生态平等的价值观，包含了人与自然之间的平等、当代人之间的平等和当代人与未来各代人之间的平等，这种平等超越了传统国界概念，成为破解南北问题、南南问题的新途径，成为展现负责任大国形象的新窗口，成为复兴和谐共生的传统文化的新机遇。

2. "五位一体"组成部分的新战略观。中国的现实国情是最大的发展中国家、能耗最高的国家、工业化和城市化进程中的国家。党的十八大报告特别强调要把生态文明建设全面融入经济建设、政治建设、文化建设、社会建设的各个环节和全过程，就是为未来实现中国经济高速增长把脉掌舵，促进现代化建设各方面相协调，促进生产关系与生产力、上层建筑与经济基础相协调，不断开拓生产发展、生活富裕、生态良好的文明发展道路。生态文明建设作为"五位一体"重要组成部分的新战略观是中国特色社会主义事业健康、融合、持续、繁荣发展的"新常态"，并且是符合人类文明模式演进的内在机理。

3. "保护环境就是发展生产力"的新经济观。传统的经济发展观建立在人征服自然的基础之上，经济发展需要牺牲自然成为支撑传统经济观的理论出发点。在生态文明时代，自然资本代替人造资本成为稀缺要素，环境成为生产力中最为活跃的要素。习近平总书记强调："要正确处理好经济发展同生态环境保护的关系，绝不能以破坏生态环境去换取一时的经济增长。牢固树立保护生态环境就是保护生产力、改善生态环境就是发展生产力的理念。"这种以保护生态环境为前提的新经济观，不是放弃和停止经济发展，而是改变传统的以破坏环境为代价的单纯的 GDP 增长。这种新经济观遵循党的十八大报告提出的"绿色发展、循环发展、低碳发展"，是可持续的、包容性发展。这种新经济观已经成为引领中国未来发展的"新常态"，要适应这种"新常态"，我们必须彻底与传统的唯 GDP 增长观决裂。

面对依然严峻的环境形势，除了经济、行政手段，法律手段越来越重要，制度建设越来越迫切。无论是源头严防，还是过程严管、后果严惩，都需要秉持法律这个准绳，密织法律之网、强化法治之力。要深化生态文明体制改革，加快建立生态文明制度，健全生态文明法律制度。

第三节　生态文明制度建设紧迫性

一、生态文明建设的基本内涵

作为一种新型的、高级的文明形态，生态文明是人与自然关系的一种崭新状态，是人类文明形态和文明发展理念、道路和模式的重大进步。它以尊重自然和遵循客观自然规律为前提，以健康合理的生活方式和消费模式为着眼点，以建立可持续的经济发展模式为目标，引导人们建设环境友好、资源节约型社会，走文明发展之路。

生态文明建设就是人们在生态文明理念指引下开发与利用自然的实践过程。它作为解决人与自然的矛盾和摆脱生态危机的总体对策，概指人们追求和创造生态文明成果、实现生态系统良性运行的一切活动。生态文明建设不仅包括人类在生态问题上所有积极的、进步的思想观念建设，而且包括生态意识在经济社会各个领域的延伸和物化建设。

生态文明建设既不是传统意义上的"先污染，后治理"，也不是简单生态恢复意义上的环境保护，而是克服工业文明弊端，探索资源节约型、环境友好型发展道路的过程。进而言之，就是从根本上减少对自然的过度消耗，从生产的全过程探索自然资源的"低投入，高产出，高效率"、循环利用。生态文明建设是一项复杂的系统工程，应从生态意识文明建设、生态经济文明建设和生态制度文明建设三个方面着手。

首先，就生态意识文明建设而言。在生态文明建设的实践中，要提供公众生态意识，增强公众的生态自律行为。要树立人们的生态文化意识，摒弃原来的人类自我中心主义思想，按照尊重自然、遵循客观自然规律、人与自然和谐相处的要求，不断提高人们对生态文化的了解和认同，实现人们对生态环境行为的自律。而且，应当注重生态道德教育，广泛动员公众参与到生态道德实践活动中去，使人们自觉地履行保护环境的义务和责任。同时，倡导建立生态文明的社会潮流，在公众生产、生活和消费的各个层面推行生态模式。在社会领域，应树立正确的发展观和生态观，把生态文明建设作为贯彻科学发展观、构建社会主义和谐社会的重要内容，积极推进生态文明的社会潮流，形成有利于可持续发展的生态产业、低碳生活和绿色消费。

其次，在建设生态经济文明方面。集中力量转变高污染、重浪费产业，发展生态产业。生态文明建设首先需要转变污染环境、浪费资源的"黑色"产业，避免资源的过度消耗与浪费，走"绿色化"、无污染、无害化道路，积极推进生态产业。大力开发和推广节约、替代、循环利用资源和治理污染的生态技术，并着重发展可再生能源和清洁能源，提供资源能源利用率。从而形成有利于节约资源、减少污染的生存模式，建立循环利用资源能源的经济发展模式。

最后，建设生态制度文明就是完善法律法规，形成系统的生态管理制度。只有制定严格的环境保护制度才能起到约束和规范实践行为的作用。这就需要完善现有的法律法规，制定严格的环境标准，培养专业的执法队伍，采取行之有效的执法手段等。建立健全与现阶段经济社会发展特点和环境保护管理决策相一致的环境法规、政策、标准与技术体系，杜绝一切环境违法行为，任何对环境造成危害的个人和单位都要补偿环境损失。

人类对环境和生态建设的重要性的认识越来越高，构建生态文明已经达成全球共识。生态文明是对已往的文明形态的反思，更是超越。建构生态文明，与农业文明、工业文明的相似之处在于：都需要调整生产方式，在人与自然之间的物质变换方式上实现飞跃，争取在自然世界里实现自由。更为重要的是建构生态文明比建构上述两种文明深刻得多：上述两种文明只是由人类基本的生存需要推动的，而生态文明是由发展需要推动的。这种发展不是片面的经济水平的提高，而是人与自然、人与社会及人与人的全面发展。因此，生态文明建设的内容丰富，任重道远，需要从意识、行为、制度等多方面进行生态建设。为世界文明建设做贡献。生态文明建设是全球性工程，中国的生态文明建设决不能脱离全球化进程。地球是整个一个生态环境系统，各个国家和地区都是有机联系在一起的。任何一个国家或地区的生态文明建设都离不开其他国家或地区的帮助。地球是人类赖以生存的家园，改善生态环境需要世界各国的共同努力。我国也不例外，在经济全球化和中国综合国力及国际地位不断提升的新形势下，我们必须体现出作为发展中大国负责任的积极态度和国际形象。党的十七大把"建设生态文明"写入党代会报告，表明中国将致力于解决全球性生态环境问题的坚定决心。

党的十七大报告中提出将"建设生态文明"作为实现全面建设小康社会奋斗目标的新要求之一，这是党中央对中国特色社会主义道路的最新阐述。从根本说，就是深入贯彻落实科学发展观，坚持以人为本、全面协调、可持续，从而实现又好又快的发展，建构资源节约型、环境友好型社会，实现建设小康社会的奋斗目标。按照科学发展观的要求，建设生态文明是建设具有中国特色的社会主义的生态文明，是中国对全世界生态文明建设做出的重大贡献。

开放的中国越是发展，越是需要和平、稳定的国际环境。近若干年来，生态文明问题已成为全球共同关注的重大问题。开展气壮山河的建设生态文明的实践，会更有利于最大限度地争取全世界人民对中国特色社会主义事业的肯定和支持。

二、我国加强生态文明建设的重要意义

生态文明的提出，将人与自然的关系纳入到社会发展目标中统筹考虑，使得建设小康社会的目标越来越清晰、内涵越来越丰富。生态文明建设是党的执政兴国理念的新发展，是贯彻落实科学发展观而提出的新任务，是中国共产党对子孙后代和世界负责的庄重承诺。

生态文明建设是由我国现实国情决定的。我国人口众多，在建设社会主义初级阶段中，面临着全面发展经济和保护生态环境的双重任务。从 20 世纪 80 年代以来，伴随我国经济的快速发展，资源浪费和环境污染速度明显加快，资源能源的消耗明显增加，污染物的排放量大幅度上升，这使原本就短缺的资源能源和脆弱的生态环境面临着严峻的挑战。具体来讲，一方面，一直以来，在

粗放型的经济增长方式指导下，我国的经济建设取得了重大成就，但是由此也引发了一系列生态问题，阻碍了国民经济的健康发展。要保持国民经济又快又好的发展，就必须处理好社会、经济和自然之间的关系，从根本上扭转生态环境恶化的趋势，这很大程度上依赖于生态文明的建设；另一方面，我国生态文明建设已经成为全球环境与发展的重要组成部分。目前，生态环境问题成为了西方国家争夺选民支持的一个重要砝码，生态运动也登上了世界的政治舞台。由此得知，生态问题已经成为决定一种社会经济制度发展形式和前途的重要因素之一。在全球化环境下，我国的生态文明建设也已成为世界生态环境与发展的重要组成部分。我国生态文明建设的好坏不仅关系我国经济的持续健康发展，同时也影响全球生态文明建设进程。

（一）生态文明建设是实现以中华民族伟大复兴为核心内涵的"中国梦"的必然要求

实现中华民族伟大复兴的中国梦，就是要实现国家富强、民族振兴、人民幸福。中国梦就是国家富强梦、民族振兴梦、人民幸福梦的有机统一。人与自然和谐是国家富强、民族振兴、人民幸福的重要保证。不管什么样的梦都要以生态环境作为基础，只有奠定在良好生态环境基础上的梦，才是真实而美好的梦和能够梦想成真的梦；只有大力推进生态文明建设，才能在生态梦基础上实现中国梦。

1. 建设生态文明是国家富强的重要基础。富强关乎国家前途，是国家的理想和目标，国家富强是中国梦的首要目标。从鸦片战争以来，中国梦的核心内容是实现富强。落后主要表现为经济落后，而富强也主要体现在经济繁荣。富强作为我国经济建设的现实目标，要求我们必须坚持以经济建设为中心、坚持发展是第一要务，大力建设物质文明。经过 30 多年的经济建设，我国已经发展成为一个经济大国，与此同时，我国变成了资源小国、环境弱国、生态贫国。而且，我们是大而不强，富而不强，距离真正的富强国家还有较大距离。我国经济总量虽然居世界第二位，但人均国内生产总值位列世界 90 位左右。我国人均国内生产总值和纯收入只有发达国家的 1/10～1/5。建设富强国家还需面临诸多国内矛盾和问题，主要是发展中不平衡、不协调、不可持续性问题依然突出，能源资源环境约束加剧，生态环境、食品药品安全等关系群众切身利益的问题较多。当前，资源约束趋紧、环境污染严重、生态系统退化的严峻形势，已经成为我国实现国家富强梦的最大制约。

中国梦需要强大的物质基础，实现国家富强梦必须大力发展生产力，但要正确处理经济发展与环境保护的关系，要尽快改变目前我们现实生活中存在的重经济增长、轻环境保护，环境保护滞后于经济增长，以及单纯依靠行政手段保护环境的倾向，要真正使环境保护融入经济发展之中。离开经济发展讲环保，那是缘木求鱼；离开环保谈发展经济，那是竭泽而渔。只有处理好经济发展与生态保护关系，将经济富强建立在生态富强基础上，走生态优先的生态经济协调发展道路，实现绿色发展、循环发展、低碳发展，才能圆国家富强梦。过去，我们可以牺牲绿水青山换金山银山，今天已经没有绿水青山来换金山银山，将来只有绿水青山才是真正的金山银山。随着人类社会从工业文明转向生态文明，生态利益日渐成为最重要的国家利益，生态财富成为国家最重要的财富，生态富强成为国家富强的重要内容和根本基础。

2. 建设生态文明是民族振兴的重要前提。民族振兴关乎民族命运，是民族的理想和目标。民族振兴就是要创造中华民族更加辉煌灿烂的明天，这是中华儿女的共同愿望。中华民族的伟大复兴，是物质文明、政治文明、精神文明、社会文明和生态文明的全面复兴，离不开经济发展、政治稳定、文化繁荣、民生改善和生态支撑。中华民族伟大复兴的内容之一，就是人与自然和谐发展，可持续发展能力不断增强，生态环境得到改善，资源利用效率显著提高。一直以来，我们认为物质文明对民族存亡起着重要作用，其实，生态文明才是民族存亡的决定性因素。无论是从历史还是从现实来看，良好的自然环境是文明诞生的先决条件。人类发展史就是一部文明进步史，也是一部人与自然的关系史。历史上，一些古代文明因生态良好而兴盛，也有的文明因生态恶化而衰败。所谓生态兴、民族兴，生态亡、民族亡。生态文明将决定中华民族的生存与发展，生态文明是中华民族伟大复兴的根基与支柱，建设生态文明关乎民族未来的长远大计，是实现中华民族永续发展的紧迫需要。

跟上人类文明步伐是民族复兴的关键，中华民族要复兴必须实现从工业文明向生态文明的转换，建设生态文明和生态强国是中华民族复兴的必由之路。只有这样才能突破民族复兴的生态约束，才能保证民族复兴的生态空间，才能捍卫国家和民族的生态主权。当前，以建设生态文明为基点推进中华民族复兴，可以在现有工业文明基础上，通过跨越式发展，抢占生态文明发展制高点和先机。中国可以加快生态文明建设，生态强国建设，引领新一轮人类文明转换的潮流，推进中华民族的伟大复兴。相反，如果我们继续沿着传统工业文明道路，就不能实现生态文明的跨越式发展，那么中华民族永远是个落伍者和追随者，根本不可能实现中华民族的伟大复兴。所以，我们要紧紧抓住工业文明转向生态文明的重要契机，走一条以生态文明引领工业文明的新型发展道路。只有建设生态文明，才能确保中华民族的生存发展；只有实现绿色崛起，才能实现中华民族的伟大复兴。

3. 建设生态文明是人民幸福的重要条件。中国梦是国家的梦、民族的梦，更是每个中国人的梦。中国梦是为了人民的梦想，中国梦的出发点和落脚点都是人民幸福。习近平总书记指出：我们的人民热爱生活，期盼有更好的教育、更稳定的工作、更满意的收入、更可靠的社会保障、更高水平的医疗卫生服务、更舒适的居住条件、更优美的环境，期盼着孩子们能成长得更好、工作得更好、生活得更好，人民对美好生活的向往，就是我们的奋斗目标。人民既希望安居、乐业、增收，也希望天蓝、地绿、水净，在良好生态环境下生产生活是人民幸福的基本需求。一直以来，我们误将幸福等同于物质幸福，既忽视了人民的精神幸福，也忽略了人民的生态幸福。结果导致，物质幸福有了极大提高，精神幸福与生态幸福不断下降。蓝天白云、绿水青山成为人们的美好回忆，灰天雾霾、荒山黑水成为国民的普遍感受。生态环境问题导致心理疾病增多、生命受到威胁、经济遭受损失、社会矛盾加剧，严重影响我国人民的幸福生活。随着物质生活水平的不断提高，人民群众对生态环境的要求越来越高，喝上干净水、呼吸上新鲜空气、沐浴上温暖阳光、吃上放心食品，成为人民群众的迫切需要。生态需要成为我国人民的基本需求，生态幸福成为人民群众的基本幸福。面对人民群众日益增长的生态需要与落后的生态生产之间的矛盾，建设生态文明是为了人，为了人的全面发展，在充分提供物质产品、文化产品的同时，更多提供生态产品。

建设生态文明是关系我国人民福祉的长远大计。建设生态文明，让人民群众喝上干净的水，呼吸上清洁的空气，吃上放心的食物，使人们在良好生态环境中生产生活，是党和国家在新形势下坚持以人为本的重要内容，是中国共产党带领中国人民创造幸福生活的历史使命。如果说学有所用、劳有所得、老有所养、病有所医、住有所居，是人民幸福的物质梦，生活得舒心、安心、放心，对未来有信心，是人民幸福的精神梦，那么吃上放心的食物、喝上干净的水、呼吸上清新的空气，住在优美宜居的环境里，就是人民幸福的生态梦。

（二）生态文明建设是实现科学发展的需要

实现科学发展其核心是通过发展真正实现人与自然的和谐共处，促使经济发展与生态环境相统一。就我国而言，实现科学发展就是摒弃以牺牲资源环境为代价而换取经济暂时的繁荣，把尊重和关心自然作为新的发展观来指导实践，逐步实现传统工业文明向生态文明转变，使我国的发展走上文明发展之路。

因此，无论是从人与自然的和谐、环境的保护，还是从资源的节约利用，或是从发展的质量、效益以及可持续性来讲，都要求建设生态文明。生态文明建设从整个文明的角度看，建设生态文明，力求实现人与自然的和谐，是落实科学发展观的题中应有之义，是实现和谐社会的必要之举。我国作为一个发展中国家，应该进一步解放和发展生产力，促进经济快速稳定健康发展。但是，传统的粗放型经济增长方式已经不能满足新世纪新阶段的经济发展要求。我们要吸取发达国家在经济发展与环境保护方面的经验和教训，立足我国国情，从我国生态环境、人口状况、经济发展水平出发，建设生态文明建设，走"人—自然—经济—社会"协调发展、持续发展、健康发展的现代文明之路。

生态文明建设强调人、社会和自然的全面发展，是党对人类文明建设的内涵和规律认识上的深入，是实现科学发展的必然要求，反映了党对推动科学发展、构建和谐社会方面认识的飞跃。

1. 生态文明建设的第一要义集中体现为发展。生态文明建设不仅强调经济的发展，而且注重人与自然的协调发展，要求在发展过程中，统筹兼顾，保证发展的系统性、全面性，从而实现人、自然与社会的均衡发展。

2. 坚持以人为本的生态文明理念，实现发展的成果惠及全体人民，是我国生态文明建设的价值取向。马克思主义发展观认为，人的生存和发展的需要及其实现满足程度是社会发展的价值尺度，换言之，发展需以人为本。

3. 科学发展观的基本要求是全面协调可持续发展。建设生态文明，必须坚持全面、协调、可持续发展的方法论原则。全面、协调、可持续的发展是科学发展观的基本要求，也是我国生态文明建设的重要指导方针。生态文明建设的目的，不仅是协调人与自然的关系，而且还有协调人与自然之间、人与社会之间的关系，在相容、互利、共赢、一体化推进中体现出持续发展的终极关怀，即促进自然生态系统和社会经济系统良性循环，提高人与自然和谐共处以及经济、社会和人的全面、协调、可持续发展，使经济发展成为环境生态保护、人与自然和谐的良性动力和内在条件，为落实科学发展观，加强生态文明建设提供了思想基础和制度保障。

（三）生态文明建设是构建环境友好型社会的有效途径

构建环境友好型社会涉及经济、社会、文化、技术和环境等多方面内容。它特别强调的是生态环境的承载能力和自然资源的永续利用对人类社会发展的重要作用。生态文明为我们解决发展中的具体问题提供了理论和方法指导，践行生态文明是改善我国当前脆弱的生态环境、构建环境友好型社会的有效途径。

环境友好型社会是指人与自然和谐发展的社会，其内涵是人类的生产实践活动与自然生态系统能够协调可持续的发展。从实践层面上说，构建环境友好型社会就是解决我国的人口、生态环境、自然资源和经济社会发展的矛盾，即环境污染、生态破坏、资源能源匮乏、物价上涨等发展中的实际问题。这些问题的出现有其历史的必然性，但从根本上来说，是由于我们在建设社会主义事业中忽视了生态平衡、盲目发展而犯下的错误。转变粗放型的高碳发展模式，构建人与自然和谐发展的社会的有效途径就是践行生态文明，走可持续发展之路。作为后发优势的国家，我们要充分吸取发达国家在经济发展与生态环境保护方面的经验和教训，在促进经济发展的同时，最大限度地降低发展的生态代价。

建设生态文明不仅培养人民群众积极、进步的生态意识，而且包括生态观念在经济社会各个领域的延伸和物化建设。生态文明建设旨在发展经济建设的同时平衡人与自然的关系，从而缓解现有的社会矛盾，进而扭转我国日益恶化的生态环境。

三、我国加强生态文明建设的原则及目标

新中国成立以来，特别是改革开放以来，党中央、国务院采取一系列政策措施，有力地促进了生态建设和经济的快速发展。但是，由于自然、历史和认识等方面的原因，在取得巨大发展成绩的同时，也造成了严重的环境污染和生态破坏，生态环境压力很大。目前，制约我国生态文明建设的因素主要有：陈旧的发展观念，大众薄弱的生态意识，人口增长与资源、环境的矛盾以及环境

保护。为了实现人类社会的可持续发展、建立环境友好的和谐社会，在发展中应坚持整体性原则、可持续发展原则和公平正义的原则。

（一）当前生态文明建设中存在的主要问题

从 20 世纪 50 年代开始搞工业化，我国走了半个多世纪的工业文明的道路。1978 年开始的改革开放，极大地解放了生产力，国民经济 30 多年的持续高速发展，取得了举世瞩目的成就。但是，半个多世纪以来，我们走的基本上是粗放型的发展道路，经济靠高消耗、高污染、高成本、低效率的增长方式支撑，人口、资源、环境之间的矛盾日益显现和突出，造成了严重的环境污染和生态恶化，资源能源枯竭。就我国现阶段经济、社会和自然环境的矛盾状况，党中央在十七大报告中提出了实现全面建设小康社会奋斗目标的新要求，其中明确提出建设生态文明的要求。建设生态文明是对科学发展、和谐发展理念的一次升华，意义十分重大，是中国共产党对子孙后代和世界负责的庄重承诺。然而，由于历史和现实的诸多因素制约着我国生态文明建设的推进。其中，主要有以下几种制约因素：

第一，陈旧落后的经济发展理念导致发展的片面性。在传统重经济指标发展观的影响下，我们现在仍有不少人对发展的认识停留在传统的水平上，存在着误区。把 GDP 看做是反映经济增长的重要指标。简单地认为 GDP 是反映经济增长的一个重要指标，GDP 增长就是经济增长。GDP 和人均 GDP，只能够粗略地反映一个国家或地区的财富水平，并不能切实的显示出国家或地区之间经济发展水平的不同。当然，更不能反映出该国家或地区的人民群众对经济、社会等多方面的满意程度。其次，把经济增长混同于经济发展。事实上，经济增长与经济发展是既有区别又有联系的两个概念。经济增长只是简单的一个数量概念，主要指一个国家或地区产出的物质产品和服务的增加，一般用 GDP 或人均 GDP 表达。而经济发展是一个多维度的质量概念，一般涵盖经济增长、经济结果改善、分配的合理以及体制的变革和完善等。其中，经济增长是经济发展的重要前提和内容，经济发展首先表现为经济增长，但经济增长并不等于经济发展。我国的经济体制改革使社会生产力得到极大解放，刺激了国民经济的高速发展。由于人们经济发展观念的陈旧，只关注于经济增长的数字，却忽略了其背后所付出的沉重代价，结果造成了对资源的掠夺式开发，环境遭到极大破坏，使我国近年来的生态环境问题日趋严峻。

这种错误的发展观念造就了唯 GDP 的政绩观。由此建立起来的官员考核和任免体制，给地方发展造成了长期的包袱和隐患，使我国多年来一直处于"高投入、高消耗、高污染"的粗放式发展模式之中。在我国现有的行政领导体制下，为了追求政绩，部分干部乱铺摊子、争上项目，大搞低水平的重复建设，大搞"形象工程"、"亮丽工程"、"夜景工程"。在城市建设规划中，缺少对生态合理性的考虑，注重土地的经济生产功能，忽略生态服务的功能；部分地方政府官员为了取得经济建设上的政绩，对那些国家三令五申限制甚至取消的高污染、高消耗行业，采取种种地方性保护措施，甚至于接纳一些生产国外禁产产品的企业，对一些企业进口生活垃圾、电子垃圾和工业废品等危害环境、个体获利、社会遭殃的经济行为睁一只眼闭一只眼，结果造成了自然生态环境的人为性破坏。

第二，大众生态环保意识薄弱。我国公众环保意识普遍水平还比较低，对环境判断主要持中间态度，无敏感性。据调查，我国普通群众对许多根本性的环境问题缺少了解，甚至是根本不了解，而且还有相当一部分的社会公众不愿意主动获取环境知识。首先，国民在环保意识发展与环保现状认知之间存在巨大反差。我国公众既缺乏长远观，片面关注眼前的环境问题，又缺乏整体观，更关注与自己关系密切的环境问题。其次，目前，国民普遍存在重实际问题，缺少人文教育，重整治轻预防。2000 年"世界环境日"前后，国家环境保护总局和教育部联合进行的全国公众环境意识的调查报告得出的结果是，我国公众的环境意识和知识水平还都处于较低的水平，公众环境道德较弱，没有完全把握环境保护的真正内涵。而且，国民对环境保护的法律法规了解不足。再次，缺少非政府的社会机构进行积极参与环境保护活动。没有全国性的环境保护思潮和运动。我国公众环境意识中具有很强的依赖政府型的特征，政府对于强化公众环境意识具有决定性的作用。其结果是，政府中心工作一旦改变，环境保护工作便退而求其次，不能形成稳定的环境保护的社会力量和文化环境。

第三，人口增长、经济发展同生态环境、自然资源的矛盾加剧。生态问题与人口有着密切的互为因果联系。在一定社会发展阶段、一定地理环境和生产力水平的条件下，人口增长应有一个适当比例，人口问题与生态问题是当代中国发展面临的重大挑战，对环境造成了巨大的冲击。人口问题导致了我国资源的绝对短缺，使得部分地区不得不大规模开采资源，伴随大量的浪费行为，给我们经济的可持续发展造成了极大的压力。

据有关部门统计，目前，我国国民收入的 1/4 要用来满足每年 1 千万新增人口的生活需要，这给社会经济发展以及生态环境都带来了沉重的压力。我国人均自然资源占有量是世界平均水平的 1/3，耕地、淡水、森林及各种矿产资源更是不及世界平均水平的 1/2。加之科技水平低，资源有效利用率差，浪费现象严重，环保投入又严重不足，使我国的环境质量总体上处于加速恶化的趋势。

第四，生态保护方面法律的缺失。立法思想没有跟上时代发展的要求，在生态保护领域方面的立法不完备。首先，缺乏综合性的自然环境资源保护法律。我国宪法中虽有多条文规定了自然资源保护，但过于原则，对具体制度的规定不够，缺乏可操作性，制约了以法律手段解决环境和生态问题的效果。例如，《环境保护法》在体例上将自然资源保护规定为环境保护的两大内容之一，但并没有明确规定自然资源保护的基本原则、基本制度和监督管理机制应由全国人大制定，而且内容上偏重于污染防治。其次，立法仍有大量空白，某些领域无法可依，缺少许多必要的环境单行法。在放射性和电磁辐射污染防治、有毒化学品的控制和管理、野生植物保护及第三产业环境管理方面至今仍无法可依。再次，现行的法律法规内容滞后，没有跟上时代发展的要求。我国大多数的环境和资源法都制定于 20 世纪中后期，许多内容已经不能满足市场经济和可持续发展的要求。如"环境保护与经济社会发展相协调原则"虽包含了可持续发展的内容，但仅侧重于从横向关系中对环境保护和经济社会的发展提出要求，忽视后代人的发展，并不适合可持续发展的战略目标。

（二）我国加强生态文明建设的原则

依据科学发展观的根本要求，以胡锦涛为总书记的党中央提出了建设生态文明的方针。为了贯彻落实好这一方针，在生态文明建设中需坚持整体性原则、可持续发展原则和公平正义的原则。

第一，整体性原则。整体性原则是唯物辩证法的一个基本原则。坚持整体性原则，就是要把人类及其社会作为世界的一个部分、方面、环节来看待。按照整体性原则的要求，建设生态文明，必须把中国的社会作为一个整体，用整体的观点去看待社会发展各要素之间的相互关系和发展，根据中国发展全局和最广大人民的根本利益考虑问题，调节并处理好各种具体的利益关系，促进整个社会协调发展。在生态文明建设中坚持整体性原则，关键在于把中国的社会发展置于整个世界发展的整体中，并把握住国内国际两个大局，树立全球眼光，加强战略思维，善于从国际形势发展变化中抓住发展机遇、吸取教训、总结经验，应对挑战风险，营造良好国际环境，从而使人类作为一个整体共同面对环境危机。其实，随着经济全球化进程的加速，人类的命运已经越来越紧密地联系在一起。生态问题已经成为全球性问题，任何一个国家都不可能单独解决人类所面临的生态环境问题。只有各个国家同时采取相应的行动，才能实现改善生态环境的目的。中国是一个发展中国家，人口多且人均资源有限，这就需要我们在发展经济的同时，注重生态环境的保护，强调社会建设的协调性，在积极建设物质文明的同时，注重精神文明的提高，搞好生态文明建设。

第二，可持续发展原则。坚持可持续发展原则，是生态文明建设的重要内容。可持续发展原则强调，在发展经济的同时，兼顾资源、环境的自净能力，保持经济、社会与生态环境的协调发展，实现自然资源的永续利用和经济社会的持续增长。胡锦涛指出：可持续发展，就是要促进人和自然的和谐，实现经济发展和人口、资源、环境相协调，坚持走生产发展、生活富裕、生态良好的文明发展道路，保证一代接一代地永续发展。

也就是说，我们应使经济系统的运行控制在生态系统的承载范围之内，实现经济系统与生态系统的良性互动与协调发展。只有坚持可持续发展原则，才可能实现资源节约型、环境友好型社会。只有坚持走生态文明发展道路，促进人与自然的和谐，才可能实现人民在良好生态环境中生产生活，实现经济社会永续发展。这就要求我们，坚持可持续发展原则，利用技术创新实现资源有效利用率的提高，同时保护生物的多样性，对自然资源进行有序利用。把控制人口、保护环境、节约资源放在重要位置，使人口增长比例与社会生产力的发展水平相适应，实现经济建设与资源、环境相协调，构建一个经济、社会与生态环境协调发展的和谐社会。

第三，平等公正原则。平等公正是人类社会的共同追求，是衡量社会文明与进步与否的重要尺度。坚持平等公正的原则注重的是，不能牺牲后代人对自然资源的享有权利来满足当代人利用自然资源以及满足自身的利益。大自然是整个人类共同的家园，地球既不属于某个国家或民族，又不仅仅属于当代人类，人类有义务和责任承担起维护地球的生态平衡。党的十七大报告中也明确提出，努力实现社会的公平正义是发展中国特色社会主义的重要任务。坚持平等公正的原则，就是依据人与自然协调发展的原则，考虑生态系统和社会系统的实际需要，在维护生态系统的平衡和稳定的基础上，实现人类生存和发展的需要。代际公平是生态文明建设关注的焦点问题，它要求在制定当代人的发展计划时，不能以"未来"的名义去抑制、取消或牺牲当代人中必要的、合理的欲望与利益，也不应以当代人自私自利的挥霍耗费去剥夺子孙后代应有的发展条件，它提倡适度的生产与绿色的消费模式，使当代人在充分发展的同时，也留给后代人以同样的可持续的生态环境。

（三）我国生态文明建设的目标与措施

生态文明建设应以科学发展观为指导，用整体、协调、循环、再生的生态文明来调节人与人、人与社会之间的关系，而且也用生态文明来调节人与自然之间的道德关系，调节人的行为规范和准则，促进经济发展和人口、资源、环境相协调，坚持走生产发展、生活富裕、生态良好的文明发展道路，保证我国经济社会的稳定健康发展，一代接一代的永续发展。

1. 生态文明建设的主要目标。

（1）实现经济社会又好又快的发展的要求。实现经济社会又快又好的发展，是落实科学发展观的必然要求。科学发展观的实质就是实现经济社会有又好又快的发展。为了落实科学发展观，生态文明必然把实现经济社会的持续健康发展作为重要目标。生态文明建设的第一要义就是发展。因为中国解决所有问题的关键在于发展，无论是提高人民生活水平还是解决前进道路上的各种矛盾和问题，或是维护国家安全等方面都要依靠发展。努力做到"好"字当头、快在其中，好中求快、快中求好，这既是党的十七大精神的体现，也是科学发展观的内在要求。生态文明建设也离不开发展。实现经济又好又快发展，可以为生态文明建设提供良好的经济基础。经济基础决定上层建筑，上层建筑对经济基础具有能动的反作用。

经济发展水平制约生态文明意识的发展，只有当物质生活水平提高到一定层次时，才会有较高的环境意识，生存问题尚未解决，环境保护也无从谈起。在生态文明建设的过程中，要转变人们的传统思维方式，注重培养人与自然和谐相处的自然观，形成尊重自然、热爱自然、善待自然的良好氛围，在全社会牢固树立生态文明观念，只有这样才能从根本上搞好生态文明建设。

正如党的十七大报告中指出的"必须把建设资源节约型、环境友好型社会放在工业化、现代化发展战略的突出位置"。

（2）实现人与自然和谐发展，构建社会主义和谐社会。建设生态文明的核心目标是构建社会主义和谐社会。和谐社会的基本要求是：生产发展，生活富裕，生态良好，实现"民主法治、公平正义、诚信友爱、充满活力、安定有序、人与自然的和谐相处。"生态文明所要建设的社会就是人与自然和谐相处的社会，其目标也是建设适宜人类生存的生态环境、充足的物质基础，社会的经济、政治和文化协调发展。因此，可以说，建设生态文明的核心目标是构建社会主义和谐社会。构建社会主义和谐社会是一个不断化解社会矛盾的持续过程。我们要始终保持清醒的头脑，能够做到居安思危，并深刻认识我国发展的阶段性特征，科学分析生态文明建设中影响社会和谐的矛盾和问题及其产生的原因，更加积极主动地正视矛盾、化解矛盾，最大限度地增加和谐因素，最大限度地减少不和谐因素，从而促进社会主义社会的和谐发展。

（3）保护生态环境，呵护地球家园，建设环境友好型社会。所谓环境友好型社会，就是全社会都采用有利于保护生态环境的生产方式、生活方式、消费方式，建立社会与环境良性互动的关系。建设生态文明是以胡锦涛为总书记的党中央紧密结合我国国情，借鉴国际先进发展理念，着力解决我国经济发展与资源环境矛盾的一项重大战略决策，对于全面落实科学发展观，不断提高资源环境保障能力，实现国民经济又快又好发展具有重要意义。环境友好型社会的发展观，充分考虑自然生态系统的承载能力，尽可能地节约资源并循环使用，不断提高资源的利用率，以良性循环来创造社会财富。

建设环境友好型社会是生态文明建设的发展方向。从人与自然的关系看，必须把环境友好放在十分突出的地位，通过建设环境友好的社会，促进人与自然的和谐。生态文明要求将建设环境友好型社会作为一项重要内容，我们建设生态文明、呵护地球家园、迎接经济全球化的环境挑战，必须高度重视转变发展方式，从可持续发展角度出发，从发展循环经济入手，力争做到废物最小化、资源无害化，最大限度地减少对资源的消耗和对环境的污染。

2. 2015 年生态文明建设的具体目标及措施。

（1）打好减排和环境治理攻坚战。环境污染是民生之患、民心之痛，要铁腕治理。2015 年，二氧化碳排放强度要降低 3.1% 以上，化学需氧量、氨氮排放都要减少 2% 左右，二氧化硫、氮氧化物排放要分别减少 3% 左右和 5% 左右。深入实施大气污染防治行动计划，实行区域联防联控，推动燃煤电厂超低排放改造，促进重点区域煤炭消费零增长。推广新能源汽车，治理机动车尾气，提高油品标准和质量，在重点区域内重点城市全面供应国五标准车用汽柴油。2005 年年底前注册营运的黄标车要全部淘汰。积极应对气候变化，扩大碳排放权交易试点。

（2）实施水污染防治行动计划，加强江河湖海水污染、水污染源和农业面源污染治理，实行从水源地到水龙头全过程监管。推行环境污染第三方治理。做好环保税立法工作。我们一定要严格环境执法，对偷排偷放者出重拳，让其付出沉重的代价；对姑息纵容者严问责，使其受到应有的处罚。

（3）能源生产和消费革命，关乎发展与民生。要大力发展风电、光伏发电、生物质能，积极发展水电，安全发展核电，开发利用页岩气、煤层气。控制能源消费总量，加强工业、交通、建筑等重点领域节能。积极发展循环经济，大力推进工业废物和生活垃圾资源化利用。我国节能环保市场潜力巨大，要把节能环保产业打造成新兴的支柱产业。

（4）森林草原、江河湿地是大自然赐予人类的绿色财富，必须倍加珍惜。要推进重大生态工程建设，拓展重点生态功能区，办好生态文明先行示范区，开展国土江河综合整治试点，扩大流域上下游横向补偿机制试点，保护好三江源。扩大天然林保护范围，有序停止天然林商业性采伐。今年新增退耕还林还草1000万亩，造林9000万亩。生态环保贵在行动、成在坚持，我们必须紧抓不松劲，一定要实现蓝天常在、绿水长流、永续发展。

参考文献

［1］邵道萍、于爽：《浅谈生态资本与可持续发展》，载于《天水师范学院学报》2006年第4期，第42～44页。

［2］严立冬、谭波、刘加林：《生态资本化：生态资源的价值实现》，载于《中南财经政法大学学报》2009年第2期，第3～8、第142页。

［3］赵建军：《"新常态"视域下的生态文明建设解读》，载于《中国党政干部论坛》2014年第12期，第36～39页。

［4］侯云春：《生态文明建设应成中国经济新常态增长点》，载于《西部大开发》2014年第12期，第154～155页。

［5］朱坦、高帅：《新常态下推进生态文明制度体系建设的几点探讨》，载于《环境保护》2015年第1期，第21～23页。

［6］本报评论员：《主动适应生态文明建设和环保新常态》，载于《中国环境报》2014年11月4日。

［7］谷树忠、胡咏君、周洪：《生态文明建设的科学内涵与基本路径》，载于《资源科学》2013年第1期，第2～13页。

［8］张高丽：《大力推进生态文明　努力建设美丽中国》，载于《求是》2013年第24

期，第 3 ~ 11 页。

［9］白杨、黄宇驰、王敏、黄沈发、沙晨燕、阮俊杰：《我国生态文明建设及其评估体系研究进展》，载于《生态学报》2011 年第 20 期，第 295 ~ 304 页。

［10］占伟：《我国生态文明建设面临的问题及对策研究》，西南大学，2013 年。

［11］黄娟、汪宗田：《生态文明建设视角下的中国梦》，载于《鄱阳湖学刊》2014 年第 2 期，第 64 ~ 70 页。

［12］《2015 政府工作报告》。

第二章

生态环境补偿制度

第一节　生态环境补偿制度研究现状

随着环境污染的日益加剧，生态环境危机成为威胁人类生存和制约经济发展的直接因素，人类才开始意识到生态环境与人类的命运息息相关。人类应该尊重自然、与自然和谐相处，只有保护生态环境，才能使人类生活得健康舒适。

由于人口众多、资源短缺、生态脆弱、经济发展方式粗放等因素的制约，我国经济发展过程中的生态环境问题相当突出，严重制约经济社会和生态环境协调可持续发展。作为一个正处于工业化、城市化加速发展的发展中大国，我国能源、资源消耗较快增长可能是一个长期趋势，今后一个时期能源、资源消耗的增量也可能超过世界上任何国家，由此产生的环境污染问题和可持续发展的压力也可能是其他国家无法比拟的。我国的国情和世界经济发展的阶段决定了我国不可能走发达国家"先发展后治理"的老路，必须把对资源能源的节约利用、对环境的保护贯穿于经济发展的全过程，尽可能减少经济发展造成的环境污染。因此，生态环境的补偿机制就越发显得重要，它是维护经济发展和生态持续的重要保障机制。

一、生态环境和生态补偿的概念

（一）生态环境的概念

在环境科学领域，环境被认为是以人类社会为主体的外部世界的总体。自然环境是人类赖以生存、发展生产所需的自然条件和自然资源的总称。自然资源是自然环境的重要组成部分。环境科学将地球环境按其组成要素分为大气环境、水环境、土壤环境和生态环境。我国环境保护法所称的环境是指影响人类社会生存和发展的各种天然的和经过人工改造的自然因素的总体，包括大气、水、海洋、土地、矿藏、森林、草原、野生动物、自然古迹、人文遗迹、自然保护区、风景名胜区、城市和乡村等。① 但是，目前的研究文献较少对生态环境明确定义，基本上等同于自然环境，如俞海等人（2007）的研究认为，生态环境既包括土地、水、生物、矿产等具体的要素禀赋资源，也包括环境容量、景观、气候、生态平衡调节等综合的环境资源。

人类社会和生态环境之间在漫长的自然演变中达成某种动态的稳定的平衡。与人类社会几乎无限增长的需求相比，生态环境作为各种资源的供给者具有不可逆性、有限性、稀缺性。生态环境存在承载人类活动负荷的一个阈值或极限，人类活动对生态环境的影响一旦超过了这个极限，系统局部甚至全局的均衡就会被打破，被破坏的生态环境反过来就会危及人类社会的发展甚至生存。为了恢复和维护已经受到破坏的生态环境的自我更新的稳定性和可持续性，生态环境补偿制度的建立已迫在眉睫。

（二）　生态补偿的概念

生态环境补偿，也称生态补偿，其概念的发展演变在我国是一个逐步深入的过程。李环（2006）指出，生态环境补偿最初源于自然生态补偿，指自然系统遭到破坏后的自我调节和恢复。《环境科学大辞典》将自然生态补偿定义为"生物有机体、种群、群落或生态系统受到干扰时，所表现出来的缓和、干扰、调节自身状态使生存得以维持的能力，或者可以看做生态负荷的还原能力"。

在我国20世纪90年代前期的研究文献中，生态补偿通常是生态环境加害者付出的赔偿的代名词，而20世纪90年代后期，生态补偿则更多指对生态环境保护者的财政转移支付补偿机制，如退耕还林生态补偿。随着经济社会的发展，国际社会生态补偿机制理论和实践的日益丰富，国内研究对生态补偿的理解越发深入和清晰，基本上明确了生态补偿的目的是为了恢复和保护生态环境

---

① 《中华人民共和国环境保护法》第二条，本法由2014年4月24日第十二届全国人民代表大会常务委员会第八次会议修订，2015年1月1日生效。

的自我修复能力，保护整个生态系统所具有的生态功能，实现自然环境和人类社会的协调可持续发展；生态补偿是一种促进生态环境保护的经济手段和刺激、协调机制，依经济学原理将外部成本内部化；其机制的运作机理不仅包括对生态破坏者或者受益者征收费用，用以生态的补偿、恢复和综合治理，也包括对生态保护者和管理者予以补偿，如对因环境保护而丧失发展机会的地区居民进行的资金、政策、技术、实物方面补偿的支出；补偿对象不仅包括对环境受损者或保护者的经济补偿，也包括对遭受破坏的生态环境的恢复和保护，后者显然是最终的补偿对象；生态补偿的主体既可以是政府，也可以是企业和个人。

李建国等人（2007）对生态补偿机制的定义是：以改善或恢复生态服务系统服务功能为目的，以经济手段为主，调整相关利益者（保护者、破坏者和受益者）利益分配关系的一种制度安排。相对于环境污染损害赔偿而言，生态补偿是对人类的某种活动所产生的生态环境的破坏所给予的补偿。

王丰年（2006）认为，生态补偿的概念有广义和狭义之分。广义的生态补偿包括污染环境的补偿和生态功能的补偿，即包括对损害资源环境的行为进行收费或对保护资源环境的行为进行补偿，以提高该行为的成本或收益，达到保护环境的目的。狭义的生态补偿是指生态功能的补偿，即通过制度创新实现生态保护外部性的内部化，让生态保护成果的受益者支付相应的费用；通过制度设计解决好生态产品这一特殊公共产品消费中的"搭便车"现象，激励公共产品的足额供应；解决好生态投资者的合理回报，激励人们从事生态保护投资并使生态资本增值的一种经济制度。

王志凌等人（2007）的研究认为，生态补偿是为了恢复、维持和增强生态系统的生态效益功能，通过对有益或有损于生态服务的行为进行补偿或索赔来提高行为的收益或成本，从而激励有益或有害行为的主体，增加或减少因其行为带来的外部经济或外部不经济，达到保护和改善生态服务的目的。

金高洁等人（2008）则认为，生态补偿的内涵应从两个方面来理解：一是对自然生态功能的治理性补偿，具体可分为：（1）对遭受破坏的自然生态环境进行恢复和重建，如矿业的开采等造成了当地的生态破坏，通过生态恢复和生态重建对其补偿，以保证当地的生态系统不退化、生态服务功能不降低；（2）对具有重大生态价值的区域或对象进行保护性投入，包括重要类型生态系统如森林和重要区域如中国西部、河流上游等的生态补偿，充分保护和发挥其生态功能。二是对人的经济补偿，具体可分为：（1）受害者因遭受损失而得到补偿或赔偿，如农用地占用，矿业开采等对当地农民造成的损失进行经济赔偿；（2）对个人或区域保护生态环境或放弃发展机会的行为予以补偿，相当于绩效奖励，如水源地，自然保护区或其他生态功能区通过涵养水源、保护珍稀物种等行为，为其他地区提供生态服务，受益地区理应提供经济补偿。

（三）生态补偿的理论基础

一般认为，环境资源价值理论、经济外部性理论和公共物品理论是生态补偿机制的理论基础。

1. 环境经济价值理论。根据环境经济学理论，生态环境资源是一种资本，具有经济价值，因此利用生态环境资源应当给予相应的补偿。生态环境的经济价值是生态补偿标准或补偿量确定的重要理论依据之一，是生态补偿的机制基础。生态环境的稀缺性是生态环境的价值基础和市场形成条件。

2. 经济外部性理论。自然资源利用以及生态环境保护具有明显的外部性特征。福利经济学创始人庇古用现代经济学分析方法从福利经济学角度系统论述了外部性理论。外部性理论的基本含义是某个人的行为对他人的福利产生有利或不利的影响，但这种影响未能通过市场交易和价格机制反映出来。外部性分为正外部性和负外部性。正外部性是指某一经济主体的生产或消费使其他经济主体受益而没有得到后者补偿；负外部性是指某一经济主体的生产或消费使其他经济主体受损但是没有补偿后者。生态保护所发挥或提供的生态效益或生态服务如保持水土、涵养水源、调节气候以及美化景观等是一种无形的效用，保护者所带来的边际社会收益远远大于边际私人收益，其他受益者无须向保护者支付任何费用就可以获得这种效用，这种正外部性造成私人对生态保护的投入以及生态效益或生态服务的供应量减少，导致社会福利损失。相对应的，森林砍伐等造成水土流失、流域上游污水排放造成流域下游的污染、自然资源开发利用对当地社区及居民生产生活环境的破坏等破坏生态环境的行为，其所带来的边际社会成本远远大于边际私人成本，如果损害生态环境者不向受害者提供相应的补偿或赔偿，其行为将得不到有效的纠正，对资源的利用和生态环境的破坏就会加剧，生态环境进一步恶化，同样导致社会福利的损失。生态补偿机制就是要通过有效的制度安排和政策手段，使受益人向产生正外部性的环境保护者给予补偿或奖励，使产生负外部性的损害环境者向受害人支付相应的补偿，从而将生态保护或损害的外部性予以内部化，实现社会整体福利的最大化。

3. 公共物品理论。生态环境为人类所共有，普遍认为生态环境及其所提供的生态服务具有公共物品的属性。纯粹的公共物品具有两个本质特征：非排他性和消费上的非竞争性。非排他性是指在技术上不易于排斥众多的受益者，或者排他不经济，不可能阻止不付者对公共物品的消费。非排他性会导致生态环境资源的过度使用，其结果是出现经济学上的"公地悲剧"。消费上的非竞争性是指一个人对公共物品的消费不会影响其他人从该物品消费中获得的效用，即增加额外人的消费不会引起产品任何成本的增加。非竞争性会导致消费者产生"搭便车"心理，每个人都不愿意花钱去买公共物品，结果是出现公共物品供给不足。生态环境中的纯公共物品，例如空气、气候、海洋等。

生态环境中，还存在大量的介于公共物品和私人物品之间的物品，称作准公共物品或混合物品。准公共物品分为两类：一类是"俱乐部产品"，即消费上具有非竞争性，但可以容易做到排他，如河流的净化污水能力等，这类物品容易造成"拥挤"问题；另一类被称为"共同资源"，如公共渔场、牧场、较小流域内的河流等，这些产品在消费上具有竞争性，但无法有效地排他，容易产生"公地悲剧"。

生态环境及其所提供生态服务的公共物品属性决定了其面临供给不足、拥挤和过度使用等问题，生态补偿就是通过相关制度安排，调整相关生产关系来激励生态产品的供给、限制共同资源的过度使用和解决俱乐部产品的拥挤问题，从而促进生态环境的保育。公共物品理论可以帮助解决不同生态补偿类型下补偿的主体是谁、通过什么方式进行补偿等问题。庇古为代表的福利经济学家提出了用政府税收或补贴的方式解决生产和消费引发的外部性问题，并已经在许多国家推行。

（四）生态补偿的原则

1992 年，经合组织（OECD）环境委员会提出了"污染者付费原则"，很快得到国际社会的承认，并被一些国家确定为环境法的一项基本原则。1996 年，我国国务院在《关于环境保护若干问题的决定》中明确规定了"污染者付费、利用者补偿、开发者保护、破坏者恢复"，被作为我国生态补偿的基本原则。有些学者将生态补偿的原则进一步演绎为：破坏者付费、保护者受益原则，受益者承担原则，公平合理原则、经济补偿原则和循序渐进原则等。

二、生态补偿机制的运作方式、路径及其国际发展趋势

按照英国福利经济学家庇古的理论，要解决外部性问题，必须有政府进行干预，通过征税或补贴的方式使外部成本内部化，即对生产和消费使他人受损的行为，采取征税的方式；同时，对生产和消费使他人受益的行为，政府应从受益者那里取走一部分利益用于补贴相应的利益受损者。半个世纪以来，庇古的税收——补贴制度已经在许多国家的环境领域得到了推广和应用。由此也确立了财税政策在环境保护领域不可或缺的作用和地位。同时，政府补偿也成为生态补偿的一种主导性的机制。但是，随着经济的发展与各国理论与实践的丰富，市场在生态补偿领域的作用被越来越多的开发利用起来，市场补偿机制发挥着越来越重要的作用。葛颜祥等人（2009）对政府补偿和市场补偿机制在流域生态补偿方面的作用和运作方式进行了比较。

（一）政府补偿机制

环境保护的公益性、综合性，决定了政府作为公共主体参与生态补偿的必然性和重要性。在世界范围内，政府购买模式仍是支付生态环境服务的主要方式。例如法国、马来西亚的林业基金中，国家财政拨付占有很大比重；德国政府是生态效益的最大"购买者"；美国政府一直采取保护性退耕政策手段来加强生态环境保护建设，由政府购买生态效益、提供补偿资金，对原先种地的农民为开展生态保护放弃耕作而由此所承担的机会成本进行补偿，以提高农民退耕还林的积极性。通常认为，对生态功能区（如自然保护区等）的生态补偿应以政府补偿为主导。

政府补偿通常是以中央（联邦）政府或上一级政府为实施补偿的主体，以区域、下级政府或居民为补偿对象。政府补偿的方式主要包括：一是财政转移支付，既包括中央对地方的纵向转移支付，也包括地区之间的横向转移支付，转移支付多是专项补助；二是征收生态补偿税费，政府向生态环境的破坏者或者受益者征收税费，用来恢复生态环境或者补偿受损者和保护环境者；三是生态工程项目，如生态公益林、防护林的建设等；四是生态移民，将生态环境脆弱地区迁出转移安置，缓解生态环境的压力；五是建立生态补偿基金，政府拨专门款项设立生态补偿基金，专款专用。其他还有政策扶持和人才技术投入等为手段的补偿方式。

政府补偿方式存在以下一些弊端：一是补偿资金来源单一、容易出现资金缺口；二是资源定价体系不尽合理，生态补偿的有效性取决于对自然资源和生态环境价值的科学评估，政府主导的生态补偿是政府在有限理性的条件下做出的评判，一般偏低，很难科学、准确，生态环境价值补偿不足影响补偿效果；三是政府补偿使生态受益者与保护者脱节，有违"谁受益谁补偿"原则，不能充分地实现外部行为的内部化；四是一些政府补偿的行政管理成本太高，效率低下。

正是由于在生态补偿方面存在着政府失灵的方面，市场补偿机制也就有了存在的空间和必要性。

（二）市场补偿机制

市场补偿是市场交易主体利用经济手段参与环境市场产权交易，从而自发参与生态环境改善活动的总称。其主体可以是市场交易中的任何人。市场补偿在政府调控的范围内，赋予生态资源商品的属性，通过市场机制，将生态环境成本纳入各主体决策，使开发、利用生态环境资源的生产者、消费者承担相应的经济代价。市场补偿是政府补偿的有益补充，是生态补偿机制创新的主要方向，国际上，通过市场机制进行生态补偿已经占有越来越重要的地位。例如，美国退耕项目虽然选择了"由政府购买生态效益、提供补偿资金"政策，但同时借助竞标机制和遵循农户自愿的原则来确定与各地自然和经济条件相适应的补偿标准，竞标者可以对参加竞标时上报的愿意接受的租金率与政府估算的租金率进行比较，选择不参加或不被政府纳入退耕项目。近年来在很多国家施行的排污权交易，则是市场机制在生态补偿领域最为突出的体现，它是通过构建一个以企业为主的排污产权交易市场，通过市场机制增加排污企业增加排污的成本、提高企业减少排污的效益。另外，一些国家包括我国采取的流域之间的水权交易也是市场补偿机制的一种表现形式。

市场补偿机制具有如下特征：一是补偿主体的多元化，政府不再是单一主体，环保组织、生态服务供给者、受益者都参与到市场之中，通过价格杠杆实现环境价值在主体之间的转移，客观上能够优化资源配置；二是补偿主体的平等自愿性，即使政府是交易的一方也必须以平等的身份参加交易，地位上的平等促使各主体能够从自己真实的意愿出发，与意愿一致者形成交易；三是补偿机制的市场激励性，通过市场交易，生态环境的价值能够通过市场价格表现出来，在价格机制的引导下，市场主体自愿决定补偿与否、补偿的数额和方式。

相对于政府补偿而言，市场补偿利用市场反应比较灵敏的优势，利用市场上的各种交易的信息传播和流动，随时可以发现有价值的市场信息，并根据信息做出自己的决策，决策也更为理性。同时，市场机制也存在一些弊端和复杂性，市场机制作用的有效发挥需要具备一定的前提条件，核心条件是产权界定问题。产权的界定是生态补偿机制的前提，只有生态环境的产权明晰了，才能确定各市场主体的权利与责任，才可能有交易发生。著名产权经济学家巴泽尔（Y. Barzel）讲过，产权界定越明确，财富被无偿占有的可能性就越小，因此产权的价值就越大。但在生态环境领域的产权界定是一个非常复杂的问题。例如，已经在很多国家和地区开始实施的排污权交易，必须先界定一定区域内容纳排污的总量或限量，限量构成一种产权，确定限量本身就很复杂，如一条河流最多能够容纳多少污水；确定总的产权后，还需在不同的市场主体之间合理分配产权，确定哪些企业能够获得这个产权、每个企业以什么为依据进行分配、以什么样的方式或价格进行分配等。如果产权的分配不能明晰、合理，排污权交易的市场就不能发展起来，就没有交易发生。另外，市场主体之间的协商谈判也并不是总能达成一致意愿，交易的成本可能很高。

三、我国生态补偿的实践及存在的问题

（一）我国生态补偿的实践

中国最早的生态补偿实践始于1983年，在云南省对磷矿开采征收覆土植被及其他自然环境破坏恢复费用。1993年，广西、福建等14个省（市、自治区）145个县市开始试点，征收范围包括矿产开发、土地开发、旅游开发、自然资源、药用植物和电力开发等六大类。征收主要采取按项目投资总额、产品销售总额、产品单位产量、生态破坏的占地面积征收以及综合性收费和押金制度等六种方式。1994年，广东率先以立法形式对全省森林施行生态公益林、商品林分类经营管理。[①]

我国自20世纪80年代起就开始了对庇古外部性理论的研究和应用，但长期以来我们都把重点放在通过征收税费对污染环境负外部性进行矫正上，却轻

---

① 1994年4月广东省人大通过《广东省森林保护管理条例》。此外，《广东省外商投资造林管理办法》的颁布，在全国掀开了鼓励外商造林的第一页，《广东省生态公益林建设管理和效益补偿办法》的出台，在全国率先取得突破。

视了对环境保护的正外部性予以激励的重要性。1998 年长江洪灾后，生态的恶化使国家下决心做出退耕还林还草和天然林保护的决定，从此启动了迄今为止中国规模最大的生态补偿实践，相继实施了国家级自然保护区征收生态环境补偿费的尝试；实施了天然林保护、退耕还林、三北和长江流域防护林体系、京津风沙源治理等重点生态体系建设工程，加强森林资源的生态补偿；实施了退牧还草，加强对草原资源的生态补偿。1998 年 7 月 1 日重新修改的《森林法》明确规定："国家建立森林生态效益补偿基金，用于提供生态效益的防护林和特种用途林的森林资源、林木的营造、抚育、保护和管理。"从 2001 年起，国家在 11 个省区开展生态补偿试点。从 20 世纪 80 年代开始，在 10 多个城市开始进行排污权交易试点。2005 年，国务院在《关于落实科学发展观加强环境保护的决定》中指出："要完善生态补偿政策，尽快建立生态补偿机制。中央和地方财政转移支付应考虑生态补偿因素，国家和地方可分别开展生态补偿试点。"2006 年，《中国水生生物资源养护行动纲要》指出："建立工程建设项目资源与生态补偿机制，减少工程建设的负面影响，确保遭受破坏的资源和生态得到相应补偿和修复。"

近年来，随着部分地区经济的发展和生态环境问题日益突出，一些地区根据本区域的特点，相继开展了生态补偿方面的尝试和创新，市场机制也被逐渐引入了生态补偿领域。地方的创新和实践为我国生态补偿机制的完善积攒了宝贵的经验。

（二）我国生态补偿机制存在的主要问题

总体而言，我国的生态补偿机制仍是政府完全主导，是以行政命令的方式在推行，市场机制的作用发挥不明显。中国环境与发展国际合作委员会的研究结论如下：我国缺失调整相关主体环境利益及经济利益分配关系，激励生态保护行为的生态补偿机制，从而导致受益者无偿占有环境利益，保护者得不到应有的经济回报，破坏者不承担破坏环境的责任和成本，受害者得不到应有的经济赔偿等一系列问题。随着环境污染与破坏的日趋严重，过分依赖强制性、无偿性的政府补偿逐渐显现出诸多弊端。

1. 补偿来源、形式单一。目前，主要靠政府通过财政拨款形式进行的生态补偿形式太单一。在我国经济和技术水平还不发达的条件下，降低污染的成本相对较高，生态补偿的成本巨大，单靠国家财政投入是远远不够的，并且财政转移支付制度还不完善，财政资金的使用效率并不高，生态补偿的效益难以持久。并且，目前的补偿大多是"输血式"的补偿，而被补偿者往往是贫困地区及其居民，输血式补偿无法给他们提供自我发展的能力，一旦补偿取消，返回贫困的地区和居民必然还要开发，生态还要被破坏。

2. 生态补偿缺乏长远规划，短期行为严重。目前，我国实施的退耕还林、退牧还草、生态公益林补偿金等政策，多是以项目、工程、计划的方式组织实施，并且有明确的时限，当项目到期，接受补偿的农牧民的利益得不到补偿时，为了生存和生活的需要，只能放弃环保顾温饱，再从事生产和开发行为，生态补偿也就失去了意义。

3. 环境定价不合理，生态补偿标准普遍偏低。截至目前，我国还没有一个较为科学的生态环境价值评估体系，环境甚至被认为是无价或廉价。在补偿资金来源不足的情况下，补偿标准必然偏低，如退耕还林的补偿标准，在黄河上游地区是每亩补偿粮食200斤或140元，补助种苗费50元、管护费20元，低于在同一土地进行农业生产的经济效益，必然导致农民对这一政策的冷漠和抵触。又如，森林生态效益补偿标准为5元/亩/年，明显太低，政策的执行效果必然大打折扣。

4. 对生态补偿金的征收、管理、使用缺乏有效控制和监督。目前，我国的生态补偿资金主要包括森林生态效益补偿基金、退耕还林资金、天然林保护补偿金、排污费等，对上述资金的管理、征收和使用缺乏有效地控制和监督机制。张宏伟等人（2006）的研究指出，按照有关规定，退耕还林资金主要用于重点公益林专职管护人员的劳务费或林农的补偿费，以及管护区内的补植苗木费、整地费和林木抚育费。但在政策执行中，补偿金大部分情况下成为了各级林业部门的一项重要收入，与天然林保护工程的补偿金一并由地方林业部门统筹使用，已经演变为林业部门、林场、保护站等林业职工工资和日常运行开支的主要资金渠道。由于缺乏控制和监督机制，一些本应当用来治理污染、恢复生态的资金，正在演变为部门的福利费。

5. 地方政府生态补偿积极性有限，政策失灵问题突出。由于地方政府的政绩评价仍然以经济发展为核心指标，生态保护和补偿与经济发展在一定程度上是相矛盾、相冲突的，"保政绩还是保环境"、"要环保还是要温饱"，这些是急需生态保护的地方政府和居民无法回避的问题。在政绩评价指标没有改变、财政转移支付等政策还不完善的情况下，相关利益主体的选择必然是要政绩、要温饱。生态补偿政策的失灵是必然的结果。

也有研究者提出行业、部门之间条块分割也是我国生态补偿机制面临的主要问题。

四、完善我国生态补偿机制的建议

完善生态补偿机制，财税制度的配套完善占有非常重要的地位。生态补偿的复杂性决定了其他制度也必须配套到位，才能发挥综合效益。各方面的研究提出的建议既有针对生态补偿机制的整体性设计和完善，也包括对目前国内比较突出生态补偿问题提出的具体政策建议。

（一）完善我国生态补偿机制的整体性建议

1. 充分发挥政府机制和市场机制的双向调节作用，推动生态补偿的市场化、产业化。各国的生态补偿实践表明，更多的生态补偿是通过政府和市场的双向调节进行的，而且，市场补偿机制的作用越来越大。很多国家原来由政府单独完成的生态补偿，也开始引入了市场力量或运用市场机制来运作，如流域的生态补偿、污水处理问题等。因此，完善我国生态补偿机制的方向应当是推动生态补偿的市场化、产业化。当然，政府在生态补偿中是不可或缺的，市场补偿机制必须在政府的引导下发挥作用。刘成玉等人（2007）认为，政府应着重培育资源市场，开放生产要素市场，使资源资本化、生态资本化，使环境要素的价格真正反映它们的稀缺程度；积极探索资源使（取）用权、排污权交易等市场化的补偿方式。金三林（2007）认为，对生态影响跨省市乃至跨国的经济社会活动进行的生态补偿，应该以政府为主，因为其生态服务功能的受益区域是全国乃至全世界，例如国家级重要生态功能、自然保护区、生态公益林区等。并且，为了更好实现生态补偿，国家应该制定战略性、全局性和前瞻性的生态补偿总体框架。对于矿产等资源的开采补偿则应采取市场补偿机制，主要由矿山开采企业为主体实施补偿。

2. 完善生态补偿的法律制度。生态补偿应当以法律为依据，以法律的形式，将生态补偿的范围、对象、方式、补偿标准等确定下来，避免生态补偿的短期化和随意化。因此，国家有必要制定专门的生态保护法。

3. 建立和完善与生态环境相关的税收制度。为了增加生态破坏行为的成本，并且为生态补偿筹集资金，各国都在不断完善与生态环境相关的税收制度。目前，西方国家普遍开征的环境税有以下几种：空气污染税、水污染税、固体废弃物税、噪声税等。1991 年，瑞典为了给森林生态效益补偿提供资金，颁布了世界上第一个生态税调整法案，根据产生二氧化碳的来源，对油、煤炭、天然气、液化石油气、汽油和国内航空燃料等征收碳税，排放1吨二氧化碳征税120美元。法国为加强对温室效应的控制，从2001年1月1日起对每吨碳征收150~200法郎的税，以后逐年增加，10年期末即2010年已达到每吨碳征收500法郎，所得收入主要用于补贴社会支出。欧盟已建议在其成员国内部推广二氧化碳税，并制定具体的征收措施。巴西在森林生态效益补偿中遵循"谁保护、谁受益"的原则，国内已有6个州实施生态增值税，对那些建立保护区并实行可持续发展政策的州政府，联邦规定把该州所征收的销售税的25%予以返还，并允许每个州可以自己制定分配标准。

我国在《"十一五"国民经济发展规划》中明确提出，应当适时开征环境税。王金南等人在环境税方面的研究已经颇有成果。多数观点都认为我国应当开征独立的环境税，同时开展对目前排污、环保方面一些收费的改革和清理。环境税的设计思路主要包括：征税对象主要为企业二氧化硫排放、污水排放等排污行为；税基为二氧化硫排放量、污水排放量等；计征方式为定额或按比例征收；由税务部门统一征收管理，环保部门负责排污技术监测和监管。

除开征单独的环境税外，研究者也提出应当完善目前其他税种中有利于生态环境保护的规定，如细化企业所得税中关于节能环保设备、技术创新的税收优惠政策，在消费税中增加不利于生态环境保护的产品的税目等。

4. 建立国家生态补偿基金。我国生态环境的恶化还在加剧，国家必须不断增加对生态补偿的财政投入总量。有研究者提出，为了保证生态补偿资金来源和投入的稳定性，应在整合现有补偿资金的基础上，建立统一完整的国家生态补偿基金。生态补偿基金应作为公共财政的重要组成部分，在中央和省级政府设立，列入财政预算。按照生态补偿机制的实际需要，生态补偿基金专款专用，明确其用途，把边远山林区、重要公益林保护区、水系源头地区和土地沙化地区作为生态补偿基金倾斜的重点。

5. 应采用更符合生态补偿要求的干部政绩评价和考核制度。在GDP作为评价地方官员政绩的核心指标的情况下，为了发展经济、保证经济增长速度，地方政府必然弱化对环境保护和生态补偿的重视程度。因此，有研究者提出应在干部政绩评价和考核制度上进行生态化的改革，将生态因素纳入考核范围，即引入绿色GDP来补充和修正现行的GDP核算制度。

（二）对突出的生态补偿机制的政策建议

研究者普遍认为，生态补偿是一个涉及多方利益的、复杂的系统，并且我国生态环境的破坏已经比较严重，在此情况下，期望以几项生态补偿政策朝夕即可建功，解决我国的生态恶化问题显然是不现实的，必须采取循序渐进的补偿模式，集中解决突出问题，逐步扩展范围，最终实现全面的生态补偿和恢复。根据我国生态补偿实践的现状以及理论研究的进展，建立和完善生态补偿机制应重点抓好生态功能区的生态补偿、矿产资源开采环境补偿、流域生态补偿和排污权交易的完善与推广等四个方面的机制。研究者对上述机制的具体政策建议包括：

1. 建立和完善横向生态转移支付制度，加强对生态功能区的生态补偿。郑雪梅等人（2006）提出，对生态功能区的生态补偿，应加快建立地区间的横向生态补偿机制，以弥补目前我国从中央向地方的纵向生态转移支付制度的不足。中国的经济地理状况的特点是：向全社会提供大量生态服务的地区以及生态脆弱和环境敏感地区，基本上是贫困地区或欠发达地区，如长江、黄河等河流的上游，云南、贵州等省生物多样性丰富的山林地区，内蒙古和西北农牧交错地带等。贫困地区承担着保护水源、生态林、湿地、生物多样性等生态环境责任，这种责任的代价是放弃一些产业开发、经济发展的机会。如果对贫困地区和居民的生态保护牺牲不予以充分的补偿，不顾生态环境的掠夺式开发就不可能彻底消除。"要温饱不要环保"、"要发展不要环境"不仅仅是地方政府的选择，也是贫困地区居民的合理要求。因此，应当在完善现有中央对地方的财政转移支付的同时（如根据不同区域的生态产值计量标准增加中央的转移支付），尽快实现财政资源从经济发达地区向贫困地区的横向转移，构建以生态转移支付制度为核心的横向生态补偿体系。

横向生态补偿制度的核心是解决生态服务在地区间的外溢效应问题。其主要内容是在经济和生态关系密切的同级政府间建立区际生态转移支付基金，通过辖区政府之间的相互协作，实现生态在区域间的有效交换。区际生态转移支付基金由特定区域内生态环境受益区和提供区的政府财政资金拨付形成，拨付比例应在综合考虑当地人口规模、财力状况、GDP总值、生态效益外溢程度等因素的基础上确定。各地方政府按拨付比例将财政资金存入生态基金，并保证按此比例及时进行补充。生态基金必须用于绿色项目，包括生态服务提供区的饮用水源、天然林、天然湿地的保护、环境污染治理，生态脆弱地带的植被恢复，退耕还林（草），退田还湖，防沙治沙，因保护环境而关闭或外迁企业的补偿等。区际生态补偿基金的运行管理应以绿色项目为基础，而不能以某地方政府、某公司或组织为基础，对适合产业化的绿色项目，应通过招标来选择专业公司进行市场化的运作，以保证资金投入的准确性和有效性。

另外，研究者也提出应采用灵活多样的补偿方式，如广东、浙江的"异地开发"模式；采取绿色技术及教育培训方式，发达地区可以开发环保技术免费提供给需要的贫困地区，并负责培训贫困地区的环保人员和居民，帮助贫困地区发展无污染的替代产业或生态产业，增加当地居民收入；加大对生态补偿价值评估核算、补偿标准计量等方面的基础性研究以及相关环保技术的应用研究等的投入。对于生态功能区的补偿标准，金三林认为，主要根据三个方面确定：基于生态系统服务价值评估的标准确定；基于保护成本的标准确定；基于保护损失的标准确定。

2. 建立生态补偿保证金制度，完善对矿产资源开采环境修复的生态补偿机制。生态补偿保证金，是指政府为了使矿山开采企业履行矿区环境修复义务，政府预先从企业收取一定数额的保证金，若企业能及时修复补偿矿区环境，则退还保证金，如企业为履行修复义务，则由政府利用保证金组织修复。美国、英国、德国等国家都建立矿区的补偿保证金制度。如 1977 年，美国国会通过的《露天矿矿区土地管理及复垦条例》规定：任何一个企业进行露天矿的开采，都必须得到有关机构颁发的许可证；矿区开采实行复垦抵押金制度，未能完成复垦计划的其押金将被用于资助第三方进行复垦；采矿企业每采掘一吨煤，要缴纳一定数量的废弃老矿区的土地复垦基金，用于复垦实施前老矿区土地的恢复和复垦。英国 1995 年出台的环境保护法、德国的联邦矿产法等也都作了类似的规定。金三林认为，保证金可以通过地方环境或国土资源行政主管部门征收上缴财政，也可以在银行建立企业生态修复账户，由政府监管使用。

金三林同时提出，应根据"谁受益、谁补偿"的原则，由大量输入和使用矿产资源的地区，对西部资源富集地区进行补偿。并且，完善资源产品定价机制，将生态补偿费用作为成本纳入资源产品价格中。

3. 充分发掘水权交易和"异地开发"等模式的潜力，完善流域生态补偿机制。建立流域生态补偿机制，可以理顺流域上下游之间的生态关系和利益关系，加快上游地区经济社会发展并有效保护流域上游的生态环境，从而促进全流域的社会经济可持续发展。研究者认为，对跨多个省市、涉及范围广大的大江大河流域的生态补偿，还应当以中央政府主导的补偿为主，加强和完善中央对水源地或上游地区的生态转移支付，使上下游共担环保成本。对于跨地区较少、补偿关系较为简单的流域之间，则应鼓励市场化的补偿机制。典型案例是浙江省东阳市和义乌市之间进行的水权交易。东阳市以 2 亿元的价格一次性把横锦水库每年 4999.9 万立方米水的永久用水权转让给义乌市，并保证水质达到国家现行一类饮用水标准。此外，义乌市向东阳市支付当年实际供水 0.1 元/立方米的综合管理费。另外，广东、浙江等地率先实行的"异地开发"式生态补偿也是一种非常有效且实用的补偿方式。以广东为例，广东省龙门县统一规划设立了一个金龙开发区，安排上游各镇不符合水源地保护区功能要求的招商引资项目。浙江"金磐模式"的异地开发业是如此，磐安县是浙江有名的"贫困县"，在经济发展与环境保护的矛盾面前，磐安县通过与金华市联手实行异地开发，在金华市工业园区内建立了"金磐扶贫开发区"，大力发展工业，增加了磐安县的财政收入，又解决了大量人口就业问题。在磐安县境内，则大力搞农业产业化的发展道路，从而实现保护区内的社会经济发展和生态保护双赢。这种模式，通过下游给上游提供开发空间，既保护了上游地区的主要生态功能，又能促进其经济发展，很适合在生态关系密切的区域间或流域内上、下游地区之间推广应用。

4. 完善排污权交易等市场化的生态补偿机制。蒋良勇等人的研究提出，应构建资源市场，客观体现资源的有偿使用，使生态资源资本化，并搭建资源使用权、排污权交易的有效平台，引导社会各方参与环境保护和生态建设，鼓励生态环境保护者和受益者之间通过自愿协商，实现合理的生态补偿，达到节约资源和保护环境的双赢效果。积极推动建立区域内污染物排放指标有偿分配机制，逐步推行政府管制下的排污权交易，运用市场机制降低治污成本，提高治污效率。

传统的治理排污的方式是征收排污税费，即"庇古税"。但"庇古税"的征收前提是以知道谁在制造污染以及污染程度为前提条件的，对污染监测的要求比较高，并且其征收模式是"先排污，后收税费"，当税费负担达不到边际值时，不能有效减少企业的排污量。排污权交易制度（Tradable permit），是指在控制污染物排放总量的前提下，允许各污染源之间通过货币交换的方式相互调剂排污量。这种基于市场激励的制度设计，被广泛认为可以有效地实现全社会总的污染治理成本最小化和产值的最大化。1990 年，美国通过的《清洁空气法修正案》中，把酸雨（二氧化硫）的控制放在一个突出的位置。在控制二氧化硫排放上，排污权交易模式取得了巨大成功。根据美国环保局的统计，到 2006 年，美国二氧化硫的排放量比 1990 年下降了 630 万吨，首次下降到 1000 万吨以下，相当于下降了 4 成。在实施排污权交易后，美国最主要的排放大户——电力行业二氧化硫排放削减量，大大超过预定目标。排污权交易的模式是：政府机构评估出一定区域内满足环境容量的污染物最大排放量（总量控制），并将其分成若干规定的排放指标，每份排放指标视为一份排污权。政府在排污权一级市场上，采取一定的方式，如招标、拍卖等，将排污权有偿出让给排污者；排污者购买到排污权后，可根据使用情况，在二级市场上进行排污权买入或卖出。排污权之所以在控制污染方面效率很高，是因为区域内排污总量一旦确定，排污权就成为了稀缺的资源，有限的排污权必然带来价格不菲的交易，企业为了成为排污权的供给者，获得更高的利益，自然会珍惜有限的排污权，减少污染物的排放，并且排污权交易制度降低了最终污染水平的不确定性，降低了政策制定者随意选择排污标准的不确定性。建立排污权交易市场，政府在环保方面变被动为主动，相当于创造了一个洁净空气或水的市场，变过去的"先排污后收费"为"先付费再排污"。政府需要做的是要根据环境容量科学核定污染排放总量指标，确立并坚决贯彻"先支付费用，后取得排污权"的原则，实现初始排污权有偿取得并建立排污权二级市场，其他则由市场自我调节和选择。

排污权交易的效率明显高于"庇古税"，目前已经在国际上不断推广。在《京都议定书》签订后，工业化国家为了履行减排温室气体的承诺，降低减排成本，相继推出了二氧化碳排放权交易市场。2005 年，欧盟正式实施二氧化碳排放权交易，成为全球第一个使用市场机制控制二氧化碳排放的国际区域，并将排污权交易扩展到国与国之间。另外，欧盟依靠证券和期货交易所作为排污权二级市场交易平台的做法值得研究和借鉴。日本于 2005 年开始实施二氧化碳排放权交易，日本民间也从国外购买排放权，如三菱、东京电力等 9 家大公司联合成立了民间团体，专门负责从海外企业购买排放权。排污权已经成为一种国际上的抢手资源。我国已经在江苏省太湖流域开展了水污染物排污权有偿使用和交易的试点，还需进一步总结经验，完善相关制度，尤其是要做好环境容量的总量评估和控制工作，积极推动排污权一级市场机制的建立和完善。

第二节　生态环境及补偿基本概念

一、生态环境补偿的概念

生态环境补偿最初源于自然生态补偿，指自然生态系统对干扰的敏感性和恢复能力。《环境科学大辞典》曾将自然生态补偿（Natural Ecological Compensation）定义为：生物有机体、种群、群落或生态系统受到干扰时，所表现出来的缓和干扰、调节自身状态使生存得以维持的能力，或者可以看做生态负荷的还原能力；或是自然生态系统对由于社会、经济活动造成的生态环境破坏所起的缓冲和补偿作用。卡普鲁斯（Cuperus）等则将生态环境补偿定义为：对在发展中对生态功能和质量所造成损害的一种补助，这些补助的目的是为了提高受损地区的环境质量或者用于创建新的具有相似生态功能和环境质量的区域。

学者对生态环境补偿的研究一般分为两个阶段：20世纪90年代以前，生态补偿通常是生态环境损害者付出赔偿的代名词；而90年代以后，生态补偿则更多的指对生态环境保护、建设者的财政转移补偿机制，例如国家实施退耕还林补偿等。现在，我们对生态补偿的定义要从狭义和广义两个角度去理解。生态补偿从狭义的角度理解就是指：对由人类的社会经济活动给生态系统和自然资源造成的破坏及对环境造成的污染的补偿、恢复、综合治理等一系列活动的总称。广义的生态补偿则还应包括对因环境保护而丧失发展机会的区域内的居民进行的资金、技术、实物上的补偿，政策上的优惠，以及为增进环境保护意识，提高环境保护水平而进行的科研、教育费用的支出。

尽管生态补偿的定义没有统一，但其基本理论来源是一致的，即环境外部成本内部化原理，其目的就是为了解决资源与环境保护领域的外部性问题，使资源和环境被适度、持续的开发、利用与建设，从而达到经济发展与保护生态平衡协调，促进可持续发展的最终目标。综合起来，可以认为生态补偿是指通过对损害或保护资源环境的行为进行收费或补偿，提高该行为的成本或收益，从而激励损害或保护行为的主体减少或增加因其行为带来的外部不经济性或外部经济性，达到保护资源的目的。

综合国内外学者的研究并结合国内实际情况，生态补偿机制是指生态补偿是以保护和可持续利用生态系统服务为目的，以经济手段为主调节相关者利益关系的制度安排。它应该包括两个方面：一是对自然生态功能的治理性补偿，二是对人的经济补偿。

二、生态补偿机制的主要内容

生态补偿机制的主要内容包括：补偿主体、补偿对象、补偿原则、补偿资金的来源、补偿标准和补偿方式。这些方面相互交错构成了生态补偿机制。

（一）补偿主体

补偿主体是指筹集资金，实施补偿的组织机构。根据补偿主体不同，生态补偿大致可以分为政府补偿和市场补偿两大类型：（1）政府补偿。是指以政府为主体，主要采取管制、补贴、税收优惠、转移支付等手段进行的补偿活动，它是一种命令、控制式的生态补偿；（2）市场补偿。是指市场交易主体在政府制定的各类生态环境标准、法律法规的范围内，利用经济手段，通过市场行为改善生态环境的活动的总称。政府、市场以及一些社会组织等都是补偿的主体。目前我国的生态补偿主体主要有政府和市场。

（二）补偿对象

生态补偿的对象可以分为环境功能丧失的生态系统和人。

1. 环境功能丧失的生态系统。对环境功能丧失的补偿是一种狭义的生态补偿，是指被污染的环境、被破坏的生态系统。对自然生态功能的治理性补偿又可分为：（1）对遭受破坏了的自然生态环境进行恢复和重建，如矿业的开采等造成了当地的生态破坏，通过生态恢复和生态重建对其补偿，以保证当地的生态系统不退化、生态服务功能不降低。（2）对具有重大生态价值的区域或对象进行保护性投入，包括重要类型生态系统如森林和重要区域如中国西部、河流上游等的生态补偿，充分保护和发挥其生态功能。

2. 人。这里的人是一个抽象概念，包括做出贡献和受损的企业、公民个人，其实是指利益相关者。对人的补偿是一种广义的生态补偿，对其进行环保教育，提高其认识水平，对其进行经济补助提供生活帮助。对人的经济补偿分为：（1）对为生态保护做出贡献者给以补偿，是因为生态保护是一种公共性很强的物品，完全按照市场机制不可能提供市场所需要的那么多数量。

（2）受害者因遭受损失而得到补偿或赔偿，如农用地占用，矿业开采等对当地农民造成的损失进行经济赔偿。（3）对个人或区域保护生态环境或放弃发展机会的行为予以补偿，相当于绩效奖励。如水源地、自然保护区或其他生态功能区通过涵养水源、保护珍稀物种等行为，为其他地区提供生态服务，受益地区理应提供经济补偿。

（三）补偿原则

生态补偿的基本原则是"开发者保护、破坏者恢复和受益者补偿"。也就是说环境开发者要为其开发、利用资源环境的行为支付代价；环境损害者要对其造成的生态破坏和环境污染损失做出赔偿；环境受益者有责任、义务向提供优良生态环境的地区和人们进行适当的补偿。

（四）补偿资金的来源

目前，生态补偿的资金主要来源于两个方面：财政和市场。其中政府主要是通过财政、税收的收费制度来筹集资金。市场主要通过价格机制来完成利益相关者之间的生态补偿。

（五）补偿标准

补偿标准是补偿资金如何分配的基础，也是生态补偿得以实现的重要保证。补偿标准确定的方法很多，主要依据是生态保护者的投入、生态受益者的获利、生态破坏的恢复成本以及生态系统服务的价值。补偿标准的下限应为生态保护者的投入及生态破坏的恢复成本；补偿标准的上限应为生态系统服务功能的价值。

（六）补偿方式

生态补偿的方式多种多样，包括：

1. 现金补偿。它是最快捷、最实惠也是最急需的补偿方式。资金补偿常见的方式有：补偿金、赠款、减免税收、信用担保的贷款、补贴、财政转移支付等。

2. 实物补偿。它不仅可以为受补偿者提供生活资料，而且也可以为其补偿生产资料，如补偿土地。解决受补偿者部分的生产要素和生活要素，增加改善受补偿者的生活状况，增强生产能力。该种补偿措施在退耕还林、还草过程中用得比较广泛。

3. 政策补偿。中央政府对生态补偿地区制定一系列的优先权和优惠待遇措施，使受补偿者在政策授权范围内促进发展并筹集资金。

4. 项目补偿。政府和补偿者为受补偿者提供项目，将补偿资金转化成为技术项目和产品，帮助受补偿地区建立起替代产业。补偿项目有利于加快欠发达地区生产力的发展，提高当地人民的生活水平。

5. 智力补偿。对受补偿者无偿提供技术培训和指导，提高其生产技能和组织管理水平，使他们掌握更多的生存本领，彻底改变贫穷的现状。这是一种"造血式"补偿。

生态补偿的方式是随着社会的进步而不断创新的，所以我们应该与社会发展保持一致，不断创新生态补偿方式，更好完成生态保护的任务。

三、生态补偿的特征

生态补偿具有以下特征：

（一）补偿主体的二元性

补偿主体应包括市场和政府两个方面，主体的二元性正是由于生态环境问题的两面性决定的。市场失灵与政府失灵是导致生态环境问题的两个方面。首先，市场失灵导致政府管理。市场的调控主要是通过价格机制发挥作用，由于在市场机制内部对环境资源并没有价格信息反映，使得市场无法调控环境资源的外部性问题。作为非排他性的公共物品，生态环境资源不可避免地会出现"搭便车"现象，导致其供给与需求不能通过正常的市场机制得到平衡，出现环境保护领域的市场失灵。这样，政府就应弥补市场之不足，承担生态补偿工作中的监测、管理等重任。其次，政府失灵导致市场参与。由政府出面对环境资源进行保护可以部分的解决市场失灵，但政府对环境问题的处理同样的存在问题：高额的管理、监测成本，政府有限性造成的决策性失误，不合理的价格补贴，不规范的自然资源的产权制度，非但没有解决生态补偿工作中的市场失灵，还可能加剧生态环境的破坏程度。所以，只有通过政府与市场的双向调节、双重补偿，共同的发挥作用，才能更好地完成生态补偿工作，才能维持生态—社会—经济的可持续发展。

（二）补偿范围的有限性

生态补偿的范围仅限于次生环境问题，也就是说仅限于人类行为导致的生态破坏及环境污染，即由人类活动作用于自然界并反过来对人类自身造成有害影响和危害的环境问题。对于原生环境问题生态补偿通常是不予关心的，因为即使人类不对其进行补偿、治理，整个生态系统仍会自己调节使它又处于一种平衡状态。况且自然生态系统的自我净化与调节能力本身也是一种资源，而对原生环境进行生态补偿显然是浪费了资源。

（三）补偿范围的广泛性

从另一个角度看生态补偿的范围又是相当广泛的，除了对已破坏的生态环境进行补偿之外，还包括对未破坏的生态环境进行污染预防和保护所支出的一部分费用以及对因环境保护而丧失发展机会的区域内居民进行的资金、技术、实物上的补偿、政策上的优惠和为增进环境保护意识、提高环境保护水平而进行的科研、教育费用的支出。也就是说，不仅有单一的末端治理和补偿，也有全过程的综合性补偿；既有对物的补偿，也有对人的补偿。

（四）补偿手段的多样性

传统的生态补偿资金由政府通过直接给予财政补贴、财政援助、税收减免、税收返还的形式进行，金钱、实物补偿占有很大的比重。然而，要真正做到生态—社会—经济的可持续发展，科学技术水平的提高和人民环保意识的增强必不可少。对那些生态敏感、又缺乏基本生活条件的贫困地区实行劳务输出、异地开发，将一部分人口向有开发条件的地区移出；对技术落后、生产方式不合理的地区，采取技术培训的方式，在技术示范的基础上引导当地居民改变单一农业和掠夺性的生产方式从某种程度上都能够减轻人类对生态环境的压力，让自然生态系统得以恢复。

（五）补偿的法定性

生态补偿工作必须依法有序的进行，保证生态补偿的延续性，防止"人存政兴，人亡政息"，用法律手段保障政府有关生态补偿的方针和政策得以贯彻和执行，用法律去规范、约束人们对环境资源的各种开发和利用行为。首先，要做到补偿标准的法定性。国家应依据生态系统规律结合其自净能力的强弱和经济发展的需要，以法律、法规、政府行政规章等形式严格规定各种污染物的排放标准，对自然资源采取数量控制，真正做到合法、有利、可持续的开采、利用和补偿。其次，补偿程序的法定性。对于政府的生态补偿，应以法律形式明确界定中央政府与地方政府在生态补偿方面的权限、职责，其补偿费用的收取、转移支付的方式、补偿形式的选择都有必要依照严格的法律程序进行。对于市场上的环保产业，排污权交易等补偿形式，其业务经营的步骤也应有法律明文规定，确保交易安全和交易效率。总之，有法可依、有法必依才能使生态补偿工作更规范、更高效。

第三节　生态补偿制度机制的现状分析

生态补偿是一个跨学科的研究领域，生态补偿机制的建立是一项复杂而长期的系统工程，涉及生态补偿法律法规、生态环境政策、生态保护和建设、资金筹措和使用、技术创新和产业转移与升级等各个方面。一些生态补偿关键问题成为科学研究热点，如补偿主体确定、补偿原则、补偿标准、补偿方式等。下面将详细介绍生态补偿制度机制的现状。

一、我国生态补偿现行法规规定及政治意愿

（一）我国生态补偿现行法规规定

首先，我国政府非常重视环境资源的保护问题，而且从《宪法》高度给生态补偿制度的建立奠定了基础。我国现行《宪法》第 9 条规定："矿藏、水流、森林、山岭、草原、荒地、滩涂等自然资源，都属于国家所有，即全民所有；由法律规定属于集体所有的山岭、草原、荒地、滩涂除外。国家保障自然资源的合理利用，保护珍贵的动物和植物。禁止任何组织和个人用任何手段侵占或者破坏自然资源"。该条规定了自然资源的产权归国家或者集体所有，并规定了国家保障对自然资源的合理利用。《宪法》第 26 条规定："国家保护和改善生活环境和生态环境，防止污染和其他公害。国家组织和鼓励植树造林，保护林木"。我国《宪法》的上述规定，以国家根本大法的形式确立了环境资源保护、防止污染这一基本国策，并为建立和完善生态补偿制度奠定了宪法

基石。

其次，我国政府很早就开始重视自然资源的生态补偿问题。自 1953 年建立育林基金制度以来，对我国用材林的发展起到了积极的促进作用，随着社会经济的发展，建立森林生态效益补偿制度时机已经成熟。《关于保护森林发展林业若干问题的决定》（中发〔1981〕12 号）指出："建立国家林业基金制定"，适当提高（除黑龙江、吉林、内蒙古林区外）集体林区和国有林区育林基金和更改资金的征收标准，扩大育林基金征收范围。据此，不少省区的林业部门要求把征收育林基金范围扩大到防护林和经济林等生态林。

再次，从 20 世纪 90 年代起，国家开始加大对生态补偿的重视。《国务院批转国家体改委关于 1992 年经济体制改革要点的通知》（国发〔1992〕12 号）也明确指出："要建立林价制度和森林生态效益补偿制度，实行森林资源有偿使用。" 1993 年国务院《关于进一步加强造林绿化工作的通知》指出："要改革造林绿化资金投入机制，逐步实行征收生态效益补偿费制度"。法律确保了生态补偿制度的实行，国家决定这项生态效益补偿基金由国家财政预算直接拨款的方式建立。从 2001 年起，国家财政拿出 10 亿元在 11 个省进行试点，还拿出 300 亿元用于公益林建设、天然林保护、退耕还林补偿、防沙治沙工程等。《水法》、《矿产资源法》、《渔业法》、《土地管理法》等相关法律法规对生态补偿制度也作了相应的规定。《水法》第 34 条规定："使用供水工程供应的水，应当按照规定向供水单位缴纳水费"；"对城市中直接从地下取水的单位，征收水资源费；其他直接从地下或者江河、湖泊取水的，可以由省、自治区、直辖市人民政府决定征收水资源费。"另外，一些地方政府也制定了政府规章。例如，1998 年 10 月 26 日，广东省人民政府通过并发布了《广东省生态公益林建设管理和效益补偿办法》，规定："禁止采伐生态公益林。政府对生态公益林经营者的经济损失给予补偿。省财政对省核定的生态公益林按每年每亩 215 元给予补偿，不足部分由市、县政府给予补偿。"

最后，我国一些地区多年来已涌现出一些生态补偿机制案例。最有影响的生态补偿政策就是"退耕还林"——对耕地农户的补偿。这项工程标志着中国政府充分认识到西部森林植被对于全国的生态功能具有的巨大价值，也标志着中国在跨区域生态补偿方面迈出的巨大步伐。我国退耕还林的实践从 20 世纪 70 年代已经开始。在 1998 年实施天然林保护工程后，于 2000 年在西部 13 个省、市、区 174 个县开始了大规模退耕还林工程，它以生态恢复为主要目标。在我国一些地区，已涌现出一些行政区域内的生态补偿机制案例，特别是在一些成功的小流域治理或是生态农业县的实践中，实现了在一个较小范围内将生态保护与农业经济协调起来。例如，黄土高原一些地区为了使山上农民安心保护森林，在山下为他们拨出"基本粮田"，用内部生态补偿机制实现了生态保护与经济发展的双赢。近年来，我国部分地区出现了跨行政区域进行水利基础设施建设和水商品买卖的现象，这意味着在水资源利用方面生态补偿关系的确立。

可见，我国生态补偿制度的建立已经得到各级政府的重视，也正处于迅速发展和完善的过程中。中国开展了多种形式的生态补偿实践，政府在建立和推动实施生态补偿方面发挥了主导性的作用。一方面体现在直接通过财政手段实施生态补偿和生态建设工程；另一方面体现在通过调整生态税费政策，改变市场信号，提高生态破坏与占用的成本。同时，通过完善管理制度，将一些生态环境服务功能推入市场，通过市场交易实现其价值。国家通过出台宏观政策，制定标准导则，发布指导意见，为重大生态问题和历史遗留问题提供财力、政策支持，推动了生态补偿机制的建立。浙江、安徽、福建等地方政府也根据各地生态环境保护的特点，探索建立起一系列的生态补偿模式，为全国开展生态补偿工作提供了宝贵的经验。

（二）我国建立生态补偿机制的强烈政治意愿

近年来，在落实全面协调和可持续发展观，建立和谐社会的背景下，中国政府对建立生态补偿机制问题给予了高度重视。在国家发布的许多规范性文件中，都提出开展生态补偿试点、建立生态补偿机制的要求，具备了建立生态补偿机制的强烈政治意愿。

2001 年国家环境保护总局发布的《关于在西部大开发中加强建设项目环境保护管理的若干意见》中，提出了对重要生态用地"占一补一"要求。2002 年发布的《全国生态环境保护"十五"计划》，提出要按照"谁使用，谁付费"的原则，开展试点工作，探索建立以资源开发补偿、流域补偿、遗传资源惠益共享为主要内容的生态环境补偿机制。

2005 年国务院发布的《关于落实科学发展观加强环境保护的决定》中要求，要推行有利于环境保护的经济政策，"要完善生态补偿政策，尽快建立生态补偿机制。中央和地方财政转移支付应考虑生态补偿因素，国家和地方可分别开展生态补偿试点。"2005 年国务院发布《关于促进煤炭工业健康发展的若干意见》，提出要加快完善煤炭资源税费计征办法，研究将煤炭资源税费以产量和销售收入为基数计征，改为以资源储量为基数的计征方案，并在条件成熟时实施。

2006年颁布的《中华人民共和国国民经济和社会发展第十一个五年规划纲要》要求，"按照谁开发谁保护、谁受益谁补偿的原则，建立生态补偿机制。"温家宝总理在2006年召开的第六次全国环境保护大会上也指出，要"按照谁开发谁保护谁破坏谁恢复、谁受益谁补偿、谁排污谁付费的原则，完善生态补偿政策，建立生态补偿机制。"2006年11月，《中共中央关于构建社会主义和谐社会若干重大问题的决定》指出，"完善有利于环境保护的产业政策、财税政策、价格政策，建立生态环境评价体系和补偿机制，强化企业和全社会节约资源、保护环境的责任"。

2007年，国家环境保护总局发布《关于开展生态补偿试点工作的指导意见》，要求充分认识开展生态补偿试点工作的重要意义，明确开展生态补偿试点工作的指导思想、原则和目标，探索建立重点领域的生态补偿机制。国务院发布的《节能减排综合性工作方案》也提出，要改进和完善资源开发生态补偿机制，开展跨流域生态补偿试点工作。2007年党的十七大报告，提出"要促进国民经济又好又快发展建设资源节约型、环境友好型社会，要建设生态文明，实行有利于科学发展的财税制度，建立健全资源有偿使用制度和生态环境补偿机制"。

2008年2月新修订颁布并于6月开始实施的《中华人民共和国水污染防治法》第七条规定：国家通过财政转移支付等方式，建立健全对位于饮用水水源保护区区域和江河、湖泊、水库上游地区的水环境生态保护补偿机制。这是新修订法律对建立健全生态补偿机制的明确要求，生态补偿在法律层面的重视正逐步得到加强。2008年3月，党的十一届人大一次会议《政府工作报告》指出，"改革资源税费制度，完善资源有偿使用制度和生态环境补偿机制。"

2009年7月国务院通过《2009年节能减排工作安排》，研究建立污染物减排激励机制；继续实施促进节能减排的政府采购政策，完善清单动态管理制度、公示制度和执行政策的奖惩制度；完善矿产资源有偿使用制度改革；逐步建立生态环境补偿机制。2009年12月，党的第十一届人大常委会十二次会议提出，生态补偿是建立资源节约型、环境友好型社会的重要举措，通过法律的形式将生态补偿机制确定下来具有积极意义；我国还需要在补偿制度、收费制度、生态环境破坏恢复治理制度和地区补偿制度等方面进一步实践、积累经验；建议国务院有关部门在生态补偿试点示范和调研论证的基础上，在条件成熟时将有关法律列入今后的立法计划，适时启动研究起草工作。

2010 年中央经济工作会议提出，增强企业和全社会节能减排内生动力；加强重点节能工程建设，大力发展循环经济和环保产业，加快低碳技术研发应用；加强重点流域、区域、行业污染治理，加快建立生态补偿机制。2010 年10 月，党的十七届五中全会提出，要加强生态保护和防灾减灾体系建设；坚持保护优先和自然恢复为主，从源头上扭转生态环境恶化趋势；实施重大生态修复工程，巩固天然林保护、退耕还林还草、退牧还草等成果，推进荒漠化、石漠化综合治理，保护好草原和湿地；加快建立生态补偿机制，加强重点生态功能区保护和管理，增强涵养水源、保持水土、防风固沙能力，保护生物多样性。

2011 年 3 月，十一届全国人大四次会议上审议通过的《中华人民共和国国民经济和社会发展第十二个五年规划纲要》要求，按照"谁开发谁保护、谁受益谁补偿"的原则，加快建立生态补偿机制；加大对重点生态功能区的均衡转移支付力度，研究设立国家生态补偿专项基金；推进资源型可持续发展准备金制度；鼓励、引导和探索实施下游地区对上游地区、开发地区对保护地区、生态受益地区对生态保护地区的生态补偿；积极探索市场化生态补偿机制；加快制定实施生态补偿条例。2011 年 12 月，李克强总理在第七次全国环境保护大会上发表讲话时强调，生态补偿是平衡不同地区发展和环境权益的重要手段，要加快建立生态补偿机制，通过财政补助、转移支付等方式，增加国家生态补偿专项资金，同时探索流域上下游之间、不同主体功能区之间生态补偿的有效办法。

2012 年党的十八大报告提出"保护生态环境必须依靠制度。要把资源消耗、环境损害、生态效益纳入经济社会发展评价体系，建立体现生态文明要求的目标体系、考核办法、奖惩机制。建立国土空间开发保护制度，完善最严格的耕地保护制度、水资源管理制度、环境保护制度。深化资源性产品价格和税费改革，建立反映市场供求和资源稀缺程度、体现生态价值和代际补偿的资源有偿使用制度和生态补偿制度。积极开展节能量、碳排放权、排污权、水权交易试点。加强环境监管，健全生态环境保护责任追究制度和环境损害赔偿制度。"

2013 年 4 月出台的《国务院关于生态补偿建设工作情况的报告》指出，我国生态补偿机制建设在森林、草原、湿地、流域和水资源开发、海洋以及重点生态功能区等领域取得了初步成效，要求继续推进重点领域生态补偿实践、加快生态补偿机制建立的进程。2013 年 11 月，党的十八届三中全会公报提出，建设生态文明，必须建立系统完整的生态文明制度体制，用制度保护生态环境；要健全自然资源资产产权制度和用途管制制度，划定生态保护红线，实行资源有偿使用制度和生态补偿制度，改革生态环境保护管理体制。2013 年 11 月在北京召开的第六届世界环保（经济与环境）大会上，针对中国农业生态环境堪忧局面，农业部官员提出 8 项政策建议，包括健全科学合理农业生态补偿管理体系，适时开征农业生态环境保护税，设立农业生态专项基金，制定农业生态环境保护条例（或保护法）等。

二、我国生态补偿现状及问题分析

由于我国生态补偿发展的时间比较短、不成熟，所以我们的补偿机制中还存在着一些亟待解决的问题。

（一）补偿主体分析

生态补偿机制的主体有政府、市场和社会等，但是目前我国的补偿主体主要是政府，市场和社会发挥的作用有限。因为在生态补偿过程中，由于资源产权界定不清晰，一些受损主体和受益主体不易界定，而且目前生态保护的投资回报率偏低，因此，微观主体没有动力实行生态建设，市场在生态补偿机制中没有用武之地。除此之外，《中华人民共和国环境保护法》规定"地方各级人民政府，应当对本辖区的环境质量负责，采取措施改善环境质量"，所以在我国生态补偿基本上是我国政府的独角戏。生态补偿机制是一项复杂的系统工程，它需要各个方面、各个层次和全体社会成员的参与，补偿主体的多元化是生态补偿机制的一大趋势。

（二）补偿原则分析

目前，我们国家坚持的生态补偿的基本原则是"开发者保护、破坏者恢复和受益者补偿"，重点还在于对使用者和破坏者征收，实质上是一种惩罚机制。而生态补偿机制的最终目的是鼓励人们保护生态环境，所以仅仅靠这种方式是不能够实现整个生态系统的保护的。

除此之外，生态补偿机制应该实现公平的目标。公平在内容上包括机会公平和分配公平，在时间跨度上包括代内公平和代际公平，在范围上包括人与人的公平与人与自然的公平。而我国目前的这三条原则还不能体现公平目标。

（三）补偿资金的来源分析

我国的生态补偿资金主要来源于政府和市场两部分。其中，财政是主要的来源。政府主要是通过财政、税收和规费来筹集资金；市场主要是通过市场交易和资本市场来为生态补偿机制融集资金。

1. 财政政策。我国关于生态补偿的财政政策主要表现在以下几个方面：（1）转移支付制度在生态补偿建设中具有重要的作用。通过一般性转移支付和专项性转移支付，着力建立长效机制，把生态建设与农村基础设施建设、产业开发结合起来，实施退耕还林、还草政策，调整农业结构、增加农牧民收入。（2）利用国债资金的带动作用引导生态补偿的资金增加。（3）设立环境整治与保护补助的专项资金。近年来，中央政府增加了环境整治与保护的专项资金用于生态建设，同时，省级财政也设立了相应的生态环境建设与保护有关的专项资金。（4）积极推行生态补偿资金的试点工作。

2. 在肯定财政转移支付对生态补偿的积极投入的同时，还应该看到，财政政策在生态补偿机制的运行中还存在一些问题。

（1）从目前我国生态补偿的财政转移支付方式看，纵向转移支付即中央对地方的转移支付占绝对主导地位，而区域之间、流域上下游之间、不同社会群体之间的横向转移支付，与纵向生态补偿相比，几乎处于空白状态，目前只有少数经济发达的省份如广东、浙江等在本省范围内进行了实施和探索。① 从全国情况看，生态环境服务基本还是"免费的午餐"。这种完全由中央政府买单的方式显然与"受益者付费"的原则不协调。横向生态补偿机制的缺失，恰恰是造成我国许多地方环境保护进展乏力，生态破坏、环境污染难以遏制的主要根源，同时也严重影响了社会公平和资源配置效率。

（2）相关政策措施推行的部门化。中央的财政转移支付执行的相关措施部门是分割的，空间是分散的，行政色彩浓厚，管理成本很高。由于这些原因其实补偿的效益大大打了折扣。而且很多政策设计当初就不是为了生态补偿目的服务的，即使设计的目的是为了生态补偿，但由于政策措施推行的部门化，

---

① 在探索建立生态补偿机制方面，广东省、浙江省一直走在全国前列。2002 年《广东省非农业建设补充耕地管理办法》颁布，2006 年《广东省跨行政区域河流交接断面水质保护管理条例》实施，2014 年广东省中山市政府常务会议日前审议通过了《中山市人民政府关于进一步完善生态补偿机制工作的实施意见》。

收上来的钱也不见得用在生态保护上。这是整个体制上，或者说是政策整体框架设计上的最大问题。

（3）资金渠道以中央财政转移支付为主，补偿区域有限，重点为西部地区，而且以重大生态保护和建设工程及其配套措施为主；生态补偿的资金主要来自于中央转移支付，导致有限的财政资金分散用于各个地区，造成资金的低效使用和浪费。

3. 税收政策。在我国目前的税制中，与环境和能源有关的税种共有八个：增值税、消费税、企业所得税、资源税、耕地占用税、城镇土地使用税、车船税和城市维护建设税。这些税收制度虽然或多或少起到一些环境保护的作用，但在税制设计时，这些税并不是以环境保护为根本出发点，这些税的税目、税基和税率的选择大多数没有从环境保护或可持续发展的角度来考虑。我国目前还不存在纯粹法律意义上的生态税，也没有系统地以环境保护为目的的税制设计。

目前，税制中关于生态保护的税收规定有：

（1）增值税。财政部、国家税务总局 2008 年发布了《关于资源综合利用及其他产品增值税政策的通知》（财税〔2008〕156 号），其中对有利于节约能源和环境保护的项目和产品的优惠政策主要有：

① 对销售下列自产货物实行免征增值税政策：再生水；以废旧轮胎为全部生产原料生产的胶粉；翻新轮胎；生产原料中掺兑废渣比例不低于 30% 的特定建材产品。

② 对销售下列自产货物实行增值税即征即退政策：以工业废气为原材料生产的高纯度二氧化碳产品；以垃圾为原料生产的电力或者热力；以煤炭开采过程中伴生的舍弃物油母页岩为原料生产的页岩油；以废旧沥青混凝土为原料生产的再生沥青混凝土；利用工业生产过程中产生的余热、余压生产的电力或者热力；以污水处理后产生的污泥为原料生产的干化污泥、燃料；以回收的废弃物油为原料生产的润滑油基础油、汽油、柴油等工业油料。

③ 销售下列自产货物实现的增值税实行即征即退 50% 的政策：对燃煤发电及各类工业企业产生的烟气、高硫天然气进行脱硫生产的副产品；以煤矸石、煤泥、石煤、油母页岩为燃料生产的电力或者热力；利用风力生产的电力。

④ 对污水处理劳务免征增值税；对垃圾处理、污泥处理处置劳务免征增值税；节能服务公司免征增值税。

（2）消费税。我国现行消费税的 14 个税目中，除少数消费品与环境的相关性较低外，其中有 8 种产品的消费均直接影响环境状况。但是，这些消费税种相对整个生产环境来说还是非常狭窄的。

（3）企业所得税。我国企业所得税在促进环境保护方面也有很多优惠规定。

① 对从事符合条件的环境保护、节能节水项目的所得，包括公共污水处理、公共垃圾处理、沼气综合开发利用、节能减排技术改造、海水淡化、节能服务公司实施合同能源管理等项目的所得，自项目取得第一笔生产经营收入所属纳税年度起，第一年至第三年免征企业所得税，第四年至第六年减半征收企业所得税，即享受"三免三减半"的优惠。而且这些项目再减免税期限内转让的，受让方自受让之日起，可以在剩余期限内享受规定的减免税优惠。

② 企业综合利用资源，生产符合国家产业政策规定的产品所得取得的收入，可以在计算应纳税所得时减按90%计入收入。

③ 企业购置并实际使用《环境保护专用设备企业所得税优惠目录》和《节能节水专用设备企业所得税优惠目录》规定的环境保护、节能节水等专用设备的，各设备的投资额的10%可以从企业当年的应纳税额中抵免；当年不足抵免的，可以在以后 5 个纳税年度结转抵免。

④ 企业依照法律、行政法规有关规定提取的用于环境保护、生态恢复等方面的专项资金，准予扣除。这些优惠政策在引导节能、环保方面起着积极作用。基于所得税在我国的重要地位，我们还要增加关于生态保护的税收优惠。

（4）资源税。资源税的征收突出了资源有偿开采和使用的原则，一定程度上提高了资源的价格，对于促进资源保护和节约起到了一定的作用。但是，由于只有原油、天然气实行从价定率税；煤炭、部分金属矿原矿、盐仍旧实行从量定额税，税额与资源价格脱钩，在鼓励节约、限制浪费方面的功能受到一定程度的限制。

（5）耕地占用税。开征耕地占用税的目的是保护日益减少的农用耕地。虽然耕地占用税对抑制乱占滥用耕地起到了一定的作用，但税额太低，不能真正起到保护耕地的作用。

（6）城镇土地使用税。城镇土地使用税也是为了促进合理使用城镇土地资源，纳税人是在城市、县城、建制镇、工矿区范围内使用土地的单位和个人。由于数额较低（税额不到总税收额的 1%），对节约土地资源的作用并不大。

（7）车船税。车船税，是指在中华人民共和国境内的车辆、船舶的所有人或者管理人按照《中华人民共和国车船税暂行条例》应缴纳的一种税。它主要针对机动车辆和机动船舶征收。计税依据包括自重吨位和净吨位。对机动车辆和船舶征税可以增加其使用负担，有利于减少车船的使用。但是由于税额的数量较小，加上与行驶路程和耗油量无关，其作用非常有限。

（8）城市维护建设税。城市维护建设税具有专款专用的特点，它为城市环境基础设施建设提供主要的资金来源，为集中处理城市污水和垃圾、集中供热等开辟了具有法律依据的稳定的专门的财政资金渠道。但是城市维护建设税的征收范围是有限的，从而它的作用也是有限的。

综上所述，我国的税收制度在保护生态方面没有发挥有效作用，因此，以生态保护为目标的生态税制的改革迫在眉睫。

4. 收费制度。

（1）排污收费制度。排污收费制度是中国最早对环境污染收费，并且专款专用的一项生态收费制度。这项制度是运用经济手段有效地促进污染处理和新技术开发，又能使污染者承担一定污染费的法律制度。我国的排污收费制度主要包含以下几项内容：排污申报制度、排污许可制度、排污处罚制度。自1978年开征以来，经过三十多年的发展，排污收费制度已经成为一项比较成熟的环境管理制度。

国务院于2003年1月2日公布了《排污费征收使用管理条例》（以下简称《条例》）。在征收排污费的实践过程中，《条例》对于缴费主体、缴费范围、公众参与、法律责任等方面的内容规定得还不够完善，有待进一步改进和完善。主要表现在：缴费主体规定不全面。如大型冷库、高速公路、购物中心等间接污染源造成的大气污染等，《条例》中并无规定。征收不规范。由于征收工作随意性强，征管不到位，有法不依，执法不严的现象普遍存在。有些排污单位通过地方行政长官对环保部门进行干预，以达到少缴或不缴排污费的目的，出现"人情收费"、"议价收费"等不正常现象。另外，环保部门执法人员的数量不足、素质不高，环保监测手段装备落后，对排污行为的监测能力不足导致排污费往往不能足额征收。收费项目不健全。在我国现行的法律法规中，对光污染、电磁污染等未做收费的规定；对排放废气、噪声等超标的单位和个人还未做出收费的规定；对机动车、飞机、船舶等流动污染源暂不征收废气排污费，对一些可以回收再利用的生活废弃物等生活垃圾不征收排污费，等等。实行单因子收费。即同一排污口有两种或两种以上的污染物时，按收费最高的一种污染物计算收费数额。这不利于促使排污者削减污染物，也不利于公平竞争。排污收费制度规定排污费收费标准由低收费标准向略高于治理成本的收费标准转变。调整后的收费标准中，废气、固体废弃物和噪声收费标准提高幅度较大，污水收费标准略有提高。但与国外环保制度成熟的国家相比，我们的收费明显偏低。《条例》与《环境保护法》存在矛盾。根据《环境保护法》的规定，只有超标排污才征收排污费，而《条例》规定的是排污即收费，超标排污加倍收费的原则。而且在处罚力度上《条例》规定严于《环境保护法》。我们需要对法律进行修改，促进法律体系内部的协调与统一。

（2）生态补偿费制度。生态补偿费是以防止生态环境破坏为目的，以从事对生态环境产生或者可能产生不良影响的生产、经营、开发者为对象，以生态环境整治及恢复为主要内容，以经济调节为手段，以法律为保障条件的环境管理制度。生态补偿费的征收方式主要有按项目投资总额、产品销售总额、产品单位产量和生态破坏的占地面积征收及综合性收费、押金制度等六种。征收标准有固定收费和浮动收费（按比例）两种。

征收生态补偿费的直接效果就是为生态恢复和环境建设筹集比较稳定的资金来源，其长远意义则是将资源开发和项目建设的外部成本纳入其本身会计成本，从而体现生态环境的价值。但由于我国生态补偿费制度规定得不尽合理，存在许多问题，生态补偿费制度在我国曾一度被废止。生态补偿费在征收过程中存在以下问题：缺乏严格的法律依据，征收难度较大；征收标准和范围不统一，横向环境管理体制不健全，缺少跨省市的协调机制，区际生态补偿机制难以建立；征收方式不合理，基本上是采取"搭车收费"的方式；管理不严格，资金的收取和利用都存在很大的漏洞。

5. 市场交易制度。政府并不是生态补偿资金来源的唯一渠道，国家财政支出涉及面广，且财政收入有限，所以要想以有限的资金办尽量多的事情，就需要寻找其他的资金来源。而市场是一个非常有效的资源配置机制，它能为生态补偿提供一部分资金，也能有效解决生产生活中的一些问题，逐步建立和完善生态补偿的市场化机制是生态补偿的一种有效手段。除此之外，在一些比较有经验的生态补偿领域，我们可以通过明晰产权，来发挥市场的作用。

（1）排污权交易。排污权交易是一种以市场为基础的经济政策和经济刺激手段，排污权的卖方由于超量减排而剩余排污权，出售剩余排污权获得的经济回报实质上是市场对有利于环境的外部经济性的补偿；无法按照政府规定减排或因减排代价过高而不愿减排的企业购买其必须减排的排污权，其支出的费用实质上是为其外部不经济性而付出的代价。排污权交易实质是环境容量使用权交易，是环境保护经济手段的运用，是一种典型的私法手段。它以追求最大的成本效益为原则，在价值取向上较好地把握了公平与效益这一对矛盾的衡平，可以刺激环境保护工作的发展。

但是，在这种交易中应该注意防止转嫁环境污染或冲击"污染者负担"的原则、逃避"污染者负担"的责任。目前，我国排污权没有进入市场、排污权转让市场远未形成。要想使排污权交易市场得到发展，必须合理安排政府对排污权的管理的限度与范围。如果不设立可以自由处分的排污权，排污企业就没有合理选择治理污染方式的激励与约束机制。要顺利实施排污权交易存在着一系列亟待解决的问题。如排污权一级、二级市场十分脆弱；有关排污权交易的政策和法律滞后；环保的"总量控制"和追求经济增长之间的矛盾难以平衡；地方保护主义仍然存在等。

（2）资源产权交易。以水资源为例，水资源的质和量与区域生态环境保护状况有直接关系，通过水权交易不仅可以促进资源的优化配置，提高资源利用效率，而且有助于实现保护生态环境的价值。我国已经在一些流域实行了水量分配制度，全面实行取水许可制度，基本构建了水权交易制度框架，并在水资源的管理、开发、利用中发挥了一定的作用。由于我国关于水权交易的法律规制还是空白，尚处于起步阶段，还存在着很多问题，当前应该根据我国的实际情况建立一个完善的水权交易市场，出台相关政策法规对水权交易进行规范，才能更好地发挥水资源的生产力，促进生产力的发展和全面建成小康社会目标的实现。

6. 资本市场的使用不足。我国生态建设规模大、持续时间长，需要大量资金。而我国资金严重短缺，严重制约我国建设顺利开展，成了生态建设最大的瓶颈。资本市场是筹集资金的一个重要平台。资本市场当中有大量的资金，如果政府能够加以有效利用，比如通过发行国债，信贷、借款等，都将对我国的生态保护事业做出贡献。

7. 社会资金使用不够。生态补偿资金中虽然也有一定数量的民间资本，但比重非常小，不具有普遍性。资本的趋利性决定了民间资本不愿意将资金投向盈利少或无盈利可能的生态补偿项目，因此难以有效吸纳大量的社会闲散资金，只有数目甚微的社会捐赠。随着人们生活水平的提高，企业社会责任意识的增强，越来越多的企业、个人和社会团体投入到生态保护之中，我们应当好好利用这些社会资金，集中大家的力量保护我们赖以生存的生态环境。

（四）补偿标准分析

生态补偿政策的核心是通过对保护生态的利益相关者进行相应的补偿，来实现保护和改善生态环境的目的。合理的补偿标准是保证生态补偿政策实施效果的重要前提条件。确定合理的生态补偿标准，要综合考虑很多因素，如国家经济发展水平、生态质量、生态位置、资源类型、资源权属、经营者与所有者的实际损失或实际收益、生态环境的生态价值等。

但是在我国的实践中，标准制定过程缺乏生态补偿利益相关者的广泛参与和市场的分析和评价，结果造成现行生态补偿相关政策的补偿标准严重背离现实，存在补偿标准过低的问题。这些现象影响了有关补偿政策的实施效果。

（五）补偿方式分析

我国现阶段生态补偿方式主要有四大类型：（1）资金补偿。我国的资金补偿方式主要有财政转移支付、补偿金、减免税收及退税、贴息及信用担保的贷款、财政补贴等。这也是我国目前使用最多的补偿方式。（2）政策补偿。政策补偿虽然在我国的法律中经常涉及，但是这些政策不规范，不具有系统性，缺乏明确的目标。（3）实物补偿。由于整体的生态补偿环境并不完善，所以实物补偿的作用并没有完全发挥。（4）智力补偿。它是一种"造血式"补偿，它能够从根本上解决贫困地区的问题，缩小贫富差距和地区之间的差异。这种补偿方式才能够真正实现可持续发展。

（六）案例分析

民建中央在《关于建立耕地生态补偿机制推动农业发展方式转变的提案》中指出，目前全国耕种土地面积的 10% 以上已受重金属污染，许多地区良田变为"毒地"。不仅如此，还有大量的有机污染物，包括大气、水体及其他所有污染的绝大部分，最终都会回归土地，污染土壤及耕地。建议加快生态补偿立法，将耕地生态补偿纳入 2010 年国务院组织起草的《生态补偿条例》草案调整范围，在该条例中增加对耕地生态补偿的基本内容及相关配套制度措施等具体规定；建立耕地生态补偿基金，将耕地补偿基金用于预防出现新"毒地"、修复现有"毒耕地"以及救济"毒地"损害；鼓励受害粮农自救与互助，转变农业发展方式，发展生态农业和循环农业。

民革中央则从关注三峡库区农业面源污染控制的角度，提出了《关于建立和完善三峡库区农业面源污染控制的生态补偿制度体系的提案》。提案建议，建立和完善三峡库区农业面源污染监测制度；建立和完善与当前财政体制相适应的三峡库区资金安排制度；建立和完善三峡库区农业面源污染控制的生态补偿协调与协商机制；建立和完善三峡库区农业面源污染控制的生态补偿监督与保障机制。

同样关注三峡的还有台盟中央，他们 2014 年的相关提案是《关于设立三峡水库生态涵养发展区专项基金的提案》。该提案建议，将长江上游三峡水源来源地界定为"生态涵养发展区"，并从国家层面设立三峡水库生态涵养发展区专项基金，主要用于建设生态屏障、发展生态经济、建立涵养扶贫、加快生态涵养旅游区建设、加强森林资源保护、加大治污补贴和补贴地方财政。

民盟中央《关于大力推进生态主体功能区建设的提案》建议，从国家层面制定完善的生态补偿机制，以市场为必要补充，增加绿色信贷投放；建立包含生态指标、社会发展等指标的多元化考核体系；各省级主管部门进一步健全国家自然资源资产管理体制和完善自然资源监管体制；以地级市为单位尽快建立生态主体功能区建设的跨区域协调推进机制。

致公党中央《关于建立生态红线台账管理系统，强化生态红线落地的提案》认为，随着生态红线划定工作的不断深入，越来越多的人认识到，生态红线是保障国家生态安全的底线空间，是开发建设不可逾越的雷池，生态红线重在监管，重在生态红线划定后的落地及长效管理工作。只有这样，才能真正有效地保护与严守生态红线。因此，建议建设"生态保护红线台账管理系统"，定期开展生态红线监测评估工作，以生态红线台账为基础，建立生态红线用途管理制度和绩效考核制度。

第四节　国外经验借鉴

20 世纪 90 年代以来，随着交通、能源等基础设施的建设以及城市化的快速推进，自然资源已成为经济增长的物质基础。随着经济全球化进程的加快和中国加入 WTO，借鉴发达国家和地区在自然资源生态补偿制度方面的有益经验，对于有效地改革和完善中国的生态补偿制度，保障中国社会经济持续发展和社会稳定都具有非常重要的意义。

一、德国水源生态补偿制度考察及借鉴

今天的地球，水资源弥足珍贵，如何做好水源的生态保护，使其良性循环，是全世界关注的焦点。在这方面，德国易北河的生态补偿机制最为典型。

易北河贯穿两个国家，上游在捷克，中下游在德国。1980 年前从未开展流域整治，水质日益下降。1990 年后德国和捷克共和国达成采取措施共同整治易北河的双边协议，成立双边合作组织，由双边国家专业人士组成，目的是：长期改良农用水灌溉质量，保持两河流域生物多样，减少流域两岸排放污染物。双边组织由 8 个专业小组组成：（1）行动计划组，确定、落实目标计划。（2）监测小组，确定监测参数目录、监测频率，建立数据网络。（3）研究小组，研究采用何种经济、技术等手段保护环境。（4）沿海保护小组，解决物理方面对环境的影响。（5）灾害组，解决化学污染事故，预警污染事故，使危害减少到最低限度。（6）水文小组，收集水文资料数据。（7）公众小组。从事宣传工作，每年出一期公告，报告双边工作组织工作情况和研究成果。（8）法律政策小组。双边合作小组还制定了短中长期分步实施目标。2000 年的整治目标是：（1）易北河上游水质经过滤后能达到饮用水标准；（2）不影响捕鱼业，河内鱼类要达到食用标准；（3）河内有害物必须达标，河水可用于灌溉。经整治，目前易北河上游水质已基本达到饮用水标准。易北河流域边建起了七个国家公园，占地 1500 平方公里。两岸流域有 200 个自然保护区，禁止在保护区内建房、办厂或从事集约农业等影响生态保护的活动。2001 年的工作目标是：（1）使易北河淤泥可作为农业用料。（2）使生物品种多样化。

易北河流域整治的经费来源：一是排污费。居民和企业的排污费统一交给污水处理厂，污水处理厂按一定的比例保留一部分资金后上缴国家环保部门。二是财政贷款。三是研究津贴。四是下游对上游经济补偿。2000 年，德国环保部拿出 900 万马克给捷克，用于建设捷克与德国交界的城市污水处理厂。据有关资料反映，整个项目的完成约需要 2000 万马克（2000 年的价格）。现在，易北河水质已大大改善，德国又开始在三文鱼绝迹多年的易北河中投放鱼苗并取得了可喜的成绩。

德国易北河的实例不仅说明生态补偿机制的建立是必要的、而且是可行的，尤其是他们在国际间推行生态补偿机制的建立，达到利益共享的目的，是值得我们借鉴的。我国幅员辽阔，水流域跨度大，牵涉的行政区域和管理部门

众多，在对其进行生态保护、补偿的过程中，各地区和部门之间缺乏合作，各自的工作目标不明确，补偿资金的分配不合理，补偿标准偏低等问题非常突出。深入研究和分析德国易北河流域生态补偿机制，为我国水源生态补偿制度的建立和完善提供理论依据和实践经验。

二、美国生态公益林补偿制度的考察及借鉴

森林具有公益性强的特点，世界各国对森林资源的培育和管理，普遍采取优惠和扶持政策，对于生态公益林来说尤其如此。生态公益林主要用于发挥生态、社会效益，不宜进行生产性采伐，建设和经营这部分森林的单位和个人不能从中获得直接经济收入，很多国家都对公益林提供的生态效益进行经济补偿。

退耕还林是生态林保护的重要举措，美国在退耕项目中利用了竞争机制和市场机制。美国政府一直采取保护性退耕政策手段来加强生态环境保护建设，由政府购买生态效益、提供补偿资金，对原先种地的农民为开展生态保护放弃耕作而由此所承担的机会成本进行补偿，以提高农民退耕还林的积极性，进而提高全国森林面积和生态质量。美国实施这一项目的过程中，在严格遵循农户自愿原则基础上，充分利用了市场机制、竞争机制和激励机制。美国的保护性退耕计划共包括五大工程，各个工程以合同制方式分阶段实施，每一阶段的保护目标不尽相同。合同期一般为 10～15 年，合同期满时农户可以根据当时农作物的市场行情来确定是否继续参加下一阶段的退耕项目。美国政府还制定了法定蓄积量的可交易权计划，在行政调节下由私人组织开展的森林采伐权的交易。在确定补偿标准时美国政府引入了竞标机制来确定与当地自然经济条件相适应的租金率（即补偿标准），而不是由政府统一规定一个补偿标准。另外，美国在退耕项目实施中，采取了一系列的倾斜政策。例如在国家环境基金项目的资源分配中优先考虑自然遗产保护区，对参加保护区项目的农村地区减免税收，对农村的信用评级中对其加以倾斜，为土地所有人或经营人提供了激励机制。

我国的生态林补偿工作才刚刚起步，已实践了多年的退耕还林工程，在执行过程中还存在着贯彻生态目标不到位和给农民的补偿不到位等问题。因此我们应根据我国现状，借鉴美国在退耕项目中采用的市场机制和竞争机制，来提高农民保护生态林的积极性，从而进一步完善我国的生态公益林补偿制度。

三、日本、韩国土地征用补偿制度考察及借鉴

当今世界上大多数国家和地区都建立了土地征用补偿制度，对给原土地权利人所造成的损失给予相应的补偿。一般来说，土地权利人可得到的合理的土地征用补偿大致包括两部分：一是土地征用费，相当于征用土地的价值，是土地所有权的经济实现；二是土地补偿额，是对因征地而造成的经济及其他损失的补偿。当然，各国的土地征用补偿制度不尽相同。我们分析一下和我国同一地域的日本和韩国的相关情况。

（一）日本

依据日本《土地征用法》的规定，重要的公用事业都可运用土地征用制度，征用损失的补偿以个别支付为原则，而支付的财物，原则上以现金为主，补偿金额须以被征用的土地或其附近类似性质土地的地租或租金为准。日本的土地征用补偿是根据相当补偿的标准来定的，在大多数情况下以完全补偿标准确定土地补偿费。具体来看，日本征用土地的补偿包括 5 个部分：（1）征用损失补偿，对征地造成的财产损失进行补偿，按被征用财产的经济价值即正常的市场价格补偿；（2）通损补偿，对因征地而可能导致土地被征者的附带性损失的补偿；（3）少数残存者的补偿，对因征地使得人们脱离生活共同体而造成的损失的补偿；（4）离职者的补偿，对因土地征用造成业主失业损失的补偿；（5）事业损失补偿，对公共事业完成后所造成的污染对经济和生活损失等的补偿。另外，日本的土地征用补偿方法，除了现金补偿，还有替代地补偿（包括耕地开发、宅地开发、迁移代办和工程代办补偿等）。

（二）韩国

韩国土地征用补偿主要包括以下几个方面：（1）地价补偿，为土地征收补偿的主要部分，1990 年韩国统一以公示地价为征收补偿标准；（2）残余地补偿，土地征用可能导致残余地价值减低或因残余地须修建道路等设施和工程应予以补偿；（3）迁移费用补偿，对被征地上的定着物，不是进行公益事业所必须的，应给予迁移补偿费用；（4）其他损失补偿，对土地征用致使被征者或关系人蒙受经济损失时，应给予相应的补偿。同时，韩国在建设部设立了中央土地征用委员会，在汉城特别市、直辖市及道设立地方土地征用委员会，对土

地征用的区域、补偿、时期等进行裁决。

从上文我们可以非常清晰地看到日本和韩国的土地征用补偿立法比较完善。但是我国土地征用补偿的立法一直比较薄弱，没有就征地补偿事项制定专门的法律，有关规定只是分散于1998《土地管理法》及《土地管理法实施条例》中。从执行效果来看，仍然表现出较明显的计划经济特性，存在较多问题。主要表现在：土地征用补偿缺少公平性，土地补偿标准不合理且偏低，土地征用中的产权关系和经济关系没有理顺，对征地过程中多方利益关系缺乏明确规定，特别是征地补偿费的分配、管理与使用没有从法律上予以规范。在这方面，日本、韩国的立法情况值得我们研究和借鉴。特别是日本有关土地征用补偿的法律数量之多、范围之广、要求之明确，为世界各国所公认：（1）国家基本法规数量多，涉及范围广。从《日本国宪法》、《土地基本法》这些国家根本性大法到《国土综合开发法》等一系列各领域的全国性法律，内容完善。（2）附属法律规定多。（3）法律具有明确的目标。在日本每项重要法律第一条都规定了该法制定的目的，以下各条均为达到此目的所必须采取的措施和要求。（4）每项法律法规条文具体、细致、针对性强。（5）法律职责划分具体、明确。

四、经验总结

从对以上四个国家不同方面生态补偿制度的考察中我们不难看出，生态补偿问题是一个十分敏感的问题，也是中国补偿制度中急需解决的一个关键性问题。国际生态补偿取得成功的主要原因在于：一是有比较坚实的理论基础和法律依据，法律法规比较完善且执法严格；二是大多数国家产权制度比较完善，有利于利用机制进行补偿，并且充分利用了市场机制和多渠道融资体系，初步建立了生态付费的政策与制度框架，形成了直接的一对一交易、公共补偿、限额交易市场、补偿和产品生态认证等较为完整的生态补偿框架体系；三是政府支付能力较强，对重要的生态服务进行购买，很多资源开发的外部成本能够内部化；四是积极鼓励参与，努力开拓国际市场，社会参与协商机制较为成熟，能够在生态补偿政策中真正反映各利益相关者的立场等。

借鉴世界发达国家和地区的生态补偿制度，我国的生态补偿制度要遵循以下几点要求：

第一，遵循市场原则，提高生态补偿标准。应借鉴大多数国家和地区的做法，提高生态补偿标准，以市场作为基础，将土地征用补偿费、生态公益林补偿费、水源生态补偿费等主要补偿项目的补偿价格参照当前市场的价格，充分体现"效率、公平"原则。

第二，合理分配生态补偿费用。中国现行法律制度对"集体"界定模糊，村干部成为了集体组织的"代言人"。例如，现实中以村民委员会的名义来强占仅有土地使用权的农民的土地补偿费的事件时有发生，作为弱势群体的农民在由征地补偿费用引发的争议中处于不利地位。因此，国家应进一步明确界定生态补偿的补偿对象，一方面能较好地保护补偿对象的合法权益，另一方面也可以有效地防止集体财产的流失。

第三，生态补偿方式应多样化。借鉴日本、德国等国家的经验，生态的补偿方式既可以采用货币补偿，也可以采用实物补偿。而实物补偿又可以采取直接给予和技术培训相结合的方式，从而有效保障和维护补偿对象的切身利益。

第四，建立生态补偿仲裁机构。随着市场经济的不断发展和人民法律意识的增强，由征地、用水等引发的矛盾特别是对补偿费用的争议会越来越多。按照目前法律规定，在我国如果发生土地补偿费用争议的，应由县级以上政府协调，协调不成的则由批准征用土地的人民政府裁决。这种由政府当裁判员的做法，不符合国外通常是由独立于政府的机构来仲裁征地纠纷的国际惯例。因此，有必要建立专业的仲裁机构来裁决征地等生态补偿纠纷，这样可以有效地保护国家、集体、人民三者之间的合法权益，公平合理地予以调处。

第五节　完善生态补偿的制度机制

改革开放以来，我国经济社会发展取得了举世瞩目的成就，但由于经济增长建立在高消耗、高污染的传统发展模式上，一些地区以牺牲环境为代价实现经济增长，使我国出现了比较严重的环境污染和生态破坏，资源利用、环境保护面临的压力越来越大。发达国家上百年工业化过程中分阶段出现的环境问题在我国已经集中出现。人们逐渐认识到，生态系统及其服务的可持续性是人类社会可持续发展的决定性约束因素。新时期，我国提出了构建和谐社会，开展资源节约型和环境友好型社会建设，完善生态补偿的制度机制已势在必行。那么，应该从哪几个方面完善生态补偿制度呢？

一、制度要件

（一）补偿主体

生态补偿是一个复杂工程，它需要的资金量非常大，所以仅靠政府的单枪匹马作战是很难取得有效成果的。为了实现人与自然和谐发展的目标，我们应该：建立政府主导，市场支持，社会力量参与的多元化补偿主体结构。

生态环境是一种典型的公共产品，市场缺位，无法在市场中进行交易，所以对于生态服务的交易，市场本身是无法完成的，必须通过政府干预来完成。

清晰界定环境资源产权，利用市场机制提高资源环境的配置效率，使资源和环境被适度、持续地开发、利用和建设。

在引入各方面社会力量的情况下，构建生态补偿途径体系网络。这个网络也反映了多元化的补偿主体结构。一般情况下，一个群体或地区有数条补偿途径。这些补偿途径直接地或间接地发生联系，相互关联，形成补偿途径体系。一个地区（群体）的补偿体系由内部补偿途径和外部补偿途径构成。

1. 政府部门之间相互协调，建立比较统一的管理体制，解决目前政出多头，部门之间责任划分不清的问题。确保政府补偿主体工作的顺利进行。

2. 培育资源产权市场。培育资源产权市场，并开放生产要素市场，使资源资本化、生态资本化，使环境要素的价格真正反映它们的稀缺程度，积极探索资源使（取）用权市场化的补偿模式，达到节约资源和减少污染的双重效应。这里的市场包括一级市场和二级市场，一级市场主要指各种资源使（取）用权的出让，二级市场主要包括资源使（取）用权的转让、租赁和交易。完善资源合理配置和有偿使用制度，使得生态资源这个日益稀缺的资源可以在市场机制的作用下，达到资源的有效配置。

3. 引入各种民间组织、环保社团和民间基金等，还可以政府与事业单位或民间组织联合，组成联合体，建立多元化补偿主体，并建立生态补偿网络（见图 2－1）。

4. 建立相关利益人之间自愿协商制度。引导社会各方参与环境保护和生态建设，鼓励生态环境保护者和受益者之间通过自愿协商，实现合理的生态补偿。

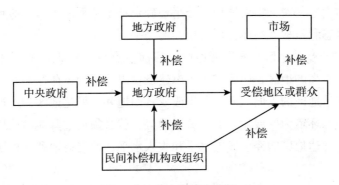

图 2 – 1 生态补偿网络图

（二）补偿原则

由前面的问题分析可知，我国的生态补偿原则不全面，因此，我们应在生态补偿原则"开发者保护、破坏者恢复和受益者补偿"中加入生态利益原则、公平补偿原则、保护与受益地区共同发展原则以及多层次、稳定性和连续性原则等。引导我们的生态补偿机制向鼓励生态保护方面发展，使人们自觉地保护生态环境。

1. 生态利益原则。在生态型社会中，效益原则要求经济效益、社会效益与生态效益的统一，因为每个生态要素其不仅有经济价值、社会服务价值，也具有生态价值，甚至于其生态价值高于经济价值。在生态利益原则下，应针对不同层次的生态利益采用不同的补偿方法达成不同的效益目标：对于个人生态利益，利用市场机制给予经济补偿，实现其经济效益；而对于社会生态利益与生态自身的利益，由于其社会价值与生态价值的不可交换性，需采用政府管制机制给予补偿，实现社会效益与生态效益，最终实现生态公平与生态正义。

2. 公平补偿原则。生态正义是生态法永恒的价值目标。在生态补偿法中，生态平等可视为生态正义的尺度，而公平是生态正义的内容所在。很显然，传统的公平观仅限于同代人之间及人与人之间，但是在可持续发展观已深入人心的现代生态型社会中，公平原则"在内容上包括机会公平和分配公平，在时间跨度上包括代内公平和代际公平，在范围上包括人与人的公平与人与自然的公平。"在生态补偿法中，从范围来看，生态利益原则下的补偿包括对当代生态利益的损缺进行补偿和对后代人生态利益进行补偿，如果两者生态利益的各个层次都得到了明确而充分的补偿的话，则自然公平即为生态补偿的应有之意；从具体内容来看，主要体现在公平地确定补偿关系的主体，适宜的补偿手段，达到生态利益多元主体地位与机会的公平。

3. 保护与受益地区共同发展原则。目前生态建设意识强的，往往是经济发展水平比较高的地区，而要求为生态建设付出代价的，往往是处于贫困地区和处于欠发达地区的人们。所以要想改变贫困地和欠发达地区为追求经济发展而以破坏生态环境为发展途径的现象或趋势，就必须通过其他途径尽快提高贫困地区、欠发达地区的经济发展水平和收入水平，使受益地和保护地区得到共同发展。

4. 多层次、稳定性和连续性原则。发达地区有义务也有必要加大对欠发达地区和重要生态功能区的资金与技术支持，下游地区应脱离行政区域的概念积极对上游生态保护地区进行必要的补偿，不同行业、不同生态要素或自然资源开发单位间也应根据需要开展补偿。影响一个地区环境因素在一定时期内是相对稳定的，一些影响环境变化的因素也相对稳定，因此分析这些因素基础上形成的生态补偿政策也应该保持相对稳定，在这些因素没有发生较大变化之前，不要轻易更改地区生态补偿政策。这样可以保证生态保护者保护行为的持续性和有效性。

（三）补偿资金来源

目前，我国的生态补偿资金来源主要是财政转移支付，为了更好地筹集生态保护所需的资金来源，我们应该：

1. 多元化资金的来源渠道。生态补偿需要的资金数量非常大，仅靠某一单方面的力量是不能够完成生态保护的。这些资金的来源可以是中央对地方政府的转移支付，可以是地方政府对地方政府的转移支付，可以是政府征收的税收，也可以是征收的各种费用。

2. 积极发挥市场补偿的作用。市场机制是资源配置的有效途径。对于产权清晰的某些生态资源，市场一样可以高效地完成相关利益人之间的补偿工作。虽然生态资源是公共产品，但是通过一定的方法划定产权以后，市场的补偿效率会比政府干预更高。市场是生态补偿机制顺利进行的重要保障。

3. 利用资本市场筹集资金。虽然我们政府可以为生态补偿提供大量的资金，但是仍然不能满足现实的需要。随着社会的发展，资本市场越来越完善，生态环境也逐渐成为生产中的稀缺资源。我们可以通过资本市场为生态补偿融资，可以是国债、地方公债，也可以是租赁等。

4. 引入社会资金。生态补偿不仅仅是政府的事，也是每一个企业、组织或个人的事，而且只有让每个企业、组织或个人参与到生态保护中，我们的事业才可以完成。在生态保护的过程中，我们的任务是利用一切可以利用的力量，利用一切可以利用的资金，保护人类的家园。随着人们生态意识的提高，以及生态补偿机制的不断完善，社会资金的作用必将越来越大。

二、生态补偿的财税制度

（一）完善财政制度

1. 完善政府财政转移支付制度。

（1）纵向财政转移支付制度改革。首先，提高中央财政的转移支付直接用于生态补偿的比例。一是要逐步增加生态环境保护专项资金额度总量，各级财政要提出相应的配套政策，形成国家、省、市、县四级财力资源在推动建立生态补偿机制上的聚合作用；二是提高中央财政转移支付直接用于生态保护的比例，加大对限制开发、禁止开发区域的支付力度，要明确重点、指向清晰，增加对重点生态补偿对象、地区和范围内财政资金的支持力度。其次，在国家财政转移支付项目中，增加生态补偿项目，用于国家级自然保护区、国家级生态功能区的建设补偿及对西部生态退化严重区域的恢复补偿等。制定分区指导政策，对西部地区、国家重要生态功能区，建立环境保护与生态建设的财政激励制度，增加对生态保护良好区域或生态环境保护成绩显著区域的补助。设立对重点生态区的专项资金支持模式，将中央因改革所得税收入分享办法增加的收入，全部用于对地方、主要是中西部地区的一般性转移支付。

（2）横向财政转移支付制度设计。生态补偿的横向转移支付主要是流域上下游地区之间发生，其依据包括两个：上游地方政府和居民为保护生态环境而付出的额外建设与保护的投资成本；因保护丧失的发展机会成本。而上下游地区平级政府之间就生态补偿的额度经常会发生纠纷，因此，要正确处理上下游政府之间生态补偿的横向财政支付的额度问题，以及如何正确安排、处理转移支付的资金。

首先，在经济和生态关系密切的同级政府间建立区际生态转移支付基金，成立区际基金管理委员会。区际生态转移支付基金由特定区域内生态环境受益区和提供区的政府财政资金拨付形成，拨付比例应在综合考虑当地人口规模、财力状况、GDP 总值、生态效益外溢程度等因素来确定。各地方政府按拨付比例将财政资金存入生态转移支付基金，并保证按此比例及时进行补充。区际基金管理委员会负责召集区域内各地区相关的政府官员、专家学者和当地原住民群众代表，对区域内重大环保工程或项目共同进行可行性论证，并联合审查该项目是否符合申请使用区域生态基金的条件。生态基金必须用于绿色项目，包括生态服务提供区的饮用水源、天然林、天然湿地的保护，环境污染治理，生态脆弱地带的植被恢复，退耕还林（草），退田还湖，防沙治沙，因保护环境而关闭或外迁企业的补偿等。

其次，在确定转移支付的额度时，横向转移支付的依据可以主要考虑额外成本方面。在上下游政府协商过程中，实际的协商代理人可以由其下设的生态补偿委员会完成。这时上一级政府下设的生态补偿委员会就需要发挥重要的协调和仲裁作用。

再次，在支付方式上，可以采取间接转移的方式，即先进入上一级政府的生态补偿委员会的账户，并设立专门的基金，由基金所在的生态补偿委员会和横向转移的两地政府的生态补偿委员会共同监督管理。被补偿地区对基金的使用，必须根据专门的生态环境保护规划，以具体项目的方式申请，经共同监督管理代表批准后方可使用。

最后，强化生态补偿基金使用的监督。对每一笔基金的拨付使用要聘请第三方专业机构进行审计，重点审计基金的实际用途是否与申请用途相符，资金的使用效率，绿色项目产生的生态效益、社会效益是否达到预期等。必须建立严格的责任追究制度，在区际生态转移支付基金的运作过程中，哪个环节出现问题，该谁负责，负什么责任，如何惩治，由谁来执行，谁来监督等，这些都必须做出明确的规定。

2. 财政补贴。财政补贴也是促进生态补偿的一种有效的财政政策，政府加大财政补贴力度对生态补偿机制的发展作用重大，同时要探讨新的财政补贴制度和作用机制。在规范和完善财政补贴方面有以下两个建议：

（1）建立一种"积极补贴"制度。政府财政预算外资金来源主要包括排污费、资源使用费等。对于保护生态环境的行动进行补偿时，"积极补贴"的资金最好是尽可能地来自对进行非可持续性活动的税收。根据国际的经验，这种形式的补贴经常应用在能源部门。其做法是对使用矿物燃料的企业征收较高税收，用这部分收入来补贴不使用矿物燃料的企业。对于有利于资源保护的经济行为减免税费，如对农民减免农业税、特产税、教育附加费，对一些资源综合利用和环保产业采取无息贷款和减免税政策等同样可以起到鼓励正确的行为方式的作用。

（2）发挥财政补贴的激励作用。根据不同地区在进行生态补偿方面取得成果和效益，制定分区指导政策，增加对西部地区、国家重要生态功能区的补贴力度。建立激励环境保护与生态建设的财政补贴制度，增加对生态保护良好区域或生态环境保护成绩显著区域的补助，提高其生态补偿的积极主动性。

3. 政府采购制度。我国政府应把有利于环境保护、生态平衡、资源节约和合理开发利用等特定政策目标纳入政府采购来考虑。通过政府的绿色购买行为，可以一方面使得政府采购更多地集中于节能、高效产品，这样可以直接节约能耗；另一方面可以鼓励企业对节能型设备或技术的开发、引导企业更多地生产节能产品，从而促进全社会能效的提高。

（二）完善生态补偿税收制度

1. 完善现有税种。

（1）改革增值税。在全面实行营改增基础上，加快完善增值税制度。增加加大对企业购置用于消烟、除尘、污水处理等方面的环保设备允许抵扣进项增值税额的优惠规定力度；对进口的环保设备及用于生产环保设备的材料在进口环节给予一定增值税减免优惠；对有利于环境的产品实行低税率；对个别节能效果非常明显的产品，在一定期限内，可以实行增值税即征即退措施。

（2）改革消费税。消费税的税目中与污染环境有关的产品有烟、酒及酒精、汽油、柴油、汽车轮胎、摩托车和小汽车。这些产品的税率设计时并没有考虑到环境成本，只是为了引导消费方向，抑制超前消费。为了更好地发挥消费税的生态保护目的作用，应该改进相关计税依据，设计差别税率增加税收优惠，扩大消费税目等。例如对汽油和柴油的征税，其计税依据是消费量，而没有考虑对环境的危害指标性。建议对不同产品根据其环境友好的程度设计差别税率。对环境友好的产品可以免税，如对使用绿色燃料的小汽车免征消费税。另外，现行的消费税并没有把煤炭这一中国能源消费主体和主要大气污染源纳入征收范围。考虑到我国能源消费中70%为煤，增设煤炭税目时可根据煤炭中有害物质的含量确定税额，对清洁煤免征消费税，并采用"低征收额、大征收面"的方法。对一些污染严重的产品也要征收消费税，如一次性剃刀、餐盒、电池、塑料袋、杀虫剂等，以鼓励这类产品的回收利用，限制其生产和消费。

（3）改革资源税。现行的资源税主要目的是调节资源开发者的级差收益，使资源开发者能在大体相对平等的条件下竞争，同时促使开发者合理开发和节约使用资源。但是我国资源税现在的征收对象非常狭窄，仅包括各种应税矿产品和盐，为了更好地发挥其保护环境的作用，应将资源税的征收对象扩大到矿藏资源和非矿藏资源，增加水资源税，开征森林资源税和草场资源税，以适应可持续发展的需要。在计税依据方面对于国家需要重点保护或限制开采的能源资源，应充分利用税收与价格的关系，调整资源税的征税办法，实行从价定率征收。这样既可以引导纳税人节约资源，又可以使国家能从资源价格上涨中分享部分收益。在税率方面，将资源税和环境成本以及资源的合理开发、保护、恢复等挂钩，根据不可再生资源替代品的生产成本、可再生资源的再生成本、生态补偿的价值等因素，合理确定和调整资源税的税率。进一步完善水、土地、矿产、森林、环境等各种资源税费的征收使用管理办法，加大各项资源税费使用中用于生态补偿的比重，并向欠发达地区、重要生态功能区、水系源头地区和自然保护区倾斜。

（4）改革相关税种。

①城镇土地使用税。为了更好地保护土地资源，建议把农村非农业用地也纳入征税范围。另外，鉴于该税对节约土地资源作用不大（税额不到总税收额的1%），应提高税额。

②耕地占用税。开征耕地占用税的目的是保护日益减少的农用耕地。虽然耕地占用税对抑制乱占滥用耕地起到了一定的作用，但税额太低，建议大幅度地提高税额，以真正起到保护耕地的作用。

③车船税。现行的车船税基本上是根据车船的吨位数或固定税额征收的，与车船的实际使用强度（如行驶公里数或汽油使用量）无关，因而不具有直接的环保意义。而且，车船税额占车船使用费用的比例不大，很难对车船的使用进行调节。因此，此税种很难起到缓解交通拥挤和减轻大气污染的作用。建议设立车船使用附加税，针对车船的尾气排放征税，并提高原来的税额标准。

④城市维护建设税。目前城市维护建设税的范围有限，建议把征税范围扩大到乡镇，更好地为乡镇服务。城市维护建设税是为了扩大和稳定城市维护建设资金的来源，加强城市的维护建设（包括环境治理），以增值税、消费税和营业税实缴税额为计税依据而征收的一种地方税，是我国现行税制中同环境保护和生态补偿结合最为紧密的税种。城市维护建设税自开征以来，在筹集城市维护建设资金方面发挥了重要的作用。随着工业化进程、环境污染和环境破

坏的加剧，它也被作为地方政府治理环境问题的宏观政策手段而被重新定位。但是，现行城建税征税范围过窄、收入规模小、地域差异大、资金的使用效率低。建议扩大其征税范围，设计合理的税率，提高资金使用效率，以更好的发挥城建税的作用。

2. 逐步开征新的生态税种。除了对上述七个税种进行调整外，还应适时开征新税种，以弥补现有税种的不足，全面建立起生态税制。由于生态税种中包括污染税、产品税或原料税和为环境保护筹集资金的专项税。产品税和原料税可以通过扩大消费税范围来实现，为环境保护筹集资金的专项税，可以采用的方式是征收垃圾税。关于污染税的设计和征收，详述如下：

（1）税种设计：污染税现阶段可以开征的税种主要有：水污染税、大气污染税、固体废弃物税等，其中大气污染税又可以分解为二氧化硫税和控制二氧化碳排放的碳税。在时机成熟后还可对产生噪音的行为征税。

（2）纳税人设计：根据易于征管以及征收费用最少的原则，我国环境污染税的纳税人目前应以排放污染物的企业和个体经营者为主，对居民个人暂缓征收或实行有条件的征收。由于污染行为分散，可以借助商品间接税的征收方式确定纳税人，通过税赋的转嫁以实现征收目的。

（3）征税范围设计：国际上通常把污染环境和破坏生态的行为以及在消费过程中会造成环境污染的产品作为环境污染税的课税对象，从税收的公平性考虑，造成污染或可能造成污染的产品和行为均应纳入课征范围。考虑到可行性以及税收征管水平，目前适宜将排放各种废水、废气和固体废弃物（包括工业生产中产生的废渣及各类污染环境的工业垃圾）纳入征税范围，那些难以分解和再回收利用的材料、各种包装物也可以包括在内。

（4）计税依据设计：计税依据又称税基，是税法规定的据以计算税款的标准或依据。一般来说，环境污染税的计税依据可以有三种选择：

第一种，以污染物的排放量作为计税依据。优点在于：企业在维持或增加产量的情况下，只要减少排污量，就可以减轻税收负担。既能直接刺激污染物排放的减少，同时企业也可以自主选择适合自身的治污方式，或增加防治污染设备，或改进生产工艺流程。缺点是污染物排放量必须准确核定，相应的监测成本和技术要求较高。水污染税和二氧化硫税多采用此类税基。

第二种，以污染企业的产量作为计税依据。主要理由是，污染物的排放与企业产品或劳务总量之间的存在固定比例的正相关关系。其优势是便于源泉征管，缺陷是企业只能通过降低其产品或劳务的产量的方式才能减轻相关税赋，难以激励生产者开展污染治理技术的开发和研究。碳税和固体废弃物税一般采用此类税基。

第三种，以生产要素或消费品中所包含的有害物质含量作为计税依据。选择这种税基的前提是：生产要素或消费品中所包含的有害的物质成分与污染物排放量之间存在着因果关系。这种税基可以鼓励征税者减少有害物质含量高的原材料的使用，寻找相应的替代品。缺点是不能促使企业致力于污染排放的消除和治理。

（5）税率设计。

① 税率形式问题。基于废物排放的特点以及税制的简化、便利原则，环境污染税的税率结构不宜过于复杂，应尽量采用定额税率。如荷兰除燃料税外均实行定额税率，美国、瑞典等国家都采用定额税率。

② 税率高低问题。征收环境污染税的目的在于抑制排污行为、保护环境资源，如果税率过高，排污者无力承担税赋，则会抑制社会生产活动，导致社会为过分清洁而付出高昂代价；税率过低，税赋低于企业污染控制成本，企业将选择缴税而非削减污染，税收的调控作用将落空。企业税赋的畸重畸轻，都将使开征环境污染税的环境治理目标得不到良好的实现。在理论上，环境污染税的税率主要有两种确定方法。一种是使税率具有分配功能的确定方法，它是以计划实施成本为依据，使清除污染物的收支实现平衡。具体来说，税率 t1 = C1/W，其中 C1 是清理污染物的全部成本，W 即污染物的清理数量。另一种是使税率具有刺激功能的确定方法，它是以生产者污染边际控制成本为依据，使其与税率水平相当。具体来说，税率 t2 = C2/Δw。其中，C2 是排污设备的折旧成本、维修成本和实施成本之和，Δw 为有效的污染物处理量或减少量。最优污染水平是通过社会边际损害成本和企业边际控制成本的交叉点来确定的，它同时也是确定最优环境污染税税率的基础。从宏观上来看，环境污染税税赋应以满足政府为消除纳税人所造成的污染而支付的全部费用即补偿其外部成本为最低限量，从微观上来看，应当高于企业为削减污染而支出的费用即控制成本。在实践中则一般需要先确定治理目标，再确定治理成本，在既定的环境质量标准下结合一定时期内治理污染的边际费用，对税率予以科学地确定。

③ 税率统一性问题。由于各地的气候条件、经济发展水平、人口密度状况以及对环境清洁度的需求程度等因素的差异，同样的污染物或相同的污染量在不同地区，其边际社会损害程度也有所不同，故不能在全国实行单一税率，而是根据每一种污染物排放量在各地对自然界造成污染的边际影响程度而实行

差别税率。这样既能使污染防治的总成本趋于最小化，又能促使企业在选择厂址时充分考虑生产活动对生态环境可能产生的不良影响。

④ 税率固定性问题。从长远来看，随着污染防治技术的不断提高，环境治理的边际成本会不断变化，环境污染税的税率也应适时调整，使防治污染的总成本在每一特定的时期内均能趋于最小化。

（6）征管方式设计：环境污染税自身的特点决定了其征管过程的复杂性，即必须先对纳税人排污情况进行定期监测，取得实际的监测数据，然后才能根据确定的排污量对其课税。那么，应当由谁来征管环境污染税较为合适呢？一般有三种方式可供选择：

其一是由税务部门单独进行。即税务部门负责从对排污量进行定期监测到税款计征入库全过程。显然，这种方式大大增加了税务部门的工作量和工作难度，因为他们在环境监测和专业环境保护工作方面并无经验。故不足取。

其二是由环境保护部门单独进行。此方式与目前的排污收费的征管相同。但是相对于收费来说，税款征收的专业性要求更强，环境保护部门恐难胜任，容易导致征管偏松。而且在我国现行税收体制中，税收机关是唯一的征税主体，由环境保护部门征收缺乏相应的法律依据。

其三是由税务部门和环保部门相互配合进行。即由环境保护部门对污染源进行定期监测，为税务部门提供各种计税资料，然后由税务部门计征税款，并对纳税人进行监督管理。该方式能充分发挥各部门的专长，大大提高征管效率，是目前最佳的征管方式。

3. 完善税收优惠制度。健全利于生态补偿的税收政策还有很长的路要走，在完善现有税制过程中，还要注意税收优惠政策对生态补偿的作用，实行多样多种形式的税收优惠方式，通过减、免、抵税及税收返还等形式促进环保事业的发展，运用全方位的财税政策对生态补偿进行支持，建立有效的中国生态补偿机制。对于环保再投资，允许退税；对于再生资源应该加大优惠力度。我们要运用全方位的财税政策对生态补偿进行支持，建立有效的中国生态补偿机制。

三、完善收费制度

（一）排污收费制度

当前排污收费制度的首要改革任务就是把全部排污收费制度纳入预算管

理，严格收支两条线，这与部门预算改革思路相符。它不仅便于财政部门准确掌握排污费的征收情况，形成全面完整的财政预算，还有利于提高排污费的使用效率，为排污收费制度的进一步完善以及下一步的费改税奠定基础。同时，还应对现行排污费的征收、管理、使用范围等进行改革，以解决部分排污单位宁愿缴纳排污费也不治理污染等问题。包括：

1. 全面规定付费主体，健全收费项目。针对我国目前《条例》存在的付费主体规定不全面、不明确的问题，明确规定相关的付费主体，以做到责任明确。随着我国社会经济的发展，许多原来没有显现的污染因素逐渐突出，其对环境的危害越来越大，如光污染源、电磁辐射污染源、流动污染源、居民生活用水污染、城市生活垃圾等。根据"污染者付费"原则，这些污染者都应付费。所以应尽快在法律中将上述污染源规定为征收排污费的对象，以控制污染，有效促进环境质量的改善。可以逐步推行排污申报登记制度，便于环保部门掌握排污单位和个体工商户排放污染物的底数，为制定环境管理政策措施提供基础数据。

2. 提高排污费征收标准。从经济学角度看，对排污者征收的排污费应该等于他给社会其他人员造成的损失，从而使其私人成本等于其社会成本，消除二者之间的差异。为此，应对各类主要污染物的治理进行成本调查，制定高于或者等于治理成本的收费标准，并兼顾社会、企业的承受能力逐步实施到位。另外，收费标准应考虑地区差异，由地方环境保护局、财政局、物价局充分考虑环境管理的效果以及当地的经济状况、物价指数、污染治理运行费用等来确定。

3. 由超标征收向总量征收转变，由单一浓度标准向浓度与总量相结合转变，由单因子标准向多因子标准转变。实行排污总量收费后，排污费将作为对环境造成损害的补偿费用，逐渐提高征收标准，最终使之高于污染治理的成本，促使排污者治理污染。

4. 排污费仍将由环保部门征收，但需全部纳入预算管理，成为各级政府的环境保护专项基金。环保部门的行政事业开支可从以下渠道获得：一是由各级财政拨付；二是作为过渡措施，在环保基金下设置"环保行政事业费"科目，但其比例应逐年递减。在几大项收费改为税"费改税"后，这几种排污税应由税务部门征收，而其他排污收费则还需环保部门征收。

5. 环保专项基金应全部有偿使用，以低息贷款、贴息、贷款担保等方式对企业或地方政府的环保投资提供支持，包括综合性污染防治、重点污染源治理示范工程、区域或流域环境质量的改善等，着力提高资金的利用效率，严禁挪用、挤占资金。

6. 建立环境押金制度。押金是一个重要的环境保护经济手段，主要用于促进废物回收利用。一般做法是：在消费者购买饮料等商品的同时，为包装或装有这些饮料或商品的容器或包装物支付一定数额的费用，如果消费者将使用过的这些容器或包装物退回给原销售者，则销售者根据其退回的容器或包装物的数量，退还消费者预先为这些容器或包装物所支付的押金，如果消费者不退回其已经付过押金的容器或包装物，则其所支付的押金将不能退还，这是一种强制性的市场机制。环境押金制度作为应对固体废弃物污染的一项重要经济手段，充分运用了押金的灵活性和经济刺激性，以最小的成本实现了效益最大化。目前，瑞典已经形成一个可回收容器方面的高度发达的押金体系，每年回收的铝制容器已占全部铝制容器的85％。

（二）生态补偿费制度

健全生态补偿费制度的建议包括以下几个方面：

1. 以法律、法规的形式规定生态补偿费的征收。在法律、法规中规定生态补偿费征收的以下几个环节：一是明确生态补偿费的征收对象、范围、标准等。征收补偿费的全部内容等必须由法律、行政法规明确规定。国家可以通过制定《生态补偿费征收管理条例》给予明确规定，不得由行政机关或领导自行规定。二是明确征收的程序和步骤。由于生态补偿费是一项具有强制性的制度，因此在收费要素充分满足的范围内，有权机关无权自行降低征收标准、确定征收范围、改变征收环节、暂缓征收期限等，必须依法律的要求和步骤征收。三是明确违法征收的救济制度。补偿费的征收和缴纳是生态补偿费的实施过程，它必须以适当的程序行使，而且对其争议也必须以法律规定的公正的程序予以解决，这就是法定主义要求的"程序保障性"。

2. 加强资金管理，避免一些地方政府挪作他用。征收的生态环境补偿费，纳入财政预算，建立生态恢复专项资金。生态补偿费应该专款专用，用于生态补偿和恢复由环境保护行政主管部门会同财政部门统筹安排使用，不得超支、挪用或截留。坚持收支两条线，做到专款专用，当年节余结转下年使用。资金的使用应接受财政、审计部门的监督检查。

四、完善市场补偿制度

（一）完善市场交易制度

1. 排污权交易。我国排污权交易制度始于 20 世纪 80 年代中期，经过了近 30 年的排污权交易尝试，在管理制度、运行机制等方面取得了一些经验。但是，由于该政策体系仍不够合理、配套机制体制仍不完善等原因，在进一步深化试点和推广过程中，遇到了来自法律法规、行政、企业、环保观念等多方面的问题，适应我国国情的排污权交易市场机制尚未真正建立。要完善排污权交易制度，除了必须克服大量来自行政部门的行政障碍和来自企业界的企业障碍外，还必须注意中国特有并在不断变化的司法和立法要求，创造如下几个方面条件：

（1）切实解决目前实施排污权交易的法律依据和规范缺失问题。一要通过法律来进一步明确排污权有偿取得；二要确立有关"总量控制"污染控制策略具体实施的统一法规，在现行环境法律中对排污总量控制的目标、总量设计、调查和检测、总量分布、适用程序等做出更加明确的规定；三要通过立法建立排污权交易市场，规范初始排污权的分配，确定初始分配方法，加强监管，杜绝企业"寻租"行为。对排污权二级市场的交易范围和交易方式做出明确规定，建立排污权交易的法律体系。

（2）加快排污权交易市场的建立和完善。一是在一级市场上，除了通过立法明确排污权有偿取得外，要探索适合我国国情的排污权一级市场交易形式，改变无偿分配或行政授予的做法，采用招标、拍卖或其他市场化方式将排污权卖给企业；二是在二级市场上，要通过立法等手段，有效制止滥用和非法转让排污权，杜绝蓄意囤积居奇等扰乱市场的买卖行为，要对超标排污进行严厉处罚，通过这些措施确保排污权在二级市场上能够正常交易；三是政府要提供必要的市场交易信息。可以通过组建专业的排污权中介机构，建立相关的信息网络系统等措施，为交易各方提供供求信息，提高交易的透明度，降低排污权交易费用；四是政府部门应建立相应的激励机制，对积极减少排放、积极出售排污权的企业从资金、税收、技术等方面予以扶持。

（3）建立和完善排污权交易的政策调控体系。一是要利用税收、信贷等手段对排污权市场进行必要的宏观调控；二是将排污权作为资产进入企业的资产负债表，纳入企业的财务核算，排污企业破产或被兼并，政府应该鼓励排污权作为企业资产进入破产或兼并程序。此外，对排污权交易要给予一定的税收优惠政策，以鼓励企业参与排污权交易。

（4）逐步提高排污费收费标准。要改变违法成本低于守法或治理成本的现象，促使企业参与排污权交易。一是在区域环境容量范围内的排污，要提高排污费征收标准，至少使排污费征收标准不低于排污权交易价格；二是进一步采取"总量控制"的管理策略，严格禁止企业超过区域环境容量的排污行为。企业要多排污，就只有到排污权二级市场上去购买。

2. 资源产权交易（以水权为例）。

（1）明确水权。2002年10月1日实施的《水法》基于当时对自然资源和市场经济的认识，对水的所有权进行了规定，并设定了取水许可制度这一获取涉及水资源开发利用权利的机制，但是对相关的所有权、使用权及其他权利、义务和责任没有清晰界定，对宏观配置和微观管理制度的规定也不完善。取水许可证制度实际上是一种形式上对水权的初始分配，是在国家享有水资源所有权的前提下赋予用水户对水资源的使用和收益的权利。但是由于用水户没有明确主体地位，用水权不具有长期稳定性，且不可转让，不能涵盖所有水资源的使用行为，造成了"产权模糊"。明晰水权，完善用水权初始分配制度，确立明确的用水权主体将有助于提高水资源的利用效率，通过用水者之间的平等协商，由国家进行水资源的宏观调控，充分发挥用水者的积极性，利用市场机制来达到水资源的优化配置，实现水生产力的提高。

（2）完善水权交易制度。第一，确立水权交易的要件。只有符合以下要件的水权才可交易：一是须为土地使用人因其生活或生产必需，如果不能获得额外的水资源将严重影响其生产生活；二是除非花费巨大的财力及大量的劳力才可能获得水资源，如果很便利就可获得水，便没有水权交易的必要，且失去了其经济性；三是相邻土地使用人有多余的水；四是须支付相应的对价；五是转入方为使用水已经做了实质性的投资，如已修筑导水工程、水库等。

第二，建立完善的水权交易市场政府规制体系。完善的水权交易市场规制体系主要包括具有内在联系的几个方面的内容：一是颁布《水权交易法》；二是建立独立运行的跨流域调水管理机构；三是建立严密科学的水权交易实施细则。

第三，注重培育水权交易市场主体。国家应制定水权交易市场设立的法规和进入水权交易市场的规则，以促进水权交易主体的形成。我国目前应主要培育如下几种水权交易主体：一是基层水权交易组织，二是水利设施运营公司，三是市场化的供水公司。

第四，建立水权交易市场调节基金。为防止对环境造成负面影响，针对我国旱涝灾害多发、市场机制不健全、水市场容易波动等特点，国家应建立水权交易市场调节基金，国家以指定代理人的形式积极参与水权交易，在市场中低买高卖，以市场运作的方式来实现国家的宏观调控目的，起到市场"微调"的作用。受水资源年际、年内变化的影响，当水价达到价格下限，继续降低会造成水资源浪费时，水权交易市场调节基金即可入市购买，引导水价回升，以可收到部分的赢利，补偿其在灾年时低价抛售所带来的资金亏损，最终起到平衡水价的作用，避免市场交易盲目性导致水价过低等水资源浪费现象。

（二）建立生态补偿保证金制度

从事先预防的角度来看，该制度能够增加生态环境补偿的稳定性。当某个开发者在开发利用生态资源之前，必须经过环境主管部门的许可，并需要缴纳一定数额的生态补偿保证金。如果在使用生态资源过程中，没有发生需要进行生态补偿的情形，这部分保证金予以返还；相反，如果上述情形发生，而开发者又未能做出补偿或者未做出完全补偿，那么就可以用该保证金进行补偿。

在这一制度上我们可以借鉴国外先进经验，美国国会通过的《露天矿矿区土地管理及复垦条例》规定：任何一个企业进行露天矿的开采，都必须得到有关机构颁发的许可证；矿区开采实行复垦抵押金制度，未能完成复垦计划的其押金将被用于资助第三方进行复垦；采矿企业每采掘一吨煤，要缴纳一定数量的废弃老矿区的土地复垦基金，用于复垦实施前老矿区土地的恢复和复垦。德国《联邦矿产法》要求采矿许可获准前缴纳必要的矿井关闭与复垦的保证金。英国1995年出台的环境保护法等也都做了类似的规定。这一些制度一方面可以加重开发者的环保责任，促使其采取措施避免对生态环境造成不应有的损害；另一方面对已造成的环境损害也有相应的资金保证其恢复。与行政命令和监管措施相比，征收生态补偿保证金能更好地获得损害环境的社会成本，鼓励节约成本作业，且易于管理与实施。

（三）建立生态补偿责任保险

生态补偿责任保险是将投保的单位或个人因为生态补偿所致经济上的损失转嫁给保险公司，由保险公司对其造成的损害进行补偿。生态补偿责任保险在西方国家已经形成了一套成熟的机制，积累了丰富经验，如美国的强制责任保险制度，法国的以任意责任保险为主、强制责任保险为辅的制度、德国兼用强制责任保险与财务保证或担保相结合的制度等，这些对我国环境责任保险的制度建设具有借鉴意义。基于我国目前责任保险的发展水平和生态补偿的现状，我国可将生态补偿责任纳入强制责任保险的范畴，以解决补偿单位或个人负担过重的问题，确保生态补偿的稳定支付。

第六节 生态补偿的资金筹集及使用

生态补偿筹资难、相关配套措施、宣传力度不够和补救制度不完善已经成为生态补偿制度建立的四大难题。充分利用资本市场筹集资金，引入社会资金，解决筹资难问题，提高生态补偿资金的使用效率。同时，通过健全法律法规、制定补偿标准、创新补偿方式，加大宣传力度等方式，不断完善生态补偿机制。

一、充分利用资本市场筹集资金

（一）发行国债

政府为环保工程和生态补偿筹资而发行生态环保专项债券。国家通过适度举债将社会上的消费基金、保险基金等引导到退耕还林、退牧还草等国家重点工程上来，变为生产建设资金。同时，允许地方拥有一定限度的地方公债发行权力，通过发行环境资源保护债券，开拓新的筹资渠道。由于受国家的财政体系影响较小，因此其操作比较容易。

（二）引进国际信贷，实行优惠信贷

今后10～15年，全世界对"绿色工程"贷款的投资银行数量将增加2倍，这些银行将把环保项目作为贷款对象，我国政府应抓住时机，大力发展环保产业。在优惠信贷中的小额贷款是以低息贷款的形式向有利生态环境的行为和活动提供一定的启动资金，鼓励当地人从事该行为和活动。同时，贷款又可以刺激借贷人有效地使用贷款，提高行为的生态效率。

条件具备后，生态补偿资金也可以来自于二级资本市场，比如金融期货、金融期权、金融互换以及其他新兴金融衍生工具进行融资。

（三）引入社会资金

1. 成立生态补偿基金（包括社会捐赠）。建立生态补偿基金是由政府、非政府、机构或个人拿出资金维持生态保护行为或项目，其资金来源可以是排污收费（空气污染费和污水排放费），自然资源使用费（如矿产、水等），特定产品收费（燃料，有包装的产品），可以通过对外合作交流，争取发达国家和国际性金融机构的优惠贷款，也可以是来自国内外的各种民间社团及个人的捐赠等，它要求的只是一个有效的地方财政管理体系。捐款是国际环境非政府机构经常使用的补偿手段。一般是个人或机构通过非政府机构用捐款的形式购买生物多样性或湿地环境，是不需要偿还的。由于这种形式的资金是有限的，因此更适宜用于贫困地区。

2. 发行生态环境建设彩票。① 彩票在西方发达国家被称为第二财政，是政府的一条重要融资渠道，具有强大的集资功能。目前彩票业已发展成为世界第六大产业。在全国范围内发行生态环境建设彩票，使之成为重要的融资渠道，强有力地支持生态建设，以动员社会资金支持生态建设，更重要的是让民众心系生态环境建设，推广生态意识，真正实现"取之于民，用之于民"。当然，彩票业作为一种特殊社会公益事业，其运行稳定与否以及收益如何都存在波动性，如何保持彩票的长期性和持久性等问题需要认真研究和设计。

二、生态补偿资金的使用

生态补偿资金使用包括生态补偿的标准和生态补偿的方式两个方面。

（一）生态补偿的标准

生态补偿的标准是生态补偿机制得以顺利进行的基础。为了制定科学生态补偿标准可以采取以下两个标准：（1）根据某一生态系统所提供的生态服务来定价；（2）根据生态系统类型转换的机会成本（或恢复成本）来确定。从目

---

① 1999 年，上海曾发行过一套环保题材的福利彩票，总价值 5000 万元，主要目的是为苏州河治理筹资。

前来看，根据机会成本（或恢复成本）来确定补偿标准的可操作性较强。但是，从公平角度讲，根据生态服务价值来确定补偿标准更合理。因此，建议根据机会成本来制定生态补偿标准，逐步向根据生态服务价值确定补偿标准的方向过渡，同时加强对生态系统服务功能的价值化研究的扶持力度。

生态补偿标准的确定可以参照以下四个方面的价值进行初步核算：

1. 按生态保护者的直接投入和机会成本计算。生态保护者为了保护生态环境，投入的人力、物力和财力应纳入补偿标准的计算之中。同时，由于生态保护者要保护生态环境，牺牲了部分的发展权，这一部分机会成本也应纳入补偿标准的计算之中。从理论上讲，直接投入与机会成本之和应该是生态补偿的最低标准。

2. 按生态受益者的获利计算。生态受益者没有为自身所享有的产品和服务付费，使得生态保护者的保护行为没有得到应有的回报，产生了正外部性。为使生态保护的这部分正外部性内部化，需要生态受益者向生态保护者支付这部分费用。因此，可通过产品或服务的市场交易价格和交易量来计算补偿的标准。通过市场交易来确定补偿标准简单易行，同时有利于激励生态保护者采用新的技术来降低生态保护的成本，促使生态保护的不断发展。

3. 按生态破坏的恢复成本计算。资源开发活动会造成一定范围内的植被破坏、水土流失、水资源破坏、生物多样性减少等，直接影响到区域的水源涵养、水土保持、景观美化、气候调节、生物供养等生态服务功能，减少了社会福利。因此，按照"谁破坏谁恢复"的原则，需要通过环境治理与生态恢复的成本核算作为生态补偿标准的参考。

4. 按生态系统服务的价值计算。生态服务功能价值评估主要是针对生态保护或者环境友好型的生产经营方式所产生的水土保持、水源涵养、气候调节、生物多样性保护、景观美化等生态服务功能价值进行综合评估与核算。国内外已经对相关的评估方法进行了大量的研究。就目前的实际情况，由于在采用的指标、价值的估算等方面尚缺乏统一的标准，且在生态系统服务功能与现实的补偿能力方面有较大的差距，因此，一般按照生态服务功能计算出的补偿标准只能作为补偿的参考和理论上限值。

补偿问题涉及空间、产业、经济、社会等很多方面。理论上讲，目前还没有一个科学的标准，即使有标准也很脆弱，很难量化。可以说只有相对标准，没有绝对标准。所以，在实际补偿过程中，应该参照上述依据与方法计算，综合考虑国家和地区的实际情况，特别是经济发展和生态破坏水平，通过协商和博弈确定当前的补偿标准；然后根据生态保护和经济社会发展的阶段性特征，与时俱进，进行适当的动态调整。

（二）生态补偿的方式

1. 生态补偿方式多样化。由于生态资源的类型不同、所处地域的不同，生态补偿的方式也应该是多种多样的。比如对流域水污染治理我们可以采取下游对上游提供项目补偿的方式，也可以采用资金补偿的方式。对西部比较偏远地区的补偿，我们可以采取资金补偿、实物补偿、项目补偿和智力补偿等相结合的方式。创新多元化的生态补偿方式可以使我们的整个生态补偿机制更有生命力。

2. "输血式"补偿方式向"造血式"补偿方式转变。"输血式"补偿是指政府或补偿者将筹集起来的补偿资金定期转移给被补偿方。这种支付方式的优点是被补偿方拥有极大的灵活性，缺点是补偿资金可能转化为消费性支出，不能从机制上帮助受补偿方真正做到"因保护生态资源而富"。

"造血式"补偿是指政府或补偿者运用项目支持的形式，将补偿资金转化为技术项目安排到被补偿方（地区），帮助生态保护区群众建立替代产业，或者对无污染产业的上马给予补助以发展生态经济产业，补偿的目标是增加落后地区发展能力，形成造血机能与自我发展机制，使外部补偿转化为自我积累能力和自我发展能力。"造血式"可以扶植被补偿方的可持续发展，缩小地方贫富差距，促进社会的公平。

3. 生态补偿方式的实施步骤。

（1）合理利用各种补偿方式。针对具体的情况要具体分析，探索最合适的补偿方式或补偿组合。除此之外，还要积极借鉴金融市场和资本市场的经验，不断开发适合经济发展的新的补偿方式。

（2）广泛推进"造血式"补偿方式，缩小东部地区和西部地区，下游和上游的差距。首先，由过去的以政策扶贫为主转变为以项目扶贫为主，如实施生态经济防护林扶贫工程，既可改善这些地区的生态环境质量、防止水土流失、根除洪涝水患，又能促进当地农牧业综合协调发展和加快农民脱贫致富步伐。其次重点扶持交通、电讯、水利等基础设施建设，重视生产条件的改善，降低这些地区进入市场的成本，增强"造血"机能。最后重视人力资源开发，通过发展文化教育和卫生事业，普及科技知识，加强职业技能培训，提高人口素质，为西部地区和江河上源地区可持续发展构造人力基础。

三、完善配套措施

生态补偿机制是一个整体系统，因此，其涉及的领域也是方方面面。生态补偿机制的顺利进行，除了财税体制和市场机制之外，还需要一系列配套体系。

（一）健全法律法规体系

1. 建立一套协调、配套的生态补偿法律体系。由于生态补偿在我国仍处于探索阶段，国家还没有统一的法规和制度要求，各地难以实行统一的标准和模式，不同地区、不同企业的操作模式千差万别。这一现状，客观上给环境管理带来了困难，因此必须加强生态补偿立法工作，从法律上明确生态补偿责任和各生态主体的义务，为生态补偿机制的规范化运作提供法律依据。完善有关生态补偿机制的法律法规，使生态补偿机制逐步迈入法制化。

除此之外，目前的资源管理立法基本上都是按行业、分要素进行，导致不同资源法之间出现了矛盾和冲突，而使新的生态问题和生态保护方式缺乏有效的法律支持。为此，国家有必要制定专项生态保护法，对自然资源开发与管理、生态环境保护与建设、资金投入与补偿的方针、政策、制度和措施进行统一的规定和协调。

因此，我们应对现行的《环境保护法》作必要的修改，增设并完善生态环境补偿制度的相关内容，从整体上对环境和自然资源进行综合管理、保护、开发、利用，对环境进行整体的综合法律调整，强调环境生态功能的保护、恢复和整治。其次，可以颁布《生态环境补偿实施条例》，使这一制度以国家行政法规的形式确定下来。在条例中可以对生态环境补偿的目的、范围、方针、原则、重要措施、救济途径等做更加详细的规定。

2. 协调利益相关方的利益。生态补偿机制涉及诸多相关者的利益，其实生态补偿机制也是各方利益协调的机制。其中政府应是生态补偿机制倡导者和推动者，是生态补偿机制的利益相关者之一，而不是承包者。生态补偿机制应该由环境保护利益相关者共同建立，应是在环境保护服务提供者和环境保护服务购买者之间建立的一种长效机制。

3. 加大对不利生态环境的破坏行为和不作为的惩罚力度。对于如非法砍伐林木，排放未经处理的污水等故意破坏生态环境的行为，以及如煤炭开发造成的植被破坏不加以恢复治理的不作为行为等一经发现，严加查处，对其进行加倍经济处罚，所罚资金作为恢复治理和生态补偿资金的来源之一，这样一方面有利于生态环境的保护，另一方面也有助于增加补偿资金的来源。

（二）完善相关理论和技术

生态补偿机制的完善需要相关理论和技术的支撑。生态补偿机制的建立和完善是一项复杂的系统工程，目前尚有很多重大问题急需深入研究，生态补偿机制的理论研究显得很有必要。在发展相应理论研究的同时还应努力提高生态恢复和建设的技术创新能力，大力开发利用生态建设、环境保护新技术和新能源技术等，为生态保护和建设提供技术支撑。

1. 了解自然生态系统自组织机能和抗干扰能力，试图构建自然生态系统达到补偿临界值与崩溃值的预警系统，为自然生态系统的合理补偿奠定基础。

2. 研究建立生态价值和环境资源评估机制。加强对生态价值和环境资源的计算方法和评估技术的研究，赋予环境和资源一定的价值和价格，依靠制度或规则确定补偿标准及合适的比例等，减少人为干扰因素，创建合理有效的生态价值评估模型，为补偿额度的合理确定提供科学理论依据。例如，探索加快建立资源环境价值评价体系、生态环境保护标准体系，建立自然资源和生态环境统计监测指标体系以及"绿色 GDP"核算体系，研究制定自然资源和生态环境价值的量化评价方法，研究提出资源耗减、环境损失的估价方法和单位产值的能源消耗、资源消耗、"三废"排放总量等统计指标，使生态补偿机制的经济性得以显现。

3. 努力提高生态恢复和建设的技术创新能力。只有大力开发利用生态建设、环境保护新技术和新能源技术等，才能为生态保护和建设提供技术支撑。只有从源头上杜绝破坏生态的行为，才能从根本上保护环境，实现可持续发展。

（三）统一的管理体制

我国是条块分割的行政管理体制，每个部门各管一块，缺乏相互之间的协调机制，这与环境系统的整体性是相冲突的。而且每个部门都要针对自己负责的生态补偿工作发布规章制度，这些制度看似完备，实则互相之间没有内在联系，补偿的标准和方式没有经过系统的研究，反而造成了生态补偿管理实施的混乱，必然大大增加了生态补偿的运行成本，使本已十分有限的补偿资金大量消耗在部门的协调上。因此，应理顺和完善管理体制，克服多部门分头管理、各自为政的现象，加强部门、地区的密切配合，整合生态补偿资金和资源，形成合力，共同推进生态补偿机制的加快建立。因此，我们应做到以下三点：

1. 建立统一管理机构。建立国家自然资源资产产权管理机构，负责清理、核查、勘测、统计自然资源实物形态和价值形态的存量，并跟踪、统计自然资源产权变动情况，加速建立环境资源价值核算体系，完成生态环境资源实物及价值形态的核算，逐步建立健全我国自然资源账户管理制度。同时，建立国家环境督察制度，加强对跨地区、流域经济区以及产业间环境问题的管理，协调"发达地区"和"欠发达地区"、"上游区域"和"下游区域"之间的补偿。建议环保部主动与国家发改委、财政部、国土资源部、水利部等有关部委协调，争取在政策理论研究、开展试点、经验推广、立法等方面得到相关部门的支持。建议在条件成熟时国务院下设生态补偿委员会，负责国家层面上生态补偿的协调管理。

2. 统一规划生态补偿的研究和试点工作。目前，生态补偿试点工作存在着部门各自为政、资金严重短缺的现象，在一定程度上影响了相关单位保护生态环境的积极性。这迫切需要中央政府实行统一领导、组织和协调。建议国家财政部、国家环保部等有关部门联合成立全国生态补偿试点工作协调办公室，统一指挥全国的生态补偿工作，协调制定《全国性生态补偿发展规划纲要》和《生态补偿规划纲要实施细则》，有计划、有步骤地开展生态补偿的试点工作和政策设计。我们可以尝试在中央与地方各级政府中设立生态补偿协调委员会，负责统一制定生态补偿政策、统一调配生态补偿资金、协调和指导生态补偿市场交易的进行，大大降低生态补偿的运行成本，提高运行效率，真正使生态补偿政策落到实处。

3. 实行统一监督办法。建立财政生态补偿资金使用绩效考核评估制度，对各项财政专项补助资金的使用绩效进行严格的检查考核，使财政生态补偿资金更好地发挥激励和引导作用。同时，要建立健全实施生态补偿的审计制度和信息公开制度，接受社会监督。

四、完善相关补救制度

（一）协商

协商，是争议解决的首选方式，在生态补偿的过程中，由于生态补偿标准的确定及生态自然资源的生态价值的评价都比较困难，还会因为地域差别、资源类型的差别等的不同而出现较大的差异，所以出现争议是难以避免的。在双方发生了争议之后，如果能平心静气的坐下来，本着公正公平、诚实守信的原则，协商出双方都满意的方案，那是最好的。但由于双方往往各执一词，互不相让，使得这种方式效率偏低。

（二）调解

调解，是指发生纠纷的双方当事人，在第三者的主持下，通过第三者依照法律和政策的规定，对双方当事人的思想进行排解疏导，说服教育，促使发生纠纷的双方当事人，互相协商，互谅互让，依法自愿达成协议，由此而解决纠纷的一种活动。它已形成了一个调解体系，主要有人民调解、法院调解、行政调解等几种形式。在生态补偿争议中，行政调解的方式应是主要方式。按照我国法律规定，行政调解是国家行政机关依照法律规定，在其行使行政管理的职权范围内，对特定的民事纠纷及轻微刑事案件进行的调解。调解的范围包括民事纠纷、经济纠纷和轻微的刑事纠纷。行政调解也应在查明事实、分清是非、明确责任的基础上，说服当事人互谅互让，依照法律、法规及有关政策的规定，让双方当事人自愿达成协议解决争端。在生态补偿争议的行政调解中，应该给予双方当事人平等的权利和地位，并充分听取各方当事人的意见。

（三）仲裁

仲裁是解决争议的重要方式，它是指争议双方在争议发生之前，或者在争议发生之后达成协议，将争议自觉地交给第三者裁决，双方有义务自觉履行的一种解决争议的方式。仲裁裁决尽管不是国家裁判行为，但是同法院的终审判决一样有效。生态补偿的各方利益相关人如果在双方的生态补偿协议中有仲裁条款或者有仲裁协议，就可以通过仲裁方式解决。

五、加大宣传力度，提高全社会成员的节能环保意识

节能环保是一项需要全民参与的社会性事业。目前，我国环境污染情况比较严重，其中生活污染不可忽视。据统计，生活污染物的排放量是污染环境的重要组成部分，且有逐年上升的势头。因此，要发挥新闻舆论监督作用，通过电视、广播、报刊、网络、展览、书籍等多种渠道，加大环境宣传报道力度，

使老百姓认识到节能环保与自身行为息息相关，逐步形成以政府为主导、企业为主体、全社会成员积极参与的环境治理新格局。

参考文献

［1］《环境科学大辞典》编委会：《环境科学大辞典》，中国环境科学出版社 1991 年版，第 326 页。吕忠梅：《超越与保守》，法律出版社 2003 年版，第 355 页。

［2］［美］保罗·A·萨缪尔森、威廉·D·诺德豪斯著，高鸿业等译：《经济学》，中国发展出版社 1992 年版，第 1194 页。

［3］欧阳志云、王如松、赵景柱：《生态系统服务功能及其生态价值评价》，载于《生态应用学报》1999 年第 5 期，第 634～640 页。

［4］马中主编：《环境与自然资源经济学概论》，高等教育出版社 2006 年版。

［5］曾广权、洪尚群、张星梓等：《建立云南省生态补偿机制的研究》，云南出版集团公司、云南科技出版社 2006 年版。

［6］世界环境与发展委员会，王之佳译：《我们共同的未来》，台湾地球日出版社 1992 年版，第 52 页。

［7］顾自安、王伟宜：《制度主义的公平观：一种"统合公平"》，载于《广东工业大学学报（社会科学版）》2006 年第 2 期，第 58～59、62 页。

［8］郑易生、钱慧红：《从战略全局高度加强对我国生态补偿机制的研究》。

［9］许苏卉、刘学艺、孔平：《江西东江源区生态保护补偿机制研究》。

［10］汪秀莲、王静：《日本韩国土地管理法律制度与土地利用规划制度及其借鉴》，中国大地出版社 2004 年版，第 56 页。

［11］王晶：《生态补偿问题的研究》，天津大学硕士学位论文，2006 年。

［12］韩东娥：《探讨中西部生态建设补偿机制与配套政策》，见王金南、庄国泰主编：《生态补偿机制与政策设计国际研讨会论文集》，中国环境科学出版社 2006 年版，第 80～88 页。

［13］乔敬图：《从全局高度看待建立生态补偿机制》，载于《中国林业》2007 年第 1 期，第 42～43 页。

［14］李金荣：《促进节能、环保的财税政策机制研究》，载于《特区经济》2008 年第 6 期，第 213～214 页。

［15］李建国、杨涛等：《对加快建立和完善生态补偿机制的政策思考》，载于《江西农业学报》2008 年第 1 期，第 101～102 页。

［16］蒋良勇、邹冬生等：《对完善生态补偿体系的思考》，载于《农业现代化研究》2008 年第 1 期，第 92～95 页。

［17］曹明德：《矿产资源生态补偿法律制度之探究》，载于《法商研究》2007 年第 2

期，第 21~23 页。

[18] 金高洁、方凤满等：《构建生态补偿机制的关键问题探讨》，2008 年第 1 期，第 46~48 页。

[19] 毛显强、钟瑜、张胜：《生态补偿的理论探讨》，载于《中国人口·资源与环境》2002 年第 4 期，第 38~41 页。

[20] 徐滢：《关于建立我国生态税的探讨》，硕士论文，2004 年。

[21] 张月华：《论可持续发展条件下的生态税收政策选择》，硕士论文，2002 年。

[22] 张玉华：《论生态补偿法律制度的构建》，硕士论文，2007 年。

[23] 黄锡生、潘璟：《流域生态补偿制度浅析——兼论流域管理委员会的作用发挥》，载于《2007 年全国环境资源法学研讨会论文集》，第 1012~1019 页。

[24] 沈满洪、陆菁：《论生态保护补偿机制》，载于《浙江学刊》2004 年第 4 期，第 217~220 页。

[25] 姬德峰、潘云华：《论我国政府在生态补偿机制建设中的重要作用》2008 年第 2 期，第 58~60 页。

[26] 何承耕、谢剑斌等：《生态补偿：概念框架与应用研究》，载于《亚热带资源与环境学报》2008 年第 6 期，第 65~72 页。

[27] 国家环保总局自然生态保护司：《生态补偿：为了可持续的未来——浙江、安徽两省建立生态补偿机制的探索与实践》，载于《环境经济》2006 年第 10 期，第 34~40 页。

[28] 杨娟：《生态补偿的法律制度化设计》，载于《华东理工大学学报》2001 年第 1 期，第 81~84 页。

[29] 孙钰：《探索建立中国式生态补偿机制——访中国工程院院士李文华》，载于《环境保护》2004 年第 10 期，第 4~8 页。

[30] 温尚杰、何亮亮：《我国环境税收制度的现状及对策研究》，载于《广西政法管理干部学院学报》2006 年第 3 期，第 31~38 页。

[31] 齐玲：《有关生态补偿的财税对策研究》，载于《内蒙古科技与经济》2007 年第 10 期，第 16~17 页。

[32] 万军、张惠远等：《中国生态补偿政策评估与框架初探》，载于《环境科学研究》2005 年第 2 期，第 1~8 页。

[33] 刘春江、薛惠锋、王海燕、杨养锋：《生态补偿研究现状与进展》，载于《环境保护科学》2009 年第 1 期，第 77~80 页。

[34] 秦艳红、康慕谊：《国内外生态补偿现状及其完善措施》，载于《自然资源学报》2007 年第 4 期，第 557~567 页。

[35] 陶建格：《生态补偿理论研究现状与进展》，载于《生态环境学报》2012 年第 4 期，第 786~792 页。

第三章

资源有偿使用制度

第一节 矿产资源有偿使用制度的研究综述

改革开放以来，我国经济增长保持着较快的速度，取得了举世瞩目的成绩。但是，实现经济高增长所付出的资源与环境代价巨大。党的十七大明确提出，为了推动经济发展方式的转变，建设资源节约型、环境友好型社会，促进经济社会的可持续发展，需要尽快建立健全资源有偿使用制度。

一、有关基本概念与基础理论

（一）资源、自然资源与矿产资源

资源，通常被解释为"资财之源，一般指天然的财源"（《辞海》）。广义上讲，资源是指人类生存发展所需要的一切物质和非物质的要素；狭义上讲，资源仅指自然资源，是指自然界中可供人类为生存、发展而开发、利用的物质和能量的总和，具体包括：生物资源、土地资源、气候资源、森林资源、矿产资源、水资源，以及能量循环体系、生态体系、自然环境条件等（《现代经济辞典》）。

矿产资源是自然资源的重要组成部分，根据我国矿产资源法实施细则的规定，矿产资源是指由地质作用形成的，具有利用价值的，呈固态、液态、气态的自然资源。该实施细则又将矿产资源细分为能源矿产、金属矿产、非金属矿产和水气矿产。由于稀缺性等特点，以及对生产生活、国家安全等具有重要作用，大多数国家对自然资源的开发、利用与保护制定了比较严格的规定。

（二）自然资源的价值与定价理论

自然资源有偿使用意味着需要确定自然资源的价值和价格，虽然有关自然资源价值与定价的研究不少，但是目前尚未形成统一定论。赵海燕等（2002）从经济学和生态学的角度提出，自然资源的价值构成主要包括经济价值、生态价值和社会价值，其中，自然资源的有用性和稀缺性是价值构成的决定因素。为了全面地反映自然资源价值构成，赵海燕等在其他学者提出的影子价格法、机会成本法等基础上，提出了边际社会成本法（如下列公式所示）。

$$MSC(边际社会成本) = MPC(边际生产成本) + MEC(边际环境成本)$$
$$+ MUC(边际使用者成本)$$

其中，MSC 表示 Marginal Social Cost，反映整个社会使用自然资源所付出的总的机会成本，以此代表自然资源的价格；MPC 表示 Marginal Product Cost，反映获取自然资源所必须支付的生产成本；MEC 表示 Marginal Environment Cost，反映外部不经济性内部化的理论，即自然资源的利用对生态环境的影响，负面影响是资源开发利用时所造成的环境损失，应当直接计入价格；MUC 表示 Marginal User Cost，反映自然资源使用产生的代际成本，即现在使用自然资源而不留给后代使用所产生的成本。

根据经济学的基本假设，生产者总是追求成本最小化和利润最大化。如果自然资源的价格只包括生产成本，而没有反映环境成本和代际成本，那么生产者在获得超额利润的同时，就向社会转嫁了前两项成本。如果自然资源的价格没有全面反映价值构成，自然资源有偿使用制度就没有了依托，自然资源浪费严重，环境保护与生态恢复缺失、经济社会发展不可持续等问题就会越来越严重。针对自然资源开采中的外部不经济现象，现代市场经济国家通过多种制度安排（特别是税费制度）进行调节，使得价格能够反映全部成本。

（三）矿产资源的价值与所有权实现理论

作为自然资源的重要组成部分，矿产资源的价值与定价机制也基本符合上述原理。一般认为，矿产资源是一种资源性资产，价值由其有用性、稀缺性和所有权等因素决定。韩劲等（1997）提出了矿产资源价值的构成及其实现。王四光等（1997）提出了矿产资源价值构成及其确定方法，并由此引出了矿产资源的评估方法。此外，成金华等（2003）提出，矿产资源的价值和定价机制是矿产资源有偿使用、所有权权能实现和使用权市场化制度改革的基础。

根据我国宪法和物权法的规定，矿产资源属于国家所有。国家依法享有占有、使用、收益和处分的权利。同时，企业和个人可依据法律规定，从事矿产资源开采活动，即依法享有采矿权。按照物权理论，采矿权是由矿产资源所有权派生的他项权利，采矿权人拥有除处分之外的所有权的其他权利。杨朝斌等（2006）认为，从实践来看，企业取得采矿权，也就取得了矿区范围内矿产资源的开采及采出矿产品加工、销售和获得收益的权利，直至可采资源储量耗竭。这相当于取得了对矿产资源占有、使用、收益和部分处分的权能。在这种情况下，只有实行资源有偿使用制度，才能使国家矿产资源所有者的权益得到实现。

二、国外矿产资源有偿使用制度的基本情况

20 世纪以来，矿业发达国家对其矿产资源有偿使用制度不断进行调整。一些专家的研究表明，这些制度主要包括以下几个方面的内容（参见表 3 – 1、表 3 – 2）。

表 3 – 1　　　　市场经济国家矿产资源有偿使用制度的主要内容

	费/税	实质	主要内容
取得和占有矿业权阶段	矿业权租金	矿产地租	开采主体获取矿业权，占用矿区土地而支付的租费
	红利	矿产地租	通过招标或竞拍，支付占用优良矿区土地而应缴纳的租费
矿产资源生产和销售阶段	权利金	绝对地租	反映矿产资源的绝对地租，体现国家对矿产资源的所有权
	超额利润税	级差地租	反映矿产资源级差地租，只对超额利润征税。少数国家单独采用该税种，大多数国家将其包含在权利金内
	耗竭补贴	负权利金	用于支持企业寻找新矿体

资料来源：《迈向资源节约和环境友好型社会》，中国财政经济出版社 2006 年版。

表3-2 部分国家（地区）矿产资源税费概况

	权利金费率			矿业权租金	
	石油、天然气	煤炭	贵金属	探矿权租金	采矿权租金
美国	12.50%	12.5%（露采） 8%（井采）	10%	第1~5年, 2.5美元/英亩；第6~25年内5美元/英亩	同左
泰国	5%~15%	—	—	—	—
印度尼西亚	20%	13.5%	—	—	—
澳大利亚					
西澳洲	10%	7.5%	2.5%	80澳元/区块，每区约3平方公里	9.3澳元/公顷
昆士兰州	—	—	—	81.25澳元/区块	31.4澳元/公顷
新南威尔士州	—	—	—	21澳元/区块	—

资料来源：《迈向资源节约和环境友好型社会》，中国财政经济出版社2006年版。

第一，矿业权环节的税费。市场经济国家的矿业权多为有偿取得，主要税费项目包括：矿业权租金和红利（相当于矿山出让金）。矿业权租金又称矿业权使用费，是矿业权人取得矿业权而向国家支付的费用，反映了矿产地租的概念。红利，主要是指一些国家对前景明朗、潜力较好的矿区矿业权采取招投标等竞争性方式出让，其中，中标者向矿产资源所有者支付一次性的现金。实际上，矿业权租金与红利都反映了开采主体获取矿业权，取得经营地下含矿空间而支付的租费。不一样的是，前者体现的是只要占用矿区土地就须缴纳的租费，后者体现的是占用优良矿区土地而缴纳的租费。

第二，矿产资源生产和销售环节的税费。实践表明，取得和占有矿业权仅仅是开采矿产资源的必要条件，获得矿业权并不意味着一定能够开采出预先预测的矿产资源。况且，由于大多数矿产资源储藏的地质条件差异很大、情况复杂，即使现代勘探技术已经相当发达，矿业权人能够开采出多少矿产仍然不太确定。这样一来，如果在取得矿业权阶段就按照预测的潜在收益要求矿业权人提前向国家支付有关费用，那么就会出现要么矿业权人承担的经营风险过大，要么国家的所有者权益无法得到充分保障的情况。因此，通过在矿产资源生产和销售环节开征有关税费来保证国家的所有者权益就显得十分必要。一般来说，这些税费包括：权利金和超额利润税。前者是指由于开采者采掘和耗竭不可再生的矿产资源获得收益，而向所有权人支付的费用，反映了绝对地租的概念。目前，许多国家为了鼓励矿产资源的高效开采，在权利金的设计上也注重体现级差地租，即根据矿产资源质量差异而按不同比率征收权利金，只在矿业权人的利润达到一定水平后才征收。虽然各国规定的权利金缴费比例存在较大差异，但是重要矿产资源的权利金缴费比例比较可观。超额利润税，是一些国家为了调节丰矿区矿产企业的超额利润，开征的税收。

第三，矿产资源的耗竭补贴。这也被称为负权利金，是指国家作为矿产资源所有权人通过一定方式向矿业权人返还的一种专门用于寻找新矿体，代替正在耗竭的矿体的补偿金。例如，国家允许矿业权人在计算所得税的应纳税所得额时，按矿业权人勘查或开采成本的一定比例，减少计入部分所得。

有关国家（地区）矿产资源有偿使用制度的主要特点包括：（1）权利金成为主体内容，国家所有者权益得到比较充分的实现。实践表明，普遍征收的权利金能比较好地体现资源所有者对资源的绝对地租的权益。同时，由于加入了对矿产收益超额部分调节的因素，权利金能够在市场需求和资源价格起伏变化的情况下，体现资源所有者对资源的级差地租的权益。（2）具有比较健全的资源耗竭补偿机制。通过对资源耗竭进行补偿，可以有力地促进矿业开采者合理高效开发矿产资源。

三、我国矿产资源有偿使用制度的主要情况与问题

我国现行矿产资源有偿使用制度的演变历程可以分为三个阶段，主要内容包括两个方面，主要问题存在于四个方面。

（一）主要情况

在计划经济体制下，生产要素的配置与使用都是根据国家计划安排进行，而矿产资源基本实行无偿使用。改革开放以来，随着资源配置方式的转变，矿产资源有偿使用制度得以建立，并在改革试点中不断完善。

我国现行矿产资源有偿使用制度的形成大约经历了三个主要历史阶段：

第一，初步建立阶段。一是 1986 年 3 月第六届全国人大常委会第十五次会议公布了矿产资源法，第一次确定了矿产资源有偿开采的原则。1989 年 1 月，我国对在境内从事中外合作开采石油资源的中外企业征收矿区使用费。二是 1994 年 2 月国务院发布了矿产资源补偿费征收管理规定，具体落实了有偿开采的原则。与之同时，1994 年新税制提出的资源税对 1984 年出台的资源税制度做了重大修改，将按矿产资源超额利润征税改为按矿产品销售数量和单位税额征税。第二，补充修改阶段。一是 1996 年 8 月第八届全国人大常委会第二十一次会议对矿产资源法进行了修改，确立了探矿权和采矿权有偿取得制度。二是 1998 年 2 月国务院发布了矿产资源勘查区块登记管理办法、矿产资源开采登记管理办法、探矿权采矿权转让管理办法，对探矿权和采矿权的有偿取得和转让做出了具体规定。三是 1999 年 6 月财政部、国土资源部发布的探（采）矿权使用费和价款管理办法分别对探（采）矿权使用费、探（采）矿权价款的有关规定做了进一步细化。四是 2006 年 3 月国务院决定对石油开采企业征收石油特别收益金。第三，改革试点阶段。2006 年 9 月国务院批复同意财政部、国土资源部和国家发改委提出的《关于深化煤炭资源有偿使用制度改革试点的实施方案》。该方案规定，要严格实行煤炭资源探矿权、采矿权有偿取得制度，要将煤炭资源勘查作为中央财政地质勘查基金（周转金）支持的重点，要建立煤矿矿山环境治理和生态恢复责任机制，要合理调整煤炭税费政策，要加强煤炭资源开发管理和宏观调控。

目前，矿产资源有偿使用制度主要包括两个方面的内容（参见表 3 - 3）：一是在矿业权取得和占有时，矿业权人要向所有权人支付租费，并对国家在矿产开采前的勘查投入进行补偿。这主要通过收取探（采）矿权使用费、探（采）矿权价款实现，相当于其他国家征收的矿业权租金和红利，性质上反映了矿产地租的概念。二是在矿产资源生产销售过程中，国家作为矿产资源所有者，从开发收益中获得回报。这主要通过征收矿产资源补偿费和资源税实现，相当于其他国家征收的权利金和超额利润税，性质上反映矿产资源的绝对地租与级差地租的概念。上述内容可概括为："一税"（资源税）、"二款"（探矿权价款、采矿权价款）和"三费"（矿产资源补偿费、探矿权使用费和采矿权使用费）。

表 3 – 3　　　　　　　　　　我国矿产资源税费概况

	项目	征收标准	说　明	实质
取得和占有矿业权阶段	探（采）矿权使用费	探矿权使用费以勘查年度计算，按区块面积逐年缴纳，第一至第三个勘查年度每平方公里每年 100 元，从第四个勘查年度起每年增加 100 元，但最高不超过 500 元。采矿权使用费按矿区范围面积逐年缴纳，每平方公里每年 1000 元。	相当于其他国家征收的矿业权租金	矿产地租
	探（采）矿权价款	探（采）矿权价款以国务院地质矿产主管部门确认的评估价格为依据，一次或分期缴纳；探矿权价款缴纳期限最长不超过 2 年，采矿权价款缴纳期限最长不超过 6 年。	相当于其他国家征收的红利	矿产地租
矿产资源生产和销售阶段	矿产资源补偿费	石油、天然气、煤炭的补偿费率为 1% 。	相当于其他国家征收的权利金	绝对地租
	矿区使用费	开采原油费率为 2% ~ 12.5% ，开采天然气费率为 1% ~ 3% 。	相当于其他国家征收的权利金，但只有以中外合作方式开采石油、天然气的中外企业缴纳	绝对地租
	资源税	1994 年：原油资源税税额 8 ~ 30 元/吨，天然气为 2 ~ 15 元/千立方米。2005 年：原油资源税税额 14 ~ 30 元/吨，天然气为 7 ~ 15 元/千立方米。	普遍征收，级差调节，相当于其他国家征收的超额利润税	级差地租
	石油特别收益金	5 级超额累进从价定率计征；征收比率按石油开采企业销售原油的月加权平均价格确定，起征点为 40 美元/桶，征收比率 20% ~ 40% 。	相当于其他国家征收的超额利润税	级差地租

资料来源：根据有关行政法规和部门规章的规定整理而成。

（二）主要问题

我国现行矿产资源有偿使用制度存在不少问题，许多专家学者对此进行了专门研究分析（陶树人、晁坤等，2001；颜世强等，2007；康伟等，2007；张彦平等，2008）。这些问题可以归纳为四个方面：

1. 矿产资源生产销售阶段的税费制度复杂重复，内外不统一。目前，我国矿产资源生产销售阶段的税费主要包括资源补偿费、矿区使用费和资源税等。其中，以中外合作方式开采石油、天然气的中外企业应缴纳矿区使用费，而暂不缴纳资源税；其他开采油气资源的矿业权人则缴纳矿产资源补偿费和资源税。这样一来，既存在税费并存的现象，又有适用不同费用的情况。现行制度复杂不统一，导致税费重复征收，以中外合作方式开采油气资源的企业负担较轻，不利于企业间的公平竞争。

2. 矿产资源国家所有者权益实现不够充分。从实践上看，国家作为矿产资源的所有者，可以通过权利金、红利等，实现所有者权益。但是，有关制度设计不够合理，无法充分体现国家的所有者权益。例如，矿产资源补偿费按照矿产品销售收入的一定比例征收，考虑了补偿费费率和开采回采率系数，是国家以所有权人身份参与资源开发收益分配的主要形式，但是矿产资源补偿费率平均为1.18%，石油、天然气为1%，远远低于国外类似费率的标准（国外平均为2%~8%，澳大利亚为10%，美国为12.5%）。探矿权和采矿权使用费根据所勘查区块或矿区范围的面积计征，符合国际上通用的矿产地租的含义，但是探矿权使用费的收费标准大约是国外平均标准的1/3左右，采矿权使用费则是国外平均标准的1/7左右。

在矿产资源产品需求旺盛、价格不断上升的情况下，上述制度安排导致矿产资源开采者利润空间过大，矿产资源国家所有者权益大量转化为采矿权人的利润。在刚刚实行市场经济和国有矿山企业占主导的条件下，低费率形成了国有企业的巨大利润；而在目前采矿权人多元化的条件下，低费率则使得国家所有者权益大量流失，大肆炒作探矿权和采矿权的现象时有发生。

3. 级差收益调节机制不够科学合理。现行资源税对影响矿产资源收益的禀赋状况、开采条件和地理位置等因素有了初步考虑。但是，由于税额级差设置偏低，没有反映矿产资源在不同时期开采成本和收益的变化，特别是实行从量计征的计税标准与资源储量、品质和价格关系不密切，资源税实际上无法对级差收益或超额利润进行有效调节，并容易使采矿主体在资源开采过程中乱采滥挖，浪费严重。例如，2005 年 7 月，我国提高原油和天然气税额标准后，资源税在原油价格中所占的比重不到 1%。而同期英国、俄罗斯石油开采方面的税率为石油价格的 12.5% 和 16.5%，美国内陆石油开采使用费率为 12.5%，海外石油为 16.7%。

4. 探矿权、采矿权的有偿取得实行不够彻底。2006 年煤炭资源有偿使用制度改革试点实施以来，煤炭资源探矿权、采矿权有偿取得的情况虽然有了很大改进，但是，据有关研究的不完全统计（颜世强等，2007），目前我国 15 万个矿山企业中，仅有 2 万个是通过市场机制取得采矿权的。大量企业以不公开的方式获得了国家矿产资源的开采权利，既是对其他潜在开采者的不公平待遇，又使得无偿取得采矿权的企业采富弃贫、浪费资源。

四、有关矿产资源有偿使用制度的改革建议

针对上述问题，专家学者提出了若干改革建议，以期形成以权利金为主体，以矿业权价款、矿产地租和相关税收为重要补充的矿产资源有偿使用制度。

第一，建立健全权利金制度，充分体现国家矿产资源所有权权益（康伟等，2007）。建立健全矿产资源有偿使用制度，关键是要充分体现和保护国家的矿产资源所有者权益。为此，应当将现行矿产资源补偿费、矿区使用费、资源税等规定中的制度要素合理提炼，整合形成我国的矿产资源权利金制度。为了提高开采效率，防止采富弃贫，最大限度地体现公平原则，权利金应当分成两个部分，分别反映矿产资源的绝对地租和级差地租。其中，反映绝对地租的部分，可以参照产值或产量等因素进行征收，并实行比例费率；反映级差地租的部分，应当依据矿产规模、矿产质量、地质条件和利润水平等因素征收，并实行从价计征、滑动比例和累进费率。这样一来，对不同地区、不同地质条件的同一种矿产品，其征收比率可能相差较大，从而实现国家对矿产资源的所有者权益。权利金费率的确定在考虑实现国家权益、促进资源开发的同时，要和有关矿产资源税收改革统筹加以规划。

第二，全面实行探矿权、采矿权有偿取得制度（陶树人等，2006）。根据煤炭资源有偿使用制度改革试点的情况，尽快在其他矿产资源开发领域采取招标、拍卖、挂牌等市场竞争方式，实行探矿权、采矿权有偿取得制度。除了对经过国家出资勘查形成的矿业权外，对国家虽未出资勘查但某些特定的矿产资

源前景明朗、潜力较高的矿业权也应采用市场竞争性方式出让矿业权。同时，适当提高探（采）矿权使用费的征收标准。

第三，调整资源税等相关税收。一种设想是取消对矿产资源征收资源税（晁坤等，2001）。由于从量定额计征方式的影响，资源税实际上无法对矿产级差收益进行调节，那么在权利金制度已经实现国家对矿产级差收益的所有者权益后，在完善权利金的中央与地方分享机制的前提下，没有必要继续对矿产资源征收资源税。另一种设想是在取消对矿产资源征收资源税的同时，对矿产资源开采企业的超额利润征税（颜世强等，2007）。征收超额利润税是配合矿产资源权利金的重要政策工具，使得国家调控更有力度和针对性。还有一种设想是调整资源税的计税依据和标准，发挥其调整矿产级差收益的功能（康伟等，2007）。鉴于取消资源税涉及财政体制的调整，实际运作难度较大，建议现阶段仍保留对矿产资源征收资源税，但是应当把资源产品价格和企业利润水平作为计税依据的重要因素，实行从价计征，使其成为调节矿产级差收益的税种。

第四，建立健全资源耗竭补贴和生态补偿机制。为了促进矿产事业的可持续发展，国家应当研究建立矿产资源有偿使用基金，专门从国家获得的级差矿租或矿产资源超额利润税中提取资金，对矿业权人勘探新矿、在资源衰竭期进行技术改造给予补助，对矿产资源开采地区的环保与生态补偿给予补助。同时，对于企业发生的环保与生态恢复支出在计算所得税时给予抵扣。

第五，按照"系统设计、分步实施、先易后难、稳步推进"的原则，推进我国矿业税费改革。首先，将"探矿权采矿权价款"改为"矿业权出让金"，将"探矿权采矿权使用费"改为"矿地租金"，并分别调整征收范围、提高征收标准。其次，将"矿产资源补偿费和矿区使用费"合并为权利金（相当于国外属于绝对地租的基础权利金），与资源税并存。提高权利金的征收标准，调整资源税的征收范围和标准，对影响地方财政收入部分，通过加大权利金地方留成比例的方式予以弥补。最后，在条件和时机成熟后，在前一步改革的基础上，将资源税合并到权利金中，实施既包括基础权利金（绝对地租），又包括超额权利金（级差地租）的权利金制度。同时，调整企业财务会计制度和纳税扣除规定，建立耗竭补贴制度。

第二节　资源有偿使用制度的界定及其制度构成

新中国成立后的较长一段时间实行的是矿产资源无偿使用制度，后从1984年开始，先后经历了"第一次资源税制度"、"税费并存制度"、"税费并存制度的调整"等三个阶段的发展，最终形成了现在矿产资源有偿使用制度，主要由矿业权价款、矿业权使用费、矿产资源补偿费和资源税构成，具有保障国家权益、提高资源利用效率、保护生态环境等功能。分析资源有偿使用制度的构成，制定完善的资源有偿使用制度对我国经济发展和环境保护具有重要意义。

一、概念界定及功能

资源具有价值是资源有偿使用制度的理论基础。所谓资源有偿使用制度主要指资源属于国家所有，并且具有价值，使用人在勘查、获取资源时，必须按照相关的法律、收费条例的规定向国家缴纳税费，从而保证资源合理开发利用的制度。

根据矿产资源的价值理论，结合矿业活动的特点，矿产资源有偿使用中所缴纳的税费应该能弥补两大方面的成本：一是矿产资源的自身价值，二是开采矿产资源中的资源耗竭和对环境破坏污染造成的成本。

从根本上讲，矿产资源有偿使用制度应该具有以下几种基本功能：

1. 确保国家权益在矿产资源领域的实现。国家凭借政治权力征收各种税，如资源税、所得税等，这是国家权益在政治上的实现。国家作为矿产资源的所有者，凭借所有者权益，获取各种使用费和价款，这是国家权益在经济上的实现。

2. 以经济手段促进矿产资源的高效开发利用。如征收矿产资源补偿费金额 = 矿产品销售收入 × 补偿费费率 × 开采回采率系数。开采回采率系数 = 核定开采回采率 ÷ 实际开采回采率。由此可见在核定开采回采率不变的情况下，实际开采回采率越高，开采回采率系数越小，所缴的资源补偿费金额就越小。从而有利于矿产资源的高效开发利用。

3. 促进矿产资源开采结构的合理化，优化资源配置。通过资源有偿使用制度的合理设置，避免由于短期利益的驱使，在矿产资源开采中，大量的乱挖、滥采、争抢和损失浪费等混乱现象，形成长、中、短期的合理开发计划，贫矿与富矿的合理开采比例，主要矿种与非主要矿种的合理开采结构。

4. 通过矿产资源有偿使用制度，合理征收税费，保护矿区的自然环境和生态系统；修复因开采矿产资源造成的环境污染和生态破坏。

二、资源有偿使用制度的构成分析

资源有偿使用制度的构成主体主要是税费。我国现有矿产资源有偿使用制度主要包括矿业权价款、矿业权使用费、矿产资源补偿费和资源税，这是矿业活动专门的税费，还包括其他有关税费，如增值税、所得税、城市建设税及教育费附加等。

矿业权价款是指中央和地方人民政府探矿权采矿权审批登记机关通过招标、拍卖、挂牌等市场方式或协议方式出让国家出资（包括中央财政、地方财政出资或中央财政和地方财政共同出资）勘查形成的探矿权采矿权时所收取的全部收入，以及国有企业补缴其无偿占有国家出资勘查形成的探矿权采矿权的价款。探矿权价款、采矿权价款都是补偿政府作为勘探工程的投资者向矿山企业收取的地质勘查成果补偿费，并作为进行矿产资源勘探的资金，以保证矿业的可持续发展。探矿权采矿权价款以国务院地质矿产主管部门确认的评估价格为依据。矿业权价款收入专项用于矿产资源勘查、保护和管理支出。

矿业权使用费包括探矿权使用费和采矿权使用费，我国《矿产资源勘查区块登记管理办法》第十二条规定："国家实行探矿权有偿取得制度，探矿权使用费以勘查年度计算，逐年缴纳"。探矿区有偿使用费的设置，将改变过去探矿权以行政授予的方式无偿取得的一贯做法，从而维护了国家对矿产资源的所有权益，还避免了历来勘查项目占地面积过大、时间过长的弊端。另外，我国《矿产资源开采登记管理办法》第九条规定："国家实行采矿权有偿取得的制度，采矿权使用费，按照矿区范围的面积逐年缴纳"，这是矿业权有偿取得制度的又一个组成部分。

矿产资源补偿费主要指国家凭借对矿产资源的所有权而向采矿权人收取的耗竭不可再生矿产资源的一种补偿性费用，它所体现的是矿产资源国家所有权的财产收益，开征矿产资源补偿费的初衷主要是弥补地勘资金的不足。补偿费按照矿产品销售收入的一定比例计征，由采矿权人缴纳。矿产资源补偿费金额＝矿产品销售收入×补偿费费率×开采回采率系数。开采回采率系数＝核定开采回采率÷实际开采回采率。

资源税是对在我国境内开采应税矿产品单位和个人，就其应税资源销售数量或自用数量为课税对象而征收的，目的是促进矿产的合理开发，节约使用和有效配置自然资源，调节资源自然条件形成的资源级差收入，平衡企业利润水平，为企业竞争创造一个良好的公平的外部环境。我国资源税主要对石油、天然气、煤炭、其他非金属矿产、金属矿产和盐征税，实行普遍征收，级差调节的原则。

对资源有偿使用的税费制度可以按照矿业权的获取阶段、经营阶段和矿业环境补偿阶段来分析。

（一）矿业权的获取阶段

矿业权的获取主要涉及资源有偿使用制度中的矿业权价款和矿业权使用费。

1. 矿业权的出让方式分析。目前，我国矿业权在一级市场的出让方式有五种：申请出让、协议出让、招标出让、拍卖出让和挂牌出让。其中申请出让和协议出让属于行政授予，这样我国矿业权授予就出现了行政授予与市场授予并存的局面，而行政授予就会使部分矿山企业无偿取得矿业权。矿业权无偿授予的弊端非常明显：

矿业权的无偿授予是造成我国勘探领域资金投入不足的一个重要原因，迄今我国勘探投入资金主要来源于矿产资源补偿费和矿业权价款，矿业权无偿授予导致我国矿业权价款减少，而目前，我国勘探风险的资本市场尚未建立，外资进不来，社会资金也难以进入勘探领域。这样就会形成矿产勘探的投资真空，不利于我国矿业勘探市场的发展。

矿业权的无偿授予也是我国矿产开发利用领域出现诸多问题的根源。主要表现在以下几个方面：第一，无偿授予矿业权导致粗放式的生产，矿产资源的利用效率偏低。目前，我国很多矿山企业采取采富弃贫，采易弃难，采大弃小的粗放式开采方式，并且在伴生矿的开采中，开采主要矿产，而放弃伴生矿产，矿山企业只有有偿取得矿业权后，才会对其范围内的矿产资源像对待自己所有的财产一样珍惜。才会按照投资经营规律，以最小的投入获得最大的回报，尽可能多的节约和利用矿产资源。第二，矿业权的无偿授予，导致资源配置效率不高，大量资源闲置。青海省是我国矿产资源储量大省，一直以来它的矿业权主要采取无偿授予方式，其行政审批形式非常复杂，导致除国有经济成分外，其他经济成分很少涉足。直至目前为止，在已发现的具备开采条件的125种矿产品中，只有48种被开发。资源闲置程度惊人。第三，矿产资源为国家所有，矿产资源的收益也应归国家，但是矿产资源的无偿授予使得矿产资源在开发利用中的收益严重流失，损害了国家作为矿产所有者的权益。

矿业权的无偿授予极易产生寻租行为，滋生腐败。我国在矿业领域的腐败案例，早已屡见不鲜。

2. 矿业权价款的评估方法分析。我国目前矿业权价款的确定方法，主要有现金流量法和类比法，但我国实行中央和省政府两级管理体制，我国矿业权评估缺乏刚性的准则体系，参数选择的随意性太大，透明度不高，评估数据库没有健全，而且各省区自成体系，以至于现实中出现了多种方法，造成评估出的矿业权价款的不合理。

3. 矿业权价款的分配分析。从矿业权价款的分配上来看，自2006年9月1日起，探矿权采矿权价款收入按固定比例进行分成，其中20%归中央所有，80%归地方所有。省、市、县分成比例由省级人民政府根据实际情况自行确定。矿业权价款主要用于矿产资源勘查，矿业环境保护等，属于宏观方面的，中央分成比例过低，而且地方政府将矿业权价款主要用于环境改善等方面，没有考虑资源勘探资金，不利于从宏观上对我国矿业产业进行调控。

4. 矿业权使用费分析。矿业权使用费的征收主要是为了在探矿，采矿的过程中尽量不扩大矿区范围，合理利用保护矿区而征收的。目前我国矿业权收费标准过低，不能达到矿业权使用费征收的目的。

（二）矿业权的经营阶段

矿业权经营阶段的资源有偿使用制度内容主要包括矿产资源补偿费和矿产资源税。

1. 资源补偿费分析。我国矿产资源补偿费起征于1994年，其设立的初衷是为了补充国家地勘投资资金来源的不足。随着矿业权使用费和矿业权价款的征收和使用不断完善，现在的矿产资源补偿费更加强调耗竭国家所有的矿产资源的一种补偿，强调矿产资源国家所有权的一种财产收益。目前矿产资源补偿费的费率远远低于国际性质类似费率的平均水平，导致进入矿产开采业的门槛过低，致使探矿权人采矿权人的利润空间过大，即矿产资源国家所有者权益大量转化为采矿权人的利润，国家矿产资源所有者权益无形中被矿业投资人轻而易举地侵占瓜分。

2. 资源税分析。资源税的设立的初衷是为了调节因资源在地质条件、自然丰度及地理条件上的差异而形成的级差收入，其目的就是促进资源的合理开发利用。但在现实的征收中并没有达到此种目的。现行资源税制存在的主要问题：

第一，税率不合理，导致其调节功能下降。一是现行资源税税率偏低，这导致自然资源被廉价甚至无偿使用，没有起到调节资源开采和使用行为的目的，对资源过度消耗的行为也无法控制。因此，我国单位产品能耗一直居高不下。二是现行的税率设置并没有考虑到不同品种的矿产资源产品的差别，不同矿产资源的开采成本、售价和利润空间都存在着很大的差异，对开采成本和售价都存在巨大差异的不同矿产资源产品适用同一定额税率即均采用"从量征收"，导致税收和价格脱钩，造成了税负不公。

第二，征收范围过窄，与当前的可持续发展战略不相衔接。在当前我国税制中，资源税只是对七大类矿产品征收，而资源的概念远不止这些矿产品，涉及生态环境保护的资源税税目太少，即资源税"绿化"程度较低，征收范围过窄。

第三，"从量征收"中的"量"不合理。我国目前采用从量征收方式，其计税依据：纳税人开采或者生产应税产品直接用于销售的，以销售数量为课税依据；纳税人开采或者生产应税产品用于自己使用的，以自用数量为课税依据。这使得企业无论开采多少资源产品，只要是不用于销售或自用，就无须纳税，这会出现以下后果：一是企业在开采矿产资源产品时，无须为开采过程中发生的资源浪费付出代价，那么企业就不必考虑更新开采设备和采用先进生产技术，导致了资源开发的低效率。二是使得资源生产企业可以通过"囤积居奇"降低总体税负，而不必付出任何支出。在资源产品价格低的时候，企业可以通过"惜售"的方式囤积资源，待到资源产品价格上升的时候，企业可以将囤积的资源出售。

（三）矿业环境补偿阶段

目前，我国用于矿业环境补偿的资金并没有固定的来源，主要是从矿产资源有偿使用所缴纳的税费中提取，或者是国家安排的环境保护的专项资金中拿出一部分，并没有形成稳定的来源，因此我国缺乏矿山环境恢复保证措施，开矿诱发的地质灾害明显增多。

第三节　对我国现行资源有偿使用制度的评价

我国现有矿产资源有偿使用制度是在一个比较长的时期内适应经济体制改革的需要而逐步形成的。相对于计划经济体制下矿产资源的长期无偿开采，我国现有矿产资源有偿使用制度的存在是一个很大的进步，但相对于矿业发达国家矿产资源有偿使用制度的实施效果，我国的矿产资源有偿使用制度又存在着明显的不足：现行资源有偿使用制度的资源配置方式单一，不能实现该制度的基本功能。

一、现行资源有偿使用制度的资源配置方式单一

矿产资源的优化配置是确保国家资源所有者权益的经济实现及促进资源高效开发回收的重要基础，因而实现资源的优化配置也是矿产资源有偿使用制度应具备的主要功能之一。总的来看，我国现有的矿产资源有偿使用制度对资源的配置仍是以行政授予方式为主，虽然在《矿产资源勘查区块登记管理办法》和《矿产资源开采登记管理办法》的相应条文中对矿业权的有偿取得采用招标投标的方式，但并未将其作为基础性的配置方式加以应用，而且这种竞争性配置方式的应用仅针对于矿业权人所缴纳的矿业权价款，虽然其收益归国家所有，但从矿业权价款的设立依据来看，所实现的只是对国家勘探投资的补偿，与国家的矿产资源所有者权益无关。

资源配置方式单一，究其原因就在于：

1. 资源有偿使用的各构成部分是在不同的时期、不同的社会经济条件下形成的，尤其是在 20 世纪 90 年代中后期，既是现有的矿产资源有偿使用制度主体部分形成的时期，又是我国经济体制转轨的关键阶段，因此，作为不同时期产物的组合，我国现有的矿产资源有偿使用制度就不可避免地带有明显的时代痕迹。而在当时行政干预经济发展依然占有重要地位，矿产资源有偿使用制度对资源的配置也就不可避免的以行政授予方式为主，随着改革的深入和经济体制的逐步完善，这些带有时代特征的矿产资源配置方式已明显不能满足矿业经济发展的要求。

2. 我国矿业权市场发展缓慢，矿业权市场主要分一级市场和二级市场，

我们主要针对矿业权一级市场进行分析。一级矿业权市场是指矿业权作为资产初次流通所形成的市场。国家以矿产资源所有者的身份，把矿产资源的探矿权和采矿权投入市场运行，国家对该市场有垄断性。表现为政府与矿业权申请人之间的交易行为，基本上均由政府根据国家的整体利益，特别是不同矿产资源对国民经济的影响程度及经济发展的总体需求来确定出让形式。矿业权一级市场上矿业权出让主要有五种形式：申请出让、协议出让、招标出让、拍卖出让和挂牌出让。我国目前还是大量存在申请出让和协议出让，其本质仍是以行政手段配置资源，这不仅使资源配置方式单一，而且容易产生寻租行为，无法发挥市场配置资源的优势。

二、现行资源有偿使用制度法规之间缺乏协调配合

1. 矿产资源法规及其相关配套措施的修改没有统一步调，缺乏协调配合。目前矿产资源有偿使用制度的主要规则源于矿产资源法。矿产资源法的根本性修改或调整，必然关系或影响到国务院及相关部委关于矿产资源法规配套措施的修改与调整。但是，如果矿产资源法不作重要修改或重大调整，国务院及其相关部委的规则调整与制度完善也只能是局部的调整，不会涉及整个矿产资源现有的有偿使用制度基础（税费并存制度）。

2. 法规之间的规定混乱，没有统一依据。例如《矿产资源补偿费征收管理条例》第十一条规定：矿产资源补偿费纳入国家预算，实行专项管理，用于矿产资源勘查，但在《矿产资源法》中又将其作为对使用国家所有的矿产资源的支付，是国家所有者权益在经济上的实现。

三、现行资源有偿使用制度不能实现该制度的基本功能

在前面的论述中已经提过，矿产资源有偿使用制度具备四种主要功能，其中第一、第二种功能即确保国家权益在矿产资源领域的实现和以经济手段促进矿产资源的高效开发利用是最基本的功能。

就第一种功能确保国家权益在矿产资源领域的实现而言，按照我国现有的矿产资源有偿使用制度，资源补偿费、资源税和矿业权使用费及价款是国家权益在矿产资源领域的全部体现，在此之外的采矿权转让收入就应归原矿业权人所有，这就会造成矿业权人对国家权益的侵害，尤其是当转让石油、天然气或

其他优质资源时。即便如此，除矿业权使用费外，其他收入还全部或部分（如矿产资源补偿费，资源税）归非资源所有者的地方政府所有，因而从整体上看，现有的矿产资源有偿使用制度根本不能保障国家在矿产资源领域的各项权益。

就第二种功能以经济手段促进矿产资源的高效开发利用而言，现有矿产资源有偿使用制度中的各项内容都没有具体详细的实施规定，尽管在资源补偿费的征收中涉及了开采回收率，但实践中矿山企业实际开采回收率的确定极易受到主观因素的影响，使得其作用非常有限，矿业生产中屡见不鲜的资源浪费现象就是一个很好的说明，因而现有的矿产资源有偿使用制度也不能有效地促进矿产资源的高效开发回收。

至于第三、第四种功能只是理论界对资源有偿使用制度应具备的基本功能的进一步完善，就更没有在实践中得以体现。

第四节　发达国家资源有偿使用制度借鉴

发达国家矿产资源有偿使用制度的产生与发展大约经历了三百多年，到现在已经有六十多个国家建立了各自的矿产资源有偿使用制度，由于受经济体制、发展水平的影响，各国的制度有所不同，但其主体框架大多包括权利金、资源超额利润税等，其中权利金是矿产开采者因开采非他所有的不可再生的矿产资源而对所有者的支付，这种支付体现着矿产资源所有者的经济权益；资源超额利润税在有的国家也被称为资源税、超权利金、资源租金税、净利润权利金等，其源于矿产资源的质量、品位、地质条件及地理位置的优越，是应由矿业权人交给矿产资源所有者的一部分超额利润，因而相当于一种资源级差收益；矿业权租金在也被称为矿业权出让金、矿业权使用费等，它所体现的是一种矿地租的概念，所调整的是国家与矿业权人之间的经济关系。上述三种制度构成了矿产资源有偿使用制度的主体，下面将对权利金制度、资源超额利润税和矿业权租金进行详细介绍，并与我国现行的资源有偿使用制度作对比，为完善我国资源有偿使用制度提供改革思路和理论借鉴。

一、发达国家资源有偿使用相关制度

在经济全球化的推动下，近 20 年来，世界各国，无论是经济发达的西方国家、经济转轨的原社会主义国家或是经济较为落后的非洲国家，都对矿产资源管理进行了若干重大调整、改革和创新，以求在激烈的国际竞争中赢得先机、强化经济发展。世界上绝大多数国家特别是市场经济国家，与矿业有关的专门税费主要有权利金、资源超额利润税、矿业权租金等，其中权利金是各国普遍征收的和主要的费种。

（一）权利金制度

权利金的英文 royalty 一词，其意为"皇室"。最早出现在中世纪的罗马法中，当时它的本意是，矿产资源为皇室所有，任何人开采矿产资源都要向王室缴纳权利金（Royalty），实际上权利金是矿业权人向矿产资源所有权人（国家）因开采矿产资源而支付的货币，它是一种财产性收益，是所有者经济权利的体现。现代市场经济国家所征收的权利金，基本上仍保留了其原来的含义。矿产资源的所有权属于国家（少数国家规定部分矿产资源权属是州/省所有，还有个别保留的土地中的矿产资源的所有权为私人所有），但开发矿产资源，抽象的"国家"不可能是主体，必须通过建立矿业权制度，将矿业权授予给具体从事勘查开发活动的矿业权人，只有这样，依托于矿产资源的各种经济活动才可能得以展开，矿产资源国家所有才可能转变为现实的社会所有，具有抽象价值的"矿产资源"才可能转化为具体的、具有使用价值和交换价值的矿产品。正因如此，市场经济国家的矿业法规定，权利金是体现所有者经济权益的，开采矿产资源，必须向所有权人缴纳权利金。

几个主要市场经济国家的权利金制度：

1. 美国。依据 1920 年矿产租借法及后来的一系列补充法案的规定（包括 1982 年联邦油气权利金管理法及修正案），矿业权人因开采矿产资源而向矿产资源所有权人逐年缴纳一定数额的权利金。美国矿业法中规定：对于联邦所有的矿产资源，其权利金的征收直接由联邦的矿政管理部门负责，征收的权利金上缴联邦财政；对于州所有的矿产资源，其权利金的征收全部由州的矿政管理部门负责征收的权利金上缴州财政；对于极个别私人所有的矿产资源，其权利金收入归私人矿产资源所有权人，但由于私人征收起来十分困难，成本较大，因此一般规定由矿政管理部门代征，收入中留下一部分给矿政管理部门。联邦政府通常规定最低的权利金征收比率，如磷酸盐矿产一般为 5%，开采 10 年以上的矿山 6%，平均每吨不得低于 0.25 美元/吨，油气权利金征收比率为井口价值的 12.5%，对煤炭，露采者 12.5%，坑采者 8%。

2. 加拿大。加拿大的矿产资源管理实行联邦与省政府的资源分权制，两级政府分别负责其权限范围内的矿业权管理。1867 年通过的不列颠北美法案基本上确定了联邦与省政府在矿产资源管理上的权利。目前，西北地区、育空地区和印地安保留地，以及国家公园公有土地内的矿产资源所有权属于联邦政府，这些地区面积约占全加拿大国土面积的 40%。沿海大陆架上的矿产资源也属于联邦政府所有。此外，全国的铀矿，归联邦政府所有。其他 10 个省的矿产资源为各省政府所有，省政府拥有的含矿产资源所有权的公有土地占这 10 个省土地总面积的 84%。大多数省都规定开采矿产资源应当按利润缴纳的权利金，有的按比例征收，有的累进征收，各省的计算方法均不相同。

3. 澳大利亚。澳大利亚的矿产资源管理主要由州政府负责，各州的矿能部分别根据各州制定的矿业法负责权利金的征收管理，联邦政府仅负责 3 海里以外海上石油资源及北部地方几座大铀矿（主要是兰杰铀矿和纳巴勒克铀矿）的权利金的征收管理。权利金的征收分以下几种情况：（1）从量计征：主要适用于一些非金属矿产和煤炭，几乎各州均实行有从量权利金制度，仅具体适用矿种和征收比率不同而已。（2）从价法计征的权利金：主要适用于金属矿产和一些高价值的非金属矿产。（3）特别权利金：对于一些大型的、对国民经济发展有重要意义的世界级的矿业项目，其权利金的征收大多是由合同规定的。

综上所述，权利金是国家矿产资源所有权益经济实现的基本方式，我国的资源补偿费是为了保障和促进矿产资源的勘察，合理开发利用和保护，维护国家对矿产资源的财产权益，是一种财产性收益，因此，我国实行的矿产资源补偿费与国外的权利金性质相同。

（二）资源超额利润税

国外的超额利润税是针对采矿权人因开采优质、高品位或优越的外部条件（位置、交通、赋存条件等）的矿产资源所产生的超额利润而征收的，且必须扣除为吸引矿业新项目的投资所必需的最低收益之后的利润（即超额利润），用于调节产生的级差收益。

我国征收资源税的初衷主要在于：促进国有资源的合理开采，节约使用和有效配置，调节资源自然条件形成的资源级差收入，平衡企业利润水平，为企业竞争创造公平的外部环境。就我国资源税性质而言，勉强可以与国外的超额利润税相比，但是实际上有很多方面又与国外的超额利润税不一样。

（三）矿业权租金制度

矿业权租金实际上是一种矿地租的概念，几乎所有的主要矿业国家均征收矿业权租金。一般根据矿业活动的类型（勘查，评价，或称之为保留租约，采矿）按面积收费。初级阶段（前期勘查）收费较低，高级阶段（采矿）收费较高。这种矿业权租金，虽然是按照所占土地面积征收的，但它与一般意义上的土地权无关，而是矿地租金。土地租金是对地表的占用，是平面的概念，而地表权和地下权是分离的，矿地租金是对占用地下含矿空间征收的，是立体的概念。此外，征收矿业权租金还有另外一个目的，即鼓励矿业权人尽可能少占地，尽可能快地通过勘查工作退出自己认为没有远景的地区，一些国家之所以规定矿业权租金逐年递增，正是出于这一考虑。

几个主要市场经济国家的矿业权租金制度：

1. 美国。美国的矿业权租金是指矿业权人为获得矿地的使用权而每年按面积支付的费用。一般前 5 年内每年付 2.5 美元/英亩的租金，在第 6～25 年每年付 5 美元/英亩的租金，不同矿种还略有差异。租金在美国矿产资源税费收入中所占比例甚小。

2. 澳大利亚。矿业权人按年度向矿产资源所有权人（主要为州政府，海上石油资源和北部地方的铀矿例外，为联邦所有）缴纳的矿地租。各州规定的租金不同，探矿阶段为每平方公里 3 澳元到 27 澳元不等。采矿阶段的租金比探矿阶段的租金高得多。

我国的探矿权使用费是按占用土地面积计征符合国际上通用的矿地租金，采矿权使用费以采矿权所占用的土地面积作为计价基础，也是国际上通用的做法，因此，我国的矿业权有偿使用费相当于国外的矿业权租金。不过我国探矿权使用费目前收费标准与世界其他国家相比，约低 1/3～1/2，采矿权收费标准也只是国外平均标准的 1/7 左右。

二、我国与发达国家资源有偿使用制度的分析比较

(一) 矿业权获取阶段的制度分析比较

1. 矿业权价款。矿业权价款包括探矿权价款和采矿权价款，它们都是补偿政府作为勘探工程的投资者向矿山企业收取的地质勘查成果补偿费，并作为进行矿产资源勘探的资金，以保证矿业的可持续发展。我国矿业权价款以国务院地质矿产主管部门确认的评估价格为依据，价款收入专项用于矿产资源勘查、保护和管理支出。

首先从矿业体制方面来看，国外实行的是探采合一的体制，谁开采、谁探矿，"探采合一"制度确实有利于保护探矿权人的权益，也有利于调动权利人投资矿业的积极性。但"探采合一"的一个重要弊端在于在探矿过程中特别是其中的普查阶段，地质工作者将起到重要的作用，地质学家的经验和能力往往是探矿权主体实力的最重要因素，对人力资本有一个很高的要求；进行采矿活动又需要更多的资金支持，需要对权利人设定更高的资质标准。这样，进行"探采合一"，无形中就会提高探矿权领域的准入条件，形成了"探采合一"过高的准入门槛，因此我国长期以来实行的是"探采分离"体制，但这种体制在我国的实施过程中也存在一些问题：新中国成立以来，国家投入了大量资金组织专业的地质勘探队进行境内资源找矿和普查工作，形成了勘查工作程度不同的矿产地。对这类矿产地探矿权的授让，为保护国家作为特定出资人的权益，国家以探矿权价款的形式有偿转让给从事矿产资源开采的企业，但没有规定探矿权持有人出资勘探并查明获得有开采经济价值的矿产资源时，优先申请获得采矿权时是否还要上缴一定的采矿权价款。目前在实际执行中，不再缴纳采矿权价款，即探矿权持有人可自动获得采矿权。

从矿业权的出让方式来看，国外出让矿业权全部采用市场出让的方式，而我国还存在着审批制等非市场出让矿产资源的行为。据不完全统计，我国15万个矿山企业中，仅有2万个是通过市场机制取得探矿权和采矿权，有许多大中型矿山企业无偿占有国家资源，这使得国家的利益得不到补偿，勘探资金投入严重不足。同时对其他参与者是不公平的，而且还促使无偿取得矿业权的企业采易弃难，采富弃贫，浪费有限的资源。

另外，即使我国全部通过市场方式出让矿业权，但目前我国的矿业权价款

的评估方法也是十分混乱的，无法和国外相比。以美国为例，它由内政部门和能源部门评估、确定采矿权的价格，司法部对整个资源配置项目程序特别是招标的合法性进行审查，确定时只采取了两种方法即现金流量法和类比法。我国通过市场方式出让矿业权时，由评估机构评估矿业权价值，由国土资源部门确定采矿权价款，虽然我国也规定只用两种方法，但由于实行中央和地方政府两级管理，缺乏评估规则体系和监督，参数选择随意性大，透明度不高，使用的各种方法不规范，以至于实际中评估和确定的方法较多，有的甚至采用协商方式，导致矿业权价款征收不到位，严重影响了矿业勘探资金投入。

从矿业权价款的分配上来看，自 2006 年 9 月 1 日起，探矿权采矿权价款收入按固定比例进行分成，其中 20% 归中央所有，80% 归地方所有。省、市、县分成比例由省级人民政府根据实际情况自行确定。有的地方规定采矿权价款省、市、县分别按 3∶2∶5 比例分配，竞价出让的价款省、市、县按 2∶3∶5 比例分成。县级政府分成的采矿权价款主要用于对煤矿企业所涉及镇（乡）、村生态环境治理、发展公益事业和维护农村原有的办矿利益以及对合法矿井的关闭补偿等，这里根本没有考虑为保证资源勘探所需的资金，实现不了"探矿权价款"和"采矿权价款"主要是补偿地质勘探投入的价款的初衷，导致国家和地方公益性地质调查队伍建设不到位，投入严重不足。

更有甚者，近年来各省国土资源管理局相继出台各省收取采矿权价款的标准：有的省规定矿主必须按矿产资源的可采储量每吨收取 3 ~ 9 元不等的采矿权价款，并必须在 6 年内缴省或自治区国土资源管理局。这就是说由中央财政投资探明的矿产资源的补偿费由地方收取，使得国家对于各种地质勘探队伍建设不到位，投入严重不足。如果这样，进一步的矿产资源接替储量将难以获得，也无法保证开采业的可持续发展，所以近 10 年来，主要矿产已探明的储量增长速度远低于产量的增长速度，矿产品产量的增长速度又远低于消费量的增长速度，出现严重"寅吃卯粮"的现象也就不奇怪了。

2. 探矿权使用费和采矿权使用费。我国的探矿权使用费和采矿权使用费与国外的矿业权租金类似，探矿权使用费以勘查年度计算，按区块面积逐年缴纳，第一个勘查年度至第三个勘查年度，每平方公里每年缴纳 100 元，从第四个勘查年度起每平方公里每年增加 100 元，最高不超过每平方公里每年 500 元。采矿权使用费按照矿区范围的面积逐年缴纳，标准为每平方公里每年 1000 元。探矿权使用费与采矿权使用费根据《矿产资源区块登记管理办法》和《矿产资源开采登记管理办法》的规定，全部纳入国家预算管理。

目前从采矿投资者的角度看，探矿权和采矿权使用费在其资源有偿使用支出费用总体中所占的比例较小，不过我国探矿权使用费目前收费标准与世界其他国家相比，约低 1/3 ~ 1/2。采矿权使用费以采矿权所占用的土地面积作为计价基础，也是国际上通用的做法，但收费标准只是国外平均标准的 1/7 左右，因此提高我国的矿业权有偿使用费势在必行。

（二）矿业权经营阶段的制度分析比较

1. 资源税。我国资源税征收对自然丰度不同的矿山企业适用差别税率，采用从量法征收。我国的资源税就其性质而言，勉强可以与国外的超额利润税相对比，但又与超额利润税有很大的不同：

一是国外超额利润税是对采矿权人在开采矿产资源中所产生的超额利润进行征税，而我国的资源税是对矿业企业销售矿产品数量征税。

二是我国资源税现行征收原则为"普遍征收，级差调节"，普遍征收就从根本上改变了资源税的性质，把它变成国家向资源开采行业额外多征的一项税款。因为中央和地方政府并没有多为矿山企业提供国防、治安、法律等方面的社会服务，对矿山企业多征这种税款是没有道理的。国家为企业提供优质资源，而收取资源税，在本质上也混淆了税、费的界限。

三是我国资源税的税率不合理，对石油、煤炭等企业税率过低，而对冶金等企业过高，与其征收宗旨相违背。如煤炭资源税税额标准为每吨煤炭 3 元左右，不到其当前价格 1%，所以对煤炭企业利润总额影响有限，对石油影响更小，而对冶金等企业则较重，影响了其发展，同时没有考虑矿业是高风险高回报的行业，有时获得高额回报是风险投资的回报。相反，对企业采矿污染环境、采富弃贫、采易弃难等浪费资源的行为没有进行约束，反而有激励作用，主要是从量征收引起的，企业销售或者自用的缴税多，若是采出来不出售或者只采易采的矿都不收税，造成谁浪费的多，谁得利益多，当前大企业进行的所谓综采放顶煤是此不合理现象的突出表现。

四是国外超额利润税一般由中央政府有关部门征收，纳入中央政府财政。而我国资源税名义上是中央和地方的共享税，实际上是地方税。因为陆上所有矿产资源的资源税全部归地方，如何使用完全由地方决定，仅海洋矿产资源的资源税归中央，这部分数量很小，几乎可以忽略。

2. 资源补偿费。矿产资源补偿费是一种财产性收益，是矿产资源国家所有权在经济上的实现形式，我国实行的矿产资源补偿费与国外的权利金性质相同，它是按照矿产品销售收入的一定比例计征，平均费率为 1.18%，由采矿权人缴纳。我国征收的矿产资源补偿费，就地上缴中央金库，中央与省、直辖市矿产资源补偿费的分成比例为 5 : 5；中央与自治区矿产资源补偿费的分成比例为 4 : 6。中央分成所得的矿产资源补偿费纳入国家预算，实行专项管理，主要用于矿产勘探的支出，其具体的使用方向和分配比例为：70% 用于矿产勘查支出，20% 用于矿产资源保护支出，10% 用于矿产资源补偿费征收部门经费补助。

但我国矿产资源补偿费率明显不合理。我国矿产资源补偿费平均费率为 1.18%，而国外与我国矿产资源性质基本相似的费率一般 2% ~ 8%。相比之下，我国石油、天然气、黄金等矿种的矿产资源补偿费费率更低，油气为 1%，黄金为 2%，远远低于国外水平，如美国 12.5%，澳大利亚 10%。就是上述过低的费率水平，也存在严重的欠缴现象。根据财政部 2002 年委托社会中介机构对 24 个省（区、市）1999 ~ 2002 年上半年矿产资源补偿费征收入库和使用情况进行专项检查结果，发现 1601 户重点采矿企业累计欠缴矿产资源补偿费 31 亿元；2003 年，我国矿产资源补偿费实际征收只占应收数的 48.3%。从某种意义上来说，我国的资源补偿费不能合理反映国家对矿产资源所有权的收益。

这样由于矿产资源补偿费费率太低，有偿取得的"门槛"太低，致使探矿权人采矿权人的利润空间过大，即矿产资源国家所有者权益大量转化为采矿权人的利润，国家矿产资源所有者权益无形中被矿业投资人轻而易举地侵占瓜分，无法弥补国家应得利益。这种低费率，在过去单一的国有企业体制下，国家矿产资源所有的权益，少征收的补偿费大都转化为国有企业的利润，可谓"肉烂在锅里"。而现在情况不同了，采矿权人的投资主体已开始多元化，如果继续实行低费率、低"门槛"，将出现国家权益大量流失、国家勘探支出不足的后果。因此，要尽快研究解决这种长期固定不变的费率，调整矿产资源补偿费费率，并积极探索有偿取得的标准，加快完善矿产资源有偿使用制度。

3. 企业所得税。我国所得税税率为 25%，在中央和地方是按 6 : 4 比例分成。我国所得税制度基本与世界各国的所得税制度一致，但在对矿山企业的应税所得的确定上，与国际上的通用做法不同。国外普遍允许固定资产加速折旧，允许勘查费用在税前摊销等；而我国的所得税的计征不允许勘查费用在企业所得税前摊销，目前计入成本的矿产资源补偿费从数量上远远不足于补偿勘探费用，使得我国矿山企业的应税所得高于国际平均水平。

（三）矿业环境治理、补偿机制比较分析

我国目前矿业资源开采浪费和环境破坏严重，以煤炭为例，许多企业由于利润的诱惑，只注重产量，忽视生产条件，往往采取"掠夺式开采"，致使矿难频发的同时，煤层也被严重的破坏。美国煤炭资源平均矿井回采率高，在65%以上，国家安全生产监督管理总局的数字显示，我国煤矿回采率平均只有35%，一些乡镇煤矿回采率仅为15%，有些甚至低至10%。同时在采矿过程中，环境破坏在先，治理恢复在后，采矿企业在开采活动结束后往往采取退出、转移，逃避环境治理义务的行为，使得我国矿业环境破坏极为严重。

第五节　完善我国资源有偿使用制度的建议

我国资源有偿使用制度应该确保所有者权益的经济实现和以经济手段促进矿产资源的高效开发回收，实现资源的优化配置。在构建资源有偿使用制度时应该遵循以下四个原则：一是制度设计应该充分考虑不影响矿业产业的发展环境，有利于促进矿业产业持续发展；二是制度设计应该充分考虑矿业活动的特点；三是制度设计应该充分考虑矿业活动的各个阶段，并且从矿业活动的整体考虑；四是制度设计应该充分考虑矿产品使用企业的矿产品供应和保障。

一、完善矿产获取阶段制度的建议

（一）采取合理的矿业体制

目前，世界上绝大多数国家都采取了探矿权和采矿权分离制度，我国长期以来也实行的是"探采分离"制度。在我国矿业体制改革中，是否要采取"探采合一"体制是争论的焦点。实行探采合一，可以比较好的解决探矿权的风险问题，有利于保护探矿权人的权益，也有利于调动权利人投资矿业的积极性。但探采合一也存在着显著的弊端，主要在于在探矿过程中特别是其中的普查阶段，地质工作者将起到重要的作用，地质学家的经验和能力往往是探矿权主体实力的最重要因素，对人力资本有一个很高的要求；进行采矿活动又需要更多的资金支持，需要对权利人设定更高的资质标准。这样，进行"探采合

一"，无形中就会提高探矿权领域的准入条件，形成了"探采合一"过高的准入门槛，这不适合我国的现实国情，因此实行完全的"探采合一"制度在我国是不可行的。但是我国现阶段的探采分离制度也存在着明显的问题。国家以探矿权价款的形式把探矿权有偿转让给从事矿产资源开采的企业，但没有规定探矿权持有人出资勘探并查明获得有开采经济价值的矿产资源时，优先申请获得采矿权时是否还要上缴一定的采矿权价款。目前在实际执行中，不再缴纳任何采矿权价款，即探矿权持有人可自动获得采矿权。这样也会损害国家作为矿产资源所有者的财产权益。

实际上，"探采合一"体制纵然有很多优点，但并不是解决各种问题的有效方案。目前我国现实的矿情是勘查任务重，且资金投入严重不足，需要大力推行探矿权的市场化，鼓励社会资金进入地质勘查领域，鼓励外资进入中国探矿。在这样的现实国情条件下，实行完全的"探采合一"制度是不可行的。而且我国已实行了多年的探采分离制度，这种历史性的影响也是必须考虑的。为此，建议：

1. 国家仍然出资组织专业地质勘探队伍进行境内资源找矿和普查工作，并以探矿权价款（探矿权转让费）的形式，除特殊情况外全部通过招投标和拍卖等市场出让的方式有偿转让给从事矿产资源开发的企业，如果由矿产资源开发的企业全部承担以后的自营或委托专业勘探队伍进行勘探的费用存在困难的条件下，可由国土资源部或地方政府委托专业勘探队伍进行风险勘探投资，然后以"勘探工程项目"的形式通过招标、投标委托给专业勘探公司承包勘探工程并获得相应精度的可采储量，在矿产资源开发企业获得资源的开采权后，与"探矿权价款"一起作为采矿企业投资通过折耗在产品成本中回收。

2. 对于国家重要矿产资源勘查项目，要由符合规定资质和条件的地勘单位和企业来承担，以保证国家对重要的、战略性矿产资源的需求和储备。为了使符合规定资质、条件的地勘单位和企业积极参与重要矿产资源勘查工作，国家设立的找矿专项基金，应以市场竞争的方式取得勘查项目，项目实施后未发现有商业价值矿产地的，国家和项目承担单位共同承担投资风险，国家出资部分按程序予以核销；发现有商业价值矿产地的，国家和项目承担单位按照投资比例分享权益；应提倡地质工作者的科技创新劳动价值在矿业权中享有一定比例的权益。

如前所述，国家以探矿权价款的形式有偿转让给从事矿产资源开采的企业，但没有规定探矿权持有人出资勘探并查明获得有开采经济价值的矿产资源时，优先申请获得采矿权时是否还要上缴一定的采矿权价款。因此应该通过完善法律确定探矿权持有人出资勘探并查明获得有开采经济价值的矿产资源时，优先申请获得采矿权时仍需要上缴一定的采矿权价款。

（二）完善矿业权出让方式

彻底改变当前我国存在的市场出让和非市场出让新旧两种"双轨制"的局面，凡出让新设的探矿权采矿权，除特别规定的以外，一律以招、拍、挂等市场竞争方式有偿取得。以前企业无偿占有由国家出资探明的探矿权和无偿取得的采矿权均应进行清理，并严格依据国家有关规定由评估机构评估作价，缴纳探矿权和采矿权价款。一次性缴纳有困难的，经批准可分期缴纳（探矿权最多分 2 年，采矿权最多分 10 年，而且均需在探矿权采矿权有效期内）；分期缴纳仍有困难的，凡属由国土资源部登记管理的，经批准允许申请将部分或全部价款以折股的形式上缴，划归中央地质勘查基金（周转金）。已将探矿权采矿权价款部分或全部转增国家资本金的，或者由企业补缴价款，或将已转增的国家资本金划归中央地质勘查基金。

（三）完善矿业权价款利益分配格局

目前，我国矿业权价款收入按固定比例进行分成，其中20%归中央所有，80%归地方所有，省、市、县分成比例由省级人民政府根据实际情况自行确定。由此看出，我国矿业权价款绝大部分都分配给了地方政府，但地方政府将采矿权价款主要用于发展公益事业、生态环境治理等，根本没有考虑为保证资源勘探所需的资金，导致国家和地方公益性地质调查队伍建设不到位，投入严重不足。因此，实际上应将矿业权价款实行中央政府一级管理，由中央政府有关部门负责征收，纳入中央政府财政，但考虑到我国很多地方是依靠资源发展的，因此可以考虑给予地方一定的分配比例，但要明确留在地方的矿业权价款应主要用于资源勘探和改善环境支出，从而保证矿业的可持续发展。

二、完善矿产经营阶段制度的建议

（一）资源税

当前，许多学者都认为我国现行的资源税和资源补偿费在税理上是重复的，所以，参照西方发达国家的做法，将二者合一。但是，现行的财政体制不利于资源税制的调整，因为资源税尽管在全部税收收入中比重很小，但却是地方财政收入的一个来源，具体到某些地方甚至是重要的收入来源。然而由于资源税是地方税种，地方政府又没有调整的权力，只能由中央对资源税进行调整，而资源税是按品种、矿区分别核定的，调整的工作量较大。加上要平衡地方之间财政关系，很难及时调整政策，不得不分次分批调整，另外，如果要对某些资源税进行减免，在目前的财政体制下，由于会影响地方收入，阻力较大。而如果在维护地方既得利益的情况下进行调整，则需要由中央财政进行补贴。因此，一些调整决策往往举棋难下。

考虑到资源税取消涉及的财政制度上的一些深层次问题，可以主要针对现行资源税制度存在的计征办法不适用、计税依据欠合理、征税范围偏窄的问题进行改革或调整。

一是实行"从量定额"与"从价定率"并存的征收方式。目前，大多数人都主张资源税应改"从量定额"征收为"从价定率"征收，但都太过于绝对化。确实，现行的从量定额征收办法存在着一定的弊端，主要是税收与价格脱钩，中断了价税的联动作用，国家无法分享涨价收益，无法体现"资源涨价归公"的理念。因为资源产品涨价反映了资源的稀缺性，并非资源生产企业努力的结果，且资源涨价由全社会负担，涨价收入理应归公。而从价定率征收可以弥补从量定额征收的缺陷，可以维护国家和全体国民的利益。然而从价定率征收办法也存在一些问题。由于资源产品价格是受市场供求关系影响上下波动的，当资源产品价格下降时，从价定率征收办法会导致资源税收入的下降，既不能反映资源企业成本负担的真实性与合理性，也造成国家权益受损。1986年之所以改为从量定额征收办法，与当时煤炭积压、价格下降不无关系。从国际上看，对于资源税也不是采用单一的计征办法，"从量法"和"从价法"都存在。为此建议：征收方法不宜"一刀切"，从量定额征收与从价定率征收应该并存，对于市场价格涨价趋势明显的资源产品可以按销售收入进行从价定率计征，而对于市场价格变化不大的资源产品可仍然沿用从量定额的计征办法，且在采用从量征收方式时，应将现行的以销售数量和自用数量为计税依据的计税办法调整为以产品产量或资源储量为依据的计税办法，以促进资源开采单位最大限度地提高资源使用效率。

二是进一步提高资源税的税率税额。国家自2004年起，分批调整了煤炭、石油和天然气的资源税税额，煤炭税额的调整幅度虽然高达1～5倍，具体金额只是每吨提高了 1~3 元，与每吨数百元的煤炭价格相比，可以说是微乎其微，很难对煤炭的开采和使用产生什么影响。2007 年 8 月 1 日起，国家又调整了铅锌矿石、铜矿石和钨矿石的资源税税额，最多提高了 15 倍，是资源税调整幅度最大的一次。据江西铜业反映，企业将为此多缴资源税税款约 7125 万元，但该企业的财务报告又披露，2007 年上半年该企业实现销售收入 201 亿元，同比增长 43%。可见，此次资源税的大幅度上调，仍在企业的可承受范围之内。据有关人士统计，自 2002 年到现在为止，伦敦期货锌的价格上涨了将近 5 倍，铅价上涨 6 倍多，铜价上涨了 5 倍多。因此，即便资源税税额同幅度调整也不足以理顺价税关系。对于一些涨价幅度较大的资源产品，资源税税额或税率的调整幅度应该高于其价格的上涨幅度。为此，需要建立起有关资源税体系的计算机网络和数据库，随时对重点矿山和重点品目的资源变化进行监测，为及时、准确地制定和调整资源税税率或税额提供科学的依据，实现资源税税率税额制定的科学化。

三是调整资源税的征收范围。目前的资源税只是对七大类矿产品征收，而资源的概念远不止这些矿产品。因此，逐步扩大资源税的征税范围也是资源税制度改革的应有之意。其一，对是否将水、森林、草场、湿地等纳入资源税的征收范围，应进行可行性研究，特别是负担能力及价税关系，待条件成熟后有选择地扩大征收范围；其二，由于我国各地的资源分布不一，稀缺性也不同，加上资源税是地方税种，因此建议在国家未统一调整资源税的征税范围之前，可允许地方根据本地资源的具体情况适度增加资源税的征收品目。

（二）资源补偿费

税、费的性质不同，应作用于不同的领域，发挥不同的功能。矿产资源补偿费作为专门的调节手段，其主要作用是保障和促进矿产资源的勘查、保护与合理开发，提高对矿产资源的有效利用，控制资源开采过程中的"采富弃贫"现象。因此资源补偿费本质上是对国家进行的资源普查投入的补偿，必须予以回收，以保证国家新的普查工作的资金来源。为回收国家初始普查工作的投入，保证资源勘探工作的顺利、连续地进行，资源补偿费应该继续征收。

如前述，我国的资源补偿费不能合理反映国家对矿产资源所有权的收益，因此建议：一要提高总体资源补偿费，加大资源补偿费的征收力度，以提高煤炭开采业的门槛，促进煤炭市场的有序竞争；二要适当拉大资源补偿费的幅度，结合资源禀赋认定适用不同补偿费率，例如，对环境脆弱地区、生态价值高的地区，恢复环境难度大，成本高，则补偿费用高。因此要尽快研究解决这种长期固定不变的费率，调整矿产资源补偿费费率，探索建立矿产资源补偿费浮动费率制度，以调节级差收入，为企业营造一个公平竞争的市场环境。

（三）所得税

国外普遍允许固定资产加速折旧，允许勘查费用在税前摊销等，而我国的所得税的计征不允许勘查费用在企业所得税前摊销，目前计入成本的矿产资源补偿费从数量上远不足于补偿勘探费用。因此，探矿权价款和以后由矿产资源开发的企业自营或委托专业勘探队伍进行勘探的费用，都应该与固定资产折旧一样，通过折耗在产品成本中回收，可以在所得税前扣减企业所得税的应纳税收入。

三、完善环境治理、补偿机制

一方面，政府对于可节约资源和提高资源使用效率的项目和工艺流程，给予资金补助或是实行退税制度，企业越积极改进生产工艺和流程，政府补助就越多，对主动实施的生态恢复和保护措施的企业也同样给予税收和政策上的优惠；另一方面，明确企业环保和生态补偿责任，要求企业按煤炭销售收入的一定比例，分年预提矿山环境治理恢复保证金，这是矿山企业必须负担的环境治理成本。保证金属于采矿权人所有，采矿权人履行了矿山地质环境保护与恢复治理义务，经检查验收合格后，保证金及其利息返还采矿权人。保证金的收取由县（市）以上国土资源行政主管部门负责，可一次性缴存，也可分期缴存。国土资源管理部门必须对行政区域内的矿山地质环境保护与恢复治理工作进行定期和不定期监督检查，发现问题及时处理，并报上级和相关部门。采矿权人履行了矿山地质环境保护与恢复治理义务，经检查验收不合格的，国土资源行政部门应责令其限期恢复治理。逾期不进行恢复治理或者恢复治理仍不合格的，国土资源管理部门可组织招、投标，使用其缴存的保证金实施恢复治理。保证金及其利息不足以完成该矿山地质环境恢复治理的，采矿权人应缴纳不足部分的费用；保证金及其利息有节余的，节余部分返还采矿权人。

四、完善资源有偿使用制度的配套措施

（一）完善矿业权市场

1. 严格探矿权采矿权管理，规范和完善政府的作用。政府在矿业权市场中充当着重要角色，要使矿业权市场健康发展，一定要规范完善政府在矿业权市场中的地位和作用。首先政府职能部门还要加大宏观调控监管力度，做好矿业权市场的统筹、政策指导、交易规则的审查、市场监管等工作，为矿业权制度建设打下坚实的基础。其次政府应加强探矿权采矿权管理，维护矿产资源的勘查、开采秩序，促进我国矿业经济协调、健康、有序发展，依法维护矿产资源勘查、开发秩序，加强对矿产资源的管理和保护。对探矿权采矿权申请、出让、转让、延续和变更登记，要加强审批、发证工作，依法维护我国的矿产勘查、开发秩序。在勘查或开采过程中，探矿权人、采矿权人必须接受国土资源部门的监督检查，按规定报告有关情况，并提交年度报告。勘查、设计、评估单位对其编制的勘查设计、开发利用方案、矿业权价款评估报告、地质灾害危险性评估报告的真实性负法律责任。对违法违规行为，有关部门应依法查处，构成犯罪的，应依法追究刑事责任。

2. 完善矿业权评估机构。矿业权评估机构是探矿权采矿权价格评估质量矛盾的主要方面，评估机构的素质与水平决定着评估报告的水平。目前，我国在 22 个省区共有 78 家矿业权评估机构可进行此项评估。因此，在这种背景下建议：

首先，加强学习，提高评估人员的业务水平。采矿权出让评估方法和评估参数的选取、评估依据的收集、评估结果的得出，都直接依赖评估人员的判断，取决于评估人员的经验和能力。如果评估人员能力差，水平不高，则会影响评估结果的合理性。评估人员要不断地吸收新知识，如矿产管理法律法规，财务会计准则和制度，税费征收法律和政策，特别是财税知识，以不断地提高业务素质。因此，一是各评估机构应建立、健全学习制度，采取灵活多样的组织学习，可从网上下载国家、省（市、区）新出台的财税法规和上级文件，组织集体学习，也可以采取文件传阅签字备案方式学习；二是评估人员应不断加强自我学习，多参加一些学术交流活动，使自己有更多的学习机会，以带动整个行业执业质量的提高。

其次，需要采矿权评估机构加强自身职业道德自律，提高技术经济知识水平，加强评估能力建设。一是应当加大矿业权评估道德教育和宣传力度，使从事评估工作的每一个人都认识到遵守职业道德的重要性，同时也营造出一种氛围，使社会各界加强对评估人员的监督；二是应该将评估执业道德列入矿业权评估教材，在矿业权评估师考试中增加职业道德的内容；三是建立健全评估法律制度，以便在法律上对资产评估行为进行约束和规范，加大违反资产评估职业道德的评估人员的处罚力度。

最后，政府应加强对采矿权价值评估机构的监管，设立评估机构备选库，用市场方法使评估机构优胜劣汰。

3. 建立矿业权评估准则体系，完善评估方法。目前，我国煤炭资源权评估缺乏刚性的准则体系。以煤炭资源为例，在评估技术方面，煤炭资源采矿权的评估过程和参数选择比其他资产评估过程复杂。因此，在实际评估中除了要遵守一般资产评估的独立性原则、客观性原则和公正性原则外，还有自己特有的评估原则，如尊重地质规律和资源经济规律的原则，遵守地质规范，科学选择技术经济参数等原则。美国煤炭资源采矿权价值评估规定两种方法：一是贴现现金流量法，二是类比法。我国虽然也规定贴现现金流量法和可比销售法两种方法，但参数选择的空间太大，评估数据库没有健全，而且各省区自成体系，给运用类比法造成了严重困难。因此，需要建立起有关评估体系的计算机网络和数据库，随时对重点矿山和重点品目的资源变化进行监测，为及时、准确地评估采矿权价格提供科学的参数。

（二）完善立法

1. 建立矿产资源分级、分类管理制度。现行《中华人民共和国矿产资源法》分级管理制度不科学，分类管理制度不明确，矿法实施细则中列举的151种矿产适用同一个法律法规。在分级上，法律仅划分了中央与省级人民政府地质矿产主管部门，在矿产资源勘查、开采审批上的管理权限没有对省级以下各级地质矿产主管部门的管理权限做出明确规定。且管理内容上下一般粗，分工没有侧重。在分类上，虽然有"特定矿种"、"保护性开采的特定矿种"等描述，但主要是照顾不同主管部门的管理职能，并没有针对不同矿产资源特点实施不同的管理方法和手段，显然已不符合现在各工业部门撤销后的矿产资源管理要求。

要科学合理地划分中央和地方在矿产资源管理上的权限，对不同的矿种应采取不同的管理方式。要改革目前探矿权、采矿权审批过分集中，国务院和省级政府国土资源管理部门的管理方式。国务院国土资源管理部门应将管理重心转移到政策研究、宏观调控和监督管理等方面，具体的审批发证登记工作主要应由基层国土资源主管部门办理。要实行矿产资源分类管理制度，除关系国民经济命脉、国家安全的少数重要矿产和特大型矿床由中央政府管理外，其他矿种可由各级地方政府分级管理。可将矿产资源划为三类：石油、天然气、放射性矿产、大型煤田和优势矿产及少部分金属矿产等关系国计民生的重要矿种列为甲类矿种，由中央国土资源主管部门统一管理；而作为普通建筑材料的沙、石、土等矿产列为乙类矿产，由地（市）、县（市）国土资源主管部门管理；其他矿产为丙类矿产，由省级国土资源主管部门管理。在管理范围上，应当考虑从勘查、开发管理适当向与矿产资源直接相关的整个产业链延伸，包括矿产资源的探、采、选、冶和重要矿产品的国内流通、国际贸易。

2. 增加矿山地质环境保护条款。保护矿业环境是国外矿业立法的重点。在众多保护矿业环境管理方式立法中，特许设立权是保护矿业环境的主要方式。《法国矿业法》第22条规定："矿山的开采，即使是地表主人的开采也只能是依特许权或开采许可证而进行"；第26条规定："凡不具备从事开采工作所必需的技术和资金能力的，不能取得特许权"；第36条规定："特许权的设立，即使为了地表主人的利益，其创设的不动产权仍不同于土地所有权"。该法以大量的篇幅规定了特许权设立的条件、范围和作用。《波兰矿业法》就更突出了矿业法调整的重点，该法第1条规定了立法的实施条件："地质工作的进行，矿床和矿产的开采，环境要素的保护"。开采矿产资源难免对地质环境造成破坏，轻则留下坑洞，破坏自然景观本来面貌，重则诱发地质灾害，给国家和人民造成损失，阻碍地方经济和社会的发展。《矿产资源法》第十五条、第二十一条和第三十二条以及实施细则中都提到了要加强环境保护，但并没有对如何在采矿过程中保护和恢复地质环境做出明确的具有可操作性的规定。目前，个别采矿权人只注重经济效益，而忽视地质环境的保护和治理，很多矿山废弃后，人去矿空，一片狼藉，给当地政府留下了一大堆地质环境问题，处理起来比较棘手。因此建议在修改《矿产资源法》时，增加有关矿山地质环境保护的条款，以法律条文的形式，规定设立矿山地质环境危险性评估制度和地质环境治理恢复保证金制度。实行矿山地质环境危险性评估制度，就在设立新的矿山企业时，要求必须进行地质环境危险性评价，了解开采矿产资源将会给该地区地质环境造成的影响（包括破坏程度、危害级别等），从而制定正确的矿山企业地质环境保护规划。而为了避免地质环境保护规划被束之高阁，就得建立矿山地质环境治理恢复保证金制度，用经济手段来确保矿山企业自觉履行保护、治理矿山地质环境的义务，使矿山企业的开采行为更加规范。实行地质环境治理恢复保证金制度时，保证金的收缴额度、征收比例可视矿山企业规模和矿种或按矿产品销售额多少提取，上缴国土资源部门后，实行专项管理。矿山企业在生产过程中，如果按地质环境保护规划所定的进度治理恢复了矿山环境，经国土资源部门验收合格的，返还矿山地质环境治理恢复保证金；不合格的，不予返还或部分返还保证金，如果矿山企业不履行地质环境保护义务，就不返还保证金，并加以处罚。同时，对矿业用地要有复垦的强制性规定。目前，《矿产资源法》只有一个条款对矿业用地作了规定，过于简单。因此，矿区范围内的土地不能都按平常所说的建设用地的管理办法来管，必须要有特殊规定。建议可结合《土地管理法》有关复垦地规定，对采矿活动整个过程要规定土地复垦方面的强制性要求。

五、完善水资源节约保护制度

着力加强水资源节约保护，具体来说就是：加快推进跨省江河水量分配工作，全面完成国家水资源监控能力建设项目，严格落实取水许可、水资源论证等制度，加强省界水体水环境质量监管，严格控制入河湖排污总量，加强重要饮用水水源地保护，完善重要饮用水水源地核准和安全评估制度，开展水源地安全保障达标建设，深入推进节水型社会建设。这些具体工作目标的完成则需要相应的政策作为保障。

（一）完善水资源费的收缴和管理

水利行政事业性收费是我国水利投入的重要来源，要提高各项水利规费征收力度和使用、管理效益。我国水利行政事业性收费在全国范围内不完全统一，主要由地方收取，包括水资源费、船舶过闸费、水土保持补偿费、滩涂围垦资源使用费等。要加强水利行政事业性收费的征收工作，提高规费使用效益。其中，重点是扩大水资源费征收范围，加强水资源费的征收、使用、管理。征收水资源费的目的，是运用经济手段促进节约用水，促进水资源的合理开发利用。我国在20世纪80年代初期，开始对工矿企业的自备水资源征收水资源费。《水法》规定，对城市中直接从地下取水的单位，征收水资源费；其他直接从地下或江河、湖泊取水的，可以由省、自治区、直辖市人民政府决定征收水资源费。2006 年，《取水许可和水资源费征收管理条例》发布和实施。该条例规范了取水许可的管理和水资源费的征收管理，同时其第 36 条明确规定：征收的水资源费应全额纳入财政预算，由财政部按照批准的部门财政预算统筹安排，主要用于水资源的节约、保护和管理，也可以用于水资源的合理开发。2008 年，财政部，国家发改委、水利部联合下发了《水资源费征收使用管理办法》，对水资源费的征收、使用、管理等方面做了详细的规定，2011 年，财政部、水利部又联合印发了《中央分成水资源费使用管理暂行办法》，加强和规范中央分成水资源费使用管理。

水资源费主要用于地方财政。根据《取水许可和水资源费征收管理条例》，水资源费应该用于水资源的节约、保护和管理。并且各地征收的数额相对不大，水资源费不应用于非水利工程建设资金。水资源费应是小范围补助性质的，适用的范围应是水资源配置工程的前期工作经费补助、具有公益性的重要水源工程建设资金补助等。水资源费率改革要根据水利建设情况和水利行业发展形势，并适时推出相应方案。鉴于全国各地情况不一，全国不必规定一个费率。中央可给出指导性的浮动范围，不同企业和不同地方可以实施不同费率，对新建工程可以给予优惠，适当减免。

落实最严格水资源管理制度必须严格水资源有偿使用，牢固树立水资源资产观念，坚持使用水资源付费原则，采取更加有力的措施，确保应收尽收并管好用好水资源费。一是要规范水资源征收标准分类，中央按照促进水资源优化配置，便于水资源费征收监管的原则，制定规范水资源费征收标准分类的指导意见，尽可能统一水资源费分类。二是合理调整水资源费征收标准，中央可根据我国水资源状况、现行水资源费标准，提出今后一段时期不同区域的水资源费最低征收标准，指导地方适当提高水资源费征收标准。尽快实行超计划、超定额累进收取水资源费制度。三要严格水资源使用管理，水资源纳入预算管理，专项用于水资源节约、保护和管理，以及水资源的合理开发。

（二）完善水资源管理定额体系

完善水资源管理投入机制，需要进一步健全水利项目支出预算定额体系，加强和规范经常性业务经费管理，逐步建立长效、稳定的水资源管理投入制度，保障水资源节约、保护和管理工作经费。一是逐步完善水利项目支出预算定额。参照《水文业务经费定额标准》的经验，根据水质监测、水土保持、水资源管理等不同专业的业务特点和工作实际，合理确定量化指标，制定水质监测、水土保持、水资源管理与保护等与落实最严格水资源管理制度密切相关的水利项目支出定额，完善预算定额标准体系，稳定经费来源渠道和规模。二是尽快制定有关经常性业务经费管理办法。随着国家公共财政管理体制改革的进一步深入，预算管理的科学化、精细化水平不断提高。水质监测、水文测报、水利信息系统运行维护等水利经常性经费管理必须适应国家预算管理的新要求。应该尽快制定相应的有关经常性业务经费管理办法，进一步规范和加强专项业务经费使用管理，保障各专业业务工作的正常开展，促进最严格水资源管理制度有关措施的有效落实。

（三）推进节水技术改造和节水产品推广

节约用水涉及诸多公共领域，离不开政府的政策激励和组织支持。对消费行为实行财政补贴，可以鼓励消费者购买，刺激需求；对生产行为实行税收优惠，可以鼓励生产者扩大生产，增加供给。在节水领域补贴和增加贴息规模，尤其是在水资源短缺地区、生态脆弱地区和粮食主产区集中连片实施，将进一步引导和鼓励社会资本发展节水产业，为我国水资源利用效率和效益的不断提高提供物质基础。

在促进节水投资上，所得税的政策还可以从以下两个方面给予倾斜。对企业用于生产节水产品的关键设备，可适当缩短折旧年限或实行加速折旧方法计提折旧；对节水产品的广告宣传费用支出，可以在计算企业所得税时适当提高税前扣除标准。另外，还可以通过研究制定以下措施来提高水的利用率：制定节水强制性标准，建立水效标识制度，加大节水改造和节水器具推广力度；加强对供水和用水大户的监督管理，减少供水管网漏损率；制定并公布落后的、耗水量高的用水工艺、设备和产品淘汰目录；加快推广技术成熟、节水减排效果显著、应用面广的重大节水技术。

（四）新增节水型社会建设的专项资金投入

我国面临着日益严峻的水资源问题，必须将节水作为一项长期的硬性措施。建设节水型社会是坚持和认真落实科学发展的一项重要任务，是贯彻节约保护资源基本国策的战略措施，也是坚持人与自然和谐观念、实现可持续发展的必然要求。当前，我国节水型社会建设投资机制不完善导致资金缺口很大，制约着节水型社会的建设。节水型社会旨在通过内在节水机制，在全社会范围内形成合理高效有序节水的良好氛围，它涉及日常生活的方方面面，也需要多个部门和组织的通力合作，但目前国家尚未就其设立专门的财政投入类别。从水利建设方面来说，节水体现在农业各类灌溉方式的差异上，也表现为工业生产中和日常生活用水时的技术应用上。因此，必须积极推动节水型社会建设中水利基础设施的基础作用。然而现有的节水资金以水利建设资金和财政预算内水利投资为主，多分散于小型农田水利建设专项、管渠水利建设配套资金等投入或是从水资源费中计提，并没有针对节水型社会制定专项的财政资金及其实施政策，这是不利于这一新型社会的全面构建与发展。在国家大力发展水利基础设施建设的背景下，若能新增有关节水型社会建设的财政专项资金投入，一方面扩大了水利基础设施建设的公共财政投入来源渠道、为我国水利特别是农田水利的发展打下良好的投入基础；另一方面与国家全力构建节水型社会的战略目标保持一致，实现了政府在财政政策上对形成良好节水氛围的扶持与侧重。

（五）推进水权制度建设

水权不明晰、水市场机制不健全、水价不合理是难以有效抑制水资源浪费和水环境恶化的重要原因，明晰水权是培育和发展水市场的前提，要大力推进水权制度建设。水资源论证是审批取水许可、合理分配取水权的控制性环节。要在全面开展建设项目水资源论证的基础上，进一步加强规划水资源论证工作，使取水许可和水权分配对经济社会发展与生态环境保护的宏观调控作用进一步增强。应在统筹兼顾的基础上，合理确定各地初始水权，确保水权的公平分配，并注意保护农业和农民的利益。

要大力推进水权水市场建设，将市场机制逐步引入水资源开发利用各个环节，充分发挥水价的经济杠杆作用；要使水的价格反映水资源的稀缺程度和供水成本，适当提高水资源短缺地区的水价，逐步推行丰枯期浮动水价；并将水价与水质挂钩，促进优水优用、分质供水、高效配水。农业水价要与国家农业政策相呼应，以保障粮食安全和农民增收为前提，合理调整，逐步达到保本水平。通过完善水权制度建设，引导水资源高效利用，促进节水，减少排污，提高水资源的利用效率与效益。

（六）多方筹措地下水管护资金

石油化工行业、矿山开采及加工企业和高尔夫球场地下水污染防治项目以自筹资金为主，中央财政和地方财政给予必要支持。地方各级人民政府要加大地下水污染防治的资金投入，建立多元化环保投融资机制，落实地下水污染防治项目资金，积极推进工作方案实施。对于符合国家支持政策的项目，中央财政在现有投资渠道中予以统筹考虑，加大支持力度。中央和地方财政重点支持对公共地下水饮用水源地、城市生活垃圾填埋场及危险废物集中处置设施等公益性项目以及无法确定责任主体的污染区域的治理。鼓励社会资本参与污染防治设施的建设和运行。

进一步完善排污收费制度，加大石油化工行业、矿山开采及加工等重点污染源排污费征收力度。从高制定地下水水资源费征收标准，完善差别水价等政策，加大征收力度，限制地下水过量开采。探索建立受益地区对地下水补给径流区的生态补偿机制。

此外，鉴于地下水监测工作是公益性事业，是为我国水资源开发利用、水资源规划管理、城市发展规划、工农业生产、地质环境保护与地质灾害防治、生态环境建设提供信息支撑和决策依据，有助于经济社会又好又快发展，为全面建设小康社会目标提供保障。国家地下水监测工程项目，所布设的国家级地下水监测站点，是从国家层面，掌握我国地下水资源信息，因此国家地下水监测工程所需的建设经费建议全部由中央投资。

参考文献

［1］晁坤：《构建我国新的矿产资源有偿使用制度》，载于《经济体制改革》2004 年第 1 期，第 25～28 页。

［2］康伟、袭燕燕：《我国矿产资源有偿使用制度体系的改革思考》，载于《地质与资源》2007 年第 3 期，第 237～240 页。

［3］颜世强、姚华军、王文：《我国矿产资源有偿使用问题及其改进措施》，载于《中国矿业》2007 年第 3 期，第 23～25 页。

［4］袁怀雨、刘保顺、李克庆：《改善矿业权价款评估方法及征收制度》，载于《地质与勘探》2002 年第 1 期，第 58～62 页。

［5］安体富、蒋震：《我国资源税：现存问题与改革建议》，载于《涉外税务》2008 年第 5 期，第 10～14 页。

［6］潘伟尔：《论我国煤炭资源采矿权有偿使用制度的改革与重建》，载于《经济研究参考》2007 年第 50 期，第 2～13 页。

［7］张彦平、王立杰：《论我国矿产资源有偿使用制度及完善》，载于《中国矿业》2007 年第 12 期，第 40～42 页。

［8］孙钢：《我国资源税费制度存在的问题及改革思路》，载于《税务研究》2007 年第 11 期，第 41～44 页。

［9］陶树人、晁坤：《我国矿产资源有偿使用制度的改进与建议》，载于《冶金经济与管理》2006 年第 5 期，第 4～7 页。

［10］《中华人民共和国矿产资源法》，地质出版社 1996 年版。

［11］朱志国：《我国矿产资源有偿使用制度探讨》，载于《改革与开放》2010 年第 8 期，第 42、44 页。

第四章

能源集约节约使用制度 *

第一节 转变能源发展方式，重塑能源战略

党的十八大报告提出，把生态文明建设与经济建设、政治建设、文化建设、社会建设一起，作为中国特色社会主义事业的五位一体总体布局。报告要求"全面促进资源节约。节约资源是保护生态环境的根本之策。要节约集约利用资源，推动资源利用方式根本转变，加强全过程节约管理，大幅降低能源、水、土地消耗强度，提高利用效率和效益。推动能源生产和消费革命，控制能源消费总量，加强节能降耗，支持节能低碳产业和新能源、可再生能源发展，确保国家能源安全。党的十八届三中全会报告提出加快生态文明制度建设，健全能源、水、土地节约集约使用制度。

2014年6月13日召开的中央财经领导小组第六次会议，研究我国能源安全战略。习近平强调，能源安全是关系国家经济社会发展的全局性、战略性问题，对国家繁荣发展、人民生活改善、社会长治久安至关重要。面对能源供需格局新变化、国际能源发展新趋势，保障国家能源安全，必须推动能源生产和消费革命。推动能源生产和消费革命是长期战略，必须从当前做起，加快实施重点任务和重大举措。习近平就推动能源生产和消费革命提出五点要求。

能源作为人类生存发展的基础性资源，是经济社会发展的基本物质保障，它既是经济资源，也是战略资源和政治资源。进入21世纪以来，传统能源发展方式受到能源枯竭和温室气体排放的双重挑战，世界能源发展格局发生了重

---

* 本章相关图表均来源于国家电网能源研究院的研究成果。

大而深刻的变化，新一轮能源革命的序幕已经拉开。转变能源发展方式是破解能源、环保问题的必然选择，对于促进我国实现能源战略转型，推进国家生态文明建设，建设美丽中国具有重要意义。

一、转变能源发展方式

（一）推进能源利用集约高效

即通过变革能源开发利用方式和消费模式，实施能源资源集中规模开发，推进能源消费总量调节和节约利用，提高能源资源开采、转换、传输和利用效率，增加单位能耗的经济产出，使能源利用综合效益最大化。

1. 以节能减排为主线，提升能源综合利用效率，开发新能源产业。气候变化是目前我们面临的最严峻挑战之一。化石能源的过度使用加速了气候变化和地球表面人为升温的过程。科学家预测，地球生态警戒线是大气中二氧化碳浓度450ppm，地表温升2℃；一旦超过2℃，就会朝着6～7度的严酷升温发展，全球变暖将无法控制。2008年，全球二氧化碳的总排放量已达300亿吨/年，大气二氧化碳浓度已达400ppm。IEA预测，按照这个趋势，2050年地表温升就将达到2℃！此外，气候变化导致的风暴、热浪、洪水、冰灾等灾害也正在加剧。1997年的《京都议定书》，要求发达国家在1990年基准上，2008～2012年的5年间减排5.2%。2002年通过了《联合国气候变化公约》之后，在2007年提出了"巴厘岛路线图"，指出了减排的具体途径和措施、目标。基于巴厘岛路线图和能耗与二氧化碳排放关系数据的分析，可以估算出2030年控制气温升高不超过2℃的世界二氧化碳总排放量约为230亿吨。为了满足230亿吨排放总量的约限，在240亿吨能源消耗中，可再生能源（包括核能）必须占40%以上；石油和天然气约占30%，煤约占30%，但是煤的一半须采用CCS技术。[①]

我们可以比较清晰地预见，在金融危机之后的几十年中，世界能源利用的格局将发生比较大的改变，传统化石能源的一部分将逐步被以新技术革命为核心的新能源所替代，传统化石能源的利用方式也将在新技术的引领下发生清洁

---

① CCS技术是Carbon Capture and Storage的缩写，是将二氧化碳（CO_2）捕获和封存的技术。CCS技术是指通过碳捕捉技术，将工业和有关能源产业所生产的二氧化碳分离出来，再通过碳储存手段，将其输送并封存到海底或地下等与大气隔绝的地方。

化革命。对中国未来能源需求的预测，存在不同看法。比较高的预测是，到2020年中国能源有可能要达到40亿~50亿吨标准煤，2030年可能达到50亿~60亿吨标准煤。如果节能搞得好，比较乐观的估计是，到2020年达到30亿吨标准煤，2030年超过40亿吨标准煤。而我们国内的能源可供总量，2020年大约在30亿~40亿吨标煤，2030年能达到40亿~50亿吨标煤。而且这样的供应量还是在充分考虑了我们的石油、天然气到2020年大量进口的前提之下。这说明如果不搞节能，长期的经济发展会受到制约。因此，在继续重视传统能源安全的同时，我国应从长远利益出发，把发展新能源放在重要战略位置上予以高度重视。

（1）要抓好新能源重点项目的技术攻关。密切跟踪世界新能源的发展，增加对新能源产业发展的投资。改革现行能源科研体制，充分发挥我国能够"集中力量办成大事的优势"，力求在重大新能源项目技术攻关方面取得重大突破。

（2）要在应对气候变化领域尽快取得积极进展。紧抓气候变化，不仅可以减轻我国面临的国际压力、增强我国的软实力，而且可以牵引我国在节能减排、新能源开发领域取得更大技术进步。

2. 依托资源的区位特色，打造规模化的能源生产和储备基地。我国的石油储备基地是从2003年开始兴建的，计划分三期建设，目前已经建成了第一期总规模为1640万立方米的国家石油储备基地。2010年9月，新疆独山子国家石油储备项目开工，标志着第二期石油储备基地建设全面展开。根据规划，中国将开建8个二期战略石油储备基地，包括广东湛江和惠州、甘肃兰州、江苏金坛、辽宁锦州及天津等。三期工程正在规划中。但是与美日欧等100天以上储备规模相比，我国石油储备规模很小，目前仅为33天的战略保障量，而天然气、煤炭和天然铀储备仍是空白，目前仅建成了6座枯竭油气藏地下生产性储气库，工作气量为17亿立方米，占天然气消费总量的2%左右，远低于国外天然气工业发达国家约10%~15%的平均水平。我国煤炭运输通道比较集中，大秦、朔黄铁路占"三西"煤炭外运总量的70%以上。输煤铁路和油气管道网络化程度不够，铁路运煤量仅占48%，成品油管输量仅占11.5%。交流同步电网规模不断扩大，同向平行布置的输电通道逐步增多。东部经济发达地区，能源来源和输送通道等多元化程度不够。

表 4 - 1　　　　　　我国国家战略石油储备基地建设情况（第一期）

储备基地	建设地点	储备规模（万立方米）	建设安排
镇海基地	浙江宁波	520	2003 年开工，2006 年投入使用，52 座储油罐
岱山基地	浙江舟山	500	分阶段建设，2007 年开始注油，50 座储油罐
黄岛基地	山东青岛	320	2008 年投入运行，32 座储油罐
大连基地	辽宁大连	300	2008 年年底开始注油，30 座储油罐

资料来源：《北京日报》2009 年 7 月 11 日。

（二）推进能源结构绿色清洁

即遵循世界能源低碳化发展趋势，通过大力发展水能、风能、太阳能和天然气等无碳、低碳能源，稳步发展核能和其他清洁能源，逐步降低化石能源特别是煤炭在能源消费中的比重，实现能源结构低碳化。

（三）推进能源配置由就地平衡型转向大范围优化配置型

即打破就地平衡的能源发展思路，从我国能源资源与能源需求逆向分布格局出发，通过加强能源输送网络和通道建设，完善能源运输体系，改善过度依赖输煤的能源配置格局，实施全国范围能源资源优化配置。

（四）推进能源服务由单向供给型转向智能互动型

即在构建布局合理、结构坚强的能源网络的基础上，以建设智能电网为重点，全面推进能源系统智能化，有效支撑各种方式的能源输入与输出，构建供需双方便捷转换、双向互动的能源服务新模式。

以电网建设为核心，加强能源传输系统的建设和完善

从 2003 年美国电力研究院（EPRI）将未来电网定义为"智能电网"开始，2004 年美国 Battelle 研究所和 IBM 公司先后提出了"智能电网"概念，2008 年美国科罗拉多州的波尔得（Boulder）宣布建成了全美第一个智能电网城市。美国这些智能电网理念和实践涉及：（1）计量及相关电力设备等电网基础的智能化；（2）完善的数据采集、传输和集成通路；（3）支持运行和管理的决策应用；（4）支持各类清洁能源入网接入。而欧洲智能电网实践的目的是满足欧洲未来供电需要，其主要特性包括：一是灵活性（Flexible），满足用

户需要；二是易接入，保证所有用户的连接通畅；三是可靠性（Reliable），保障和提高供电的安全性和质量；四是经济性（Economic），通过改革及竞争调节实现最有效的能源管理。在日本则是构建以对应新能源为主的智能电网，主要侧重于新能源，包括大规模开发太阳能等新能源，确保电网系统稳定，构建智能电网。在美国、欧洲及日本等发达国家已经有大量的电力企业在如火如荼地开展智能电网研究与建设实践，内容涵盖整个发、输、配、售环节。这些电力企业通过促成技术与具体业务的有效结合，使智能电网建设在企业生产经营过程中切实发挥作用，从而最终达到提高运营绩效的目的。

国内从 2007 年开始智能电网领域实践。2007 年 10 月，华东电网等正式启动了智能互动电网可行性研究项目。华北电网公司从 2007 年开始进行智能电网相关的研究和建设，并已经开始着手相关工作，包括致力于打造智能调度体系，为智能输电奠定基础；建立企业级服务总线，搭建智能电网信息架构；超前研发清洁能源关键技术，做好可再生能源并网准备；结合客户信息系统，试点建设智能供电网。2009 年年初，国家电网公司启动了"智能电网体系研究报告"、"智能电网综合研究报告"和"智能电网关键技术研究框架"等重要课题的研究。2009 年 4 月 15 日，华北电网公司"智能电网规划"正式发布，华北智能电网建设将结合华北电网公司实际展开，重点涉及节能减排、特大电网安全稳定运行、提高供电可靠性等方面。2009 年 5 月 21 日，在北京召开的"2009 特高压输电技术国际会议"上，国家电网公司正式宣布将建设"坚强的智能电网"，并计划通过规划试点、全面建设以及引领提升等三个阶段来推进。

（五）推进国际竞争格局转变，营造相对宽松有利的国际环境

即着眼于国际、国内两个市场、两种资源，在坚持立足国内的同时，更加积极主动地参与全球能源竞争与合作，加大各种能源产品进口，弥补国内能源资源特别是油气资源不足的问题，形成内外互补的供应保障格局。

进入 21 世纪以来，世界加速进入经济大动荡、格局大调整、体系大变革的新阶段。罕见的国际金融危机给全球政治经济格局带来深刻影响，我国的作用和地位凸显，面临的国际压力也陡然增加。这种压力不仅来自掌握国际话语权的主要发达国家，也来自同样处于崛起中的其他新兴大国。我国在总体实力增强、"走出去"机遇增多的同时，难度也在增大。坚持走和平发展道路，以更加积极、更为务实、更具建设性的姿态参与国际事务，推动全球政治经济格

局向有利于我国的方向演变，对保障我国经济社会能源可持续发展意义重大。

要把能源外交摆在更加重要的位置，清醒认识国际能源形势，关注国际能源地缘政治变化，坚持互利合作、多元发展、协同保障的新能源安全观。积极开展双边、多边或是与国际组织的合作，与世界主要油气资源国和欧佩克等能源机构建立起更加密切的战略合作关系。更加重视与能源消费大国开展互利合作，共同抵御能源供应风险，维护国际能源市场稳定。本着互利共赢的原则，建立一个包括能源供应国、消费国、中转国在内的全球能源市场治理机制。从单纯重视能源供给安全转变为保障能源供给与稳定国际能源价格并重上来。统筹推进能源外交和环境外交，积极参与全球"碳政治"，坚持共同但有区别的温室气体减排责任。积极支持能源企业"走出去"，开展各种形式的公共外交，努力消除"中国能源威胁论"和"中国气候威胁论"等论调，为我国经济发展和能源战略转型争取尽可能宽松有利的国际环境。

二、转变能源发展方式的路径

深入推进能源发展方式转变和能源战略转型，应坚持能源开发与能源节约并举。传统能源开发与新能源开发并举、利用国内资源与利用国外资源并举、优化能源布局与优化能源输送方式并举、科技创新与体制创新并举。

（一）坚持能源开发与能源节约并举，提高能源开发利用效率

发展是第一要务，满足我国持续快速增长能源需求，必须大力加强能源建设，不断推进能源资源勘测和开发。未来较长时期内，能源都将是我国重要的投资领域，特别是新能源产业发展，需要大量的资金投入，需要国家层面出台相应的投资引导政策。在发展节奏上，既要充分考虑经济社会发展状况即需求侧的情况，又要充分考虑能源建设的周期性，避免出现大起大落的现象。要着眼整个产业链条，以统一规划为指导，统筹利用市场调节和宏观调控手段，推动能源资源开发、输送、配售等各环节协调发展，做好供需平衡和产、供、销的衔接，切实增强能源供应能力。

在加强能源开发的同时，必须坚持资源节约的基本国策，把节能摆在更加重要的位置，坚持不懈地实施节能优先战略。落实节能优先战略，一方面要推进能源资源集约高效开发，着力提高包括开发、转换、输送、储存等各环节在内的能源系统整体效率；另一方面要优化调整产业结构、增长方式和消费模

式，着力提高需求端的能源使用效率。把节能减排作为推动经济发展方式转变的重要举措，通过经济发展方式转变不断降低能源强度。倡导节约型消费理念，综合运用经济法律手段和各种有效措施，研究实施节能法规、政策和标准，在全社会、各领域全面推进能源节约，使我国经济社会实现高效低耗发展。

（二）坚持传统能源开发与新能源开发并举，推动能源结构多元化、低碳化

我国的能源结构以传统能源为主，风能和太阳能等新能源在一次能源结构中的比重不足1%。受经济结构、技术水平、资源条件等因素的影响，在未来较长的一段时期内，以煤炭、石油、天然气为代表的传统化石能源仍将是我国能源供应的主力。特别是煤炭，2030年以前在我国一次能源消费结构中的比重将不会低于50%。相对于煤炭和石油，天然气单位热值能源利用的二氧化碳排放量更低，是低碳能源；核电和可再生能源则是清洁的无碳能源，未来加快发展天然气和核电、可再生能源发电，符合我国能源结构优质化、低碳化、多元化的要求。

目前，发达国家已经完成了化石能源的优质化，现在又开始大力发展低碳能源，目标是在更高层次上推进能源优化。我国也高度重视能源结构的优化调整，并确定了2020年非化石能源占一次能源消费的15%左右的战略目标。虽然我国天然气、水电、常规核电仍然具有较大的开发潜力，但其可开发规模远不足以支撑巨大的能源需求。要实现我国能源战略转型，推动能源结构向清洁低碳转变，促进我国经济、社会、环境协调发展，必须大力发展新能源和可再生能源。我国风能、太阳能、生物质能、地热能、海洋能等可再生能源资源丰富，目前在发展上主要受制于技术和成本问题，下一步需要采取更为有效的措施，加快关键技术攻关，加大开发力度。特别是要大力加强风能、太阳能的开发利用，建设一批大型风能、太阳能发电基地，与分布式开发相结合。此外，对致密油、致密气、煤层气、页岩气、可燃冰等非常规油气资源和核聚变能、氢能等新型能源的开发利用也要予以足够重视。

（三）坚持利用国内资源与利用国外资源并举，构建内外互补的能源供应格局

解决我国能源问题，无论是传统能源还是新能源的发展，必须立足国内、

面向全球。我们认为要首先立足于国内，寻求能源独立，不能造成能源过度依赖外部供给的局面。因为能源产业是关系国家经济命脉的产业，像美国这样政治上和经济上都强权的国家，都在谋求能源独立，何况我们这样一个发展中的大国？我们与美国有很多方面是存在差异的，虽然两国都是能源进口大国，但我们进口是由于供给的缺口，而美国的进口很大程度上是储备的原因。美国是能源储量十分丰富的国家，但它们藏而不采，而是大量进口。

这既是促进国民经济发展、维护国家经济和能源安全的内在需求，也是复杂的国际政治经济格局下的现实选择。从能源安全角度来看，1 吨埋在国外的石油与 1 吨埋在国内的石油具有不同的意义，因为只有国内的能源才是价格和数量最终可控的。任何时候，立足国内的能源方针都丝毫不能动摇。

从另一方面分析，全球能源资源分布并不均衡，我国人均占有的煤、油、气资源仅为世界人均水平的 70.0%、5.6% 和 6.6%。长远来看，随着我国经济发展和深入参与全球分工，仅依靠国内能源生产难以保障我国能源供应，能源对外依存度持续提高是可以预见的必然趋势。在加强国内能源资源开发，努力增加国内能源供给的同时，以油气为重点，以煤炭、电力和天然铀为补充，进一步加强能源进口和国际能源互利合作，是我国能源可持续发展的战略选择。要以国有大型能源企业为主体，积极实施能源"走出去"战略，加强对国外能源资源的投资，不断提高我国海外能源资源的权益产量。要充分利用并参与制定国际贸易规则，优化贸易布局，努力发展多元稳定的能源贸易体系。

坚持新能源安全观，综合采取经济、外交、政治等多种手段，巩固和发展同主要能源资源国的关系，加强与能源消费大国的合作，全面提升我国参与全球能源开发和能源贸易竞争的能力，确保经济、稳定、可靠地获得境外能源资源，把我国能源供应体系从一个主要依靠国内资源的供应系统，逐步转变为一个充分利用国内国外资源、面向全球的能源和资源供应系统。同时，深刻认识国际能源竞争的复杂形势和地缘政治因素，通过参与全球能源安全保障机制、加强开展能源预警、建立能源储备体系等方式，切实增强抵御国际能源安全风险的能力。要在推进国际能源互利合作，增加我国能源供应能力的同时，为改善世界能源供给、保障全球能源安全做出积极贡献。

（四）坚持优化能源布局与优化能源输送方式并举，促进能源大范围高效配置

优化能源布局与能源输送方式是我国能源战略转型的必然要求。要统筹考虑我国能源资源禀赋、境外能源进口情况、能源消费市场分布状况、地区生态环境特点、能源运输通道建设条件等因素，参照国家主体功能区规划，结合各区域经济发展水平和长远发展趋势，科学规划我国能源整体发展布局，合理确定东中西部能源发展的规模、重点，以及能源基地布局与发展模式。着力优化煤炭基地布局，推动大型煤电基地建设，实施远距离、大规模输电，切实扭转在土地资源紧张、环保形势严峻的东中部地区大量发展燃煤电站的发展格局。

在优化能源基地布局的基础上，着眼于增强能源资源大范围优化配置，统筹推进铁路、公路、水路、管道、电网等各种能源运输能力建设，充分发挥特高压输电的优势，构建智能电网，消除能源运输瓶颈，建设现代能源综合运输体系，形成结构合理、层次分明、系统优化的现代化能源资源配置平台，满足国民经济社会发展和优化配置资源的需要。

1. 加快调整能源输送方式的路径。按照"十二五"规划要求，加快调整能源输送方式的路径是发展特高压电网，促进大煤电、大水电、大核电、大型可再生能源基地的集约化开发，加快空中能源通道建设，形成交直流协调发展、结构布局合理的特高压骨干网架，构建资源配置能力强、抵御风险能力强、技术装备水平先进的现代电网体系。据特高压电网规划，到2020年特高压输电能力达到4.5亿千瓦，保证5.5亿千瓦清洁能源送出和消纳，每年可消纳1.7万亿千瓦时的清洁能源，替代5.1亿吨标准煤，减排二氧化碳14.2亿吨，减排二氧化硫150万吨。研究表明，通过发展空冷机组，可以大大降低用水指标，其用水量已达到常规湿冷机组的1/6左右。2020年七大煤炭产区电力用水平均只占总供水量的7%左右，煤电基地水资源是完全有保障的。

2. 抓住能源输送方式调整的三个关键环节。一是以特高压交直流输变电技术为核心的大型电源送出通道建设。提高电压等级、增加单位输送能力，提高电网稳定水平是电网升级的主要方向。电网技术还需要继续走大规模集中开发、远距离外送的道路，以保证大型能源基地电力送出和消纳，提高受端电网安全稳定性。二是以大规模间歇式电源并网及储能技术为依托的新能源电力输出配套建设。在"十二五"期间，我国将加大风电、太阳能发电的开发力度，由于间歇式电源出力具有随机性、波动性的特点，功率预测精度低，当装机容量达到一定规模后，并网调度运行困难，会给电网带来系统调峰调频、电压控制、安全稳定性等问题。储能技术的发展和应用将有助于打破风电、太阳能发电等电力接入和消纳的瓶颈问题，能够降低配套输电线路容量需求，缓解电网调峰压力，同时还能消除风电、太阳能发电的波动，改善电力质量，降低离网电力系统的运行成本。国家电网公司已建成投运世界上规模最大、集风力发电、光伏发电、储能系统、智能输电于一体的国家风、光储输联合示范工程，自主研发了世界上第一个智能全景控制系统、世界上单机容量最大的垂直轴风机、世界上规模最大的多种化学储能电站。三是以智能电网技术为基础的面向用户的全新服务系统建设。智能电网是电网未来发展的一个趋势和目标，为满足风电、太阳能发电等新型清洁能源的接入，提高电网输送能力及大电网系统安全稳定，需要依托信息、控制和储能等先进技术，推进智能电网的建设，并应用现代电力电子技术和控制技术实现用户和电网公司之间互动，形成面向用户的智能电网全新服务系统。

（五）坚持特高压工程发展战略，构建能源运输大通道

我国是一个地区经济发展不平衡、能源资源与经济重心逆向分布的国家。东南沿海地区是全国经济发展的中心和能源需求的重心，但能源资源匮乏，且68%已投入开发；西部北部地区煤炭储量占全国的80%以上，开发空间较大。就环境承载力而言，我国硫沉降最大允许量总体呈东低西高的趋势。未来绿色经济的发展要求我国要采取更加节能环保和高效的能源输送方式。考虑到我国煤炭资源分布特点及地区环境问题，一方面，未来将在煤炭资源富集的西部和北部地区通过开展煤电一体化，建设大型煤电基地，走集约化、规模化的发展道路，这就产生了能源资源的大规模跨区调剂问题；另一方面，我国正处于工业化和城镇化加速推进的重要时期，能源需求具有刚性增长特征，预计2020年我国一次能源需求将达到45亿~49亿吨标煤。而受能源资源储量、生态环境、开发条件等诸多因素的制约，我国国内常规化石能源可持续供应能力约36亿吨标准煤，其中煤炭41亿吨，常规石油约2亿吨，天然气（包括煤层气等）3000亿立方米，远低于未来国内能源潜在需求，必须大力发展清洁能源，保障能源供应安全。清洁能源大多转化为电力加以利用，主要包括水电、核电、风电、太阳能发电及生物质能发电等。据测算，2020年转化为电力的清洁能源比重将超过82%。其他清洁能源利用方式包括太阳能热利用、生物质燃料等，总体规模有限。研究表明，2020年我国清洁能源的开发利用总量可达6.7亿~7.4亿吨标煤，可补充能源供应缺口的60%~70%。因此，发展清洁能源是保障我国能源供应安全的有效途径。清洁能源资源与能源消费中心逆向分布的基本特征，决定了我国清洁能源需要走大规模开发、远距离输送的发展道路。我国清洁能源资源

丰富，具备大规模开发的潜力。我国水力资源非常丰富，技术可开发量5.42亿千瓦，居世界首位。截至2009年年底，我国水电开发利用率仅为34%，远低于发达国家60%的平均水平。核电资源丰富，现有厂址可支撑装机1.6亿千瓦以上，远期可满足4亿千瓦装机需要；我国铀资源较为丰富，未来通过加强铀资源勘探开发、加强国际合作、积极利用海外资源等，核燃料供应基本可以满足我国核电大规模发展的需要。我国风电技术可开发量超过10亿千瓦，主要分布在"三北"（东北、西北、华北）地区、东部和东南沿海及附近岛屿。太阳能资源非常丰富，主要分布在西藏、青海、新疆、内蒙古、甘肃、宁夏等省区，可开发装机规模超过20亿千瓦。

我国水能资源剩余技术可开发量约80%分布在四川、云南、西藏等西南地区，陆地风能主要集中在西北部地区，而2/3以上的能源需求集中在中东部地区。西部地区经济发展水平相对滞后，电力负荷需求水平较低，清洁能源发电消纳能力有限，大规模开发需要送往中东部负荷中心地区，扩大消纳范围。

实施特高压工程发展战略具有显著的经济、社会、环境综合效益，主要体现在：一是促进能源优化布局和集约开发。在西部和北部地区建设大型能源基地，就地转化为电力并规模外送，能够改变电源过度集中在东部的不合理布局。"十二五"期间，国家将重点建设山西、陕北、宁东、蒙西、蒙东、新疆等煤电基地和西南水电基地，距离东中部负荷中心800~3000公里。特高压能够满足这些能源基地电力外送的需要。二是实现能源大范围优化配置。实施"一特四大"战略，能够减少煤炭大规模长距离运输压力。预计2015年"三西"地区输煤输电比例可由目前的20∶1降到8∶1，2020年降到3.7∶1。周边国家电力也能通过特高压电网送入我国。三是推动清洁能源和可再生能源发展。实现国家节能减排目标，需要大力发展清洁能源和可再生能源。由于水能、风能、太阳能远离负荷中心，本地难以消纳，且风能、太阳能发电具有随机性和间歇性，需要依托特高压电网，实现远距离传输、大范围配置。四是提高能源开发经济性和环境友好性。同输煤相比，特高压输电的综合效益更高。北部大型煤电基地的电力通过特高压输送到东中部，到网电价明显低于当地煤电标杆上网电价。特高压是能源输送的"空中通道"，线路走廊下的土地仍可利用。同时统筹利用东西部环境容量，解决东部地区日益加剧的环境问题。

"十二五"期间，考虑到经济的持续发展带来的能源"供需"量的激增，跨区调剂问题将更为突出，为以特高压为骨干网架的智能电网建设带来机遇。

当前我国"输电"与"输煤"比仅为1：20，随着绿色经济的不断深入发展，电网作为能源输送的功能尚有很大发展空间。随着特高压输电技术的发展和推广应用，特高压电网在输送经济距离、降低损耗、及时支援"电荒"等方面的优点将更加突出，电网在全国能源资源跨区调剂中将发挥越来越重要的作用。同时，清洁能源的大发展，尤其是核电、风电和太阳能的大规模开发将对电力系统调峰具有较大的影响，其中风电、光伏发电等可再生能源的调峰能力较差，要求系统增加调峰能力以满足调峰平衡的需要，因此，经济持续发展将对电力和能源系统的稳定性和可靠性提出更高的要求，而以特高压电网为基础的大煤电、大水电、大核电、大型可再生能源基地的规划符合经济发展对电力的基本要求。

（六）坚持科技创新与体制创新并举，激发能源可持续发展的内在动力

解决我国能源发展的问题，根本在于创新。按照建设创新型国家的部署，建立健全符合我国发展需求和资源特色的能源科技创新体系，把握传统化石能源与新能源及可再生能源交替更迭的发展机遇，积极发挥企业创新主体作用，大力加强能源科技创新，突破重大技术难关，实现能源核心技术自主化，尽快缩短我国与国际先进能源科技发展水平之间的差距，抢占国际能源科技制高点，发挥科技第一生产力的作用，支撑和保障我国能源战略转型和可持续发展。同时，加快能源管理体制改革的步伐，转变能源管理方式。

1. 破除能源领域民营经济发展的各种制度障碍，创造有利于各种所有制发展的法律和金融环境。建立多种所有制经济平等发展的平台，促进能源领域的效率提高；推动建立煤炭、石油、电力等多层次的能源市场；打破地区封锁和行业垄断，促进能源企业通过市场化方式实现跨地区、跨行业、跨所有制的一体化融合和多元化经营；更加有效地实施能源领域对外开放战略，促进国内市场和国际市场的有机融合；形成统一、开放、竞争、有序的能源市场体系。

2. 深化能源价格改革。充分发挥价格在市场调节中的主导作用。竞争性能源产品的价格应逐步放松管制，为最终实现市场定价积极创造条件；对自然垄断环节能源产品的价格应加强监管，建立起有利于降低成本的约束机制；理顺能源产品价格形成机制，完善成本补偿机制，建立起反映市场供求关系、资源稀缺程度和环境损害成本的能源价格形成机制，形成不同能源品种之间合理

的比价关系；建立科学的电价形成机制与市场竞价机制，实施电价和费用分担政策。按照有利于可再生能源发展和经济合理的原则，制定和完善上网电价，并根据技术发展水平适时调整。电网企业因收购可再生能源发电高于常规能源发电平均上网电价所发生的费用，在销售电价中由全社会分摊。完善"煤电价格联动"机制，逐步健全生态环境恢复成本、煤矿安全成本、煤矿转产成本等补偿机制，实现外部成本内部化。结合国内外石油市场形势变化，进一步完善成品油现行价格调节机制，积极稳妥地推进成品油价格市场化改革，对价格执行过程实施监督。建立与替代能源联动的天然气价格机制，形成既利于节约能源，又不超过广大用户承受能力的天然气价格，实行合理的分类气价。深化电价体制改革，完善输配电价。建立与发电市场价格联动的终端用户电价形成机制，建立与供电成本相符的用户电价结构，推行有利于节能的电价制度，如累进加价、峰谷电价、丰枯电价等。

3. 完善宏观管理构架。改变各个专业领域各自为政的局面，按照"大能源"的内在要求进行体制改革，以便于对整个能源行业的管理进行整体设计和运作，推动能源行业整体协调发展和健康发展。"十二五"时期应在以下两个方面有所作为：一是建立一个强有力的能源管理政府机构。应成立国家能源部，以应对当前能源管理的需求，统一管理电力、煤炭、石油、天然气、核能及可再生能源的发展规划、生产、销售及产业政策等。这将涉及政府的整个组织结构，需要统筹安排。二是建立基本管理制度。借鉴澳大利亚经验，建立系统的能源管理基本制度，包括政府调控制度、能源风险评估制度、能源效率评估制度和可再生能源许可证制度。

4. 加强法律法规建设。借鉴其他国家能源政策和立法的成功经验，构建并系统完善符合我国国情的能源法律体系。使用法律、法规、制度与政策的引导作用，促进各种力量参与能源的发展。尽快出台《能源法》，加快制定《石油法》、《天然气法》、《原子能法》、《能源市场监管法》，修订《电力法》、《煤炭法》、《可再生能源法》，制定、完善能源法规和部门规章，加强能源行业、产品技术标准规范以及节能、环保、安全、标准体系建设。通过立法确定实现改革目标的路径，为避免改革过程中的利益冲突、解决改革中出现的新矛盾新问题提供法律保障。同时加快能源相关政策调整，其中包括补贴政策、价格政策、税收政策和优惠贷款政策等，研究出台资源税、能耗税、排放税、碳税等。

第二节　转变能源供给方式，提高电能地位

能源系统是一个复杂系统，涉及煤、水、电、油、气、核等各个品种及其开发、转换、输送、储存、消费等各个环节，以及资源禀赋、技术水平、产业结构、消费模式、国际合作等各个方面。电能在能源系统中居于中心地位。早在 1985 年《中共中央关于制定国民经济和社会发展第七个五年计划的建议》就提出"能源工业的发展要以电力为中心"。1996 年发布的《中华人民共和国国民经济和社会发展"九五"计划及 2010 远景目标纲要》中重申了"能源建设以电力为中心"的方针。2004 年国务院常务会议讨论通过的《能源中长期发展规划纲要（2004—2020 年）》（草案）进一步提出"坚持以煤炭为主体、电力为中心、油气和新能源全面发展"的战略。

近年来，全球能源安全和气候变化问题日益突出，节能环保形势日趋严峻，以新能源和智能电网为标志的新一轮能源技术革命不断孕育发展，电力在能源发展中的中心地位更加凸显。解决能源发展面临的突出矛盾和问题，推动能源发展方式转变，关键在于电力。抓住电力，就抓住了我国能源可持续发展的"牛鼻子"。

能源战略以电力为中心，是指制定实施能源战略、推进能源发展方式转变，要立足我国煤炭储量大、可再生能源资源丰富、油气资源相对不足的国情，顺应全球能源发展趋势，把电力平衡作为能源平衡的重要支撑，把发电作为一次能源转换利用的重要方向，把电网作为能源配置的重要基础平台，把提高电气化水平作为优化能源结构、提高能源效率的根本举措，通过电力工业的科学发展，促进一次能源资源的清洁高效开发和合理布局，促进能源结构和输送格局的优化调整，缓解日益突出的能源供应压力和生态环保压力，为我国经济社会发展提供可持续的能源保障。

将电力摆在能源战略的中心地位，客观上是由电力特性、资源禀赋和能源发展规律所决定的。无论从电力与其他能源品种之间的关系来看，还是从保障能源安全、优化能源结构、促进节能减排及和谐社会建设等方面来看，电力的作用都十分重要，电力对我国能源可持续发展的重要意义，突出体现在以下四个方面：

一、保障能源供应，缓解能源安全压力

（一）满足能源需求需要重视电力发展

无论从全球还是从我国来看，电力都是近 20 年来增长最快的能源品种。1990～2009 年，世界终端能源消费总量年均增长 1.49%，其中终端电力消费年均增长 2.91%，而煤炭、石油、天然气终端消费年均增速分别为 0.33%、1.50%、1.57%，电力消费增速远高于主要化石能源。同期，我国终端能源消费年均增速为 4.13%，而电力、煤炭、石油、天然气终端消费年均增速分别为 10.09%、2.65%、7.5% 和 9.45%，电力消费增速也高于其他能源品种。2010 年，我国终端能源消费增长 4.18%，电力消费增速则高达 13.21%。随着城镇化和工业化水平的不断提高，预计到 2020 年和 2030 年，我国电力消费占终端能源消费的比重将达到 28% 和 32%，分别比 2000 年提高 12 个和 16 个百分点。

（二）实现煤炭高效开发利用需要优化发展煤电

保障我国能源供应，必须坚持贯彻立足国内的方针，从资源禀赋来看，在未来相当长的时期内，煤炭都将是我国的基础能源。从煤炭利用方式看，发电是我国煤炭利用的最主要方式，2010 年发电及供热用煤占当年煤炭消费总量的比重为 55.1%。因此，推进我国煤电的优化发展，有利于实现煤炭资源的高效开发利用，对保障我国能源供应安全意义重大。

从世界范围来看，煤炭的主要利用方式就是发电。2009 年，用于发电的煤炭占世界煤炭消费量的 65.1%，其中美国发电用煤占煤炭消费总量的比重超过 90%，欧盟为 78.7%，印度为 72.5%。无论是同世界平均水平相比，还是同欧美发达经济体相比，我国发电用煤占煤炭消费总量的比重都明显偏低。

（三）缓解石油供应压力需要发展电能替代

原油对外依存度不断提高是我国能源安全面临的最大挑战。受资源条件等因素限制，目前我国原油产量已经接近峰值水平，未来如果我国在资源勘探方面没有重大突破性发现，国内原油生产将主要以稳产为主。为满足快速增长的石油消费需求，加大原油进口成为重要选择，由此带来的问题就是对外依存度

提高，能源安全潜在风险加大。一般认为，我国原油对外依存度的上限是
70%~75%。为了降低对进口原油的依赖，保障国家能源安全和经济安全，必
须在节约用油的同时，积极实施多元替代战略，特别是在交通运输等领域实施
以电代油，缓解石油供应压力。

二、优化能源结构，缓解环境保护压力

（一）清洁能源需要转变成电力使用

解决我国能源发展面临的环保瓶颈，积极应对全球气候变化问题，必须大
力发展清洁能源和可再生能源。目前开发利用技术已经非常成熟的水能和比较
成熟的核能、风能等清洁能源都需要转换成电力以供便捷使用。我国水能资源
的技术可开发量超过5.4亿千瓦，目前开发利用率仅为43%，远低于发达国
家60%~70%的平均水平。近期和中期，水电将是我国可再生能源发展的主
力，应加大水电开发力度。2011年年底，我国水电装机容量为2.3亿千瓦，
居世界第一位，预计未来20年内还可以新增装机容量2亿千瓦。核能发电具
有环境污染小，资源储量丰富、燃料成本低等优势，从中长期看，是实现大规
模替代化石燃料的重要途径。风力发电在技术、成本、市场上有着明确的发展
预期，是继水电之后比较成熟的可再生能源发电技术，在我国是一种需要优先
发展的能源。太阳能、生物质能、潮汐能等新能源的规模化利用方式也主要是
发电。

据相关研究，要实现2020年非化石能源占比达到15%左右，单位GDP二
氧化碳排放比2005年下降40%~45%的目标，未来10年我国水电新增装机容
量要达到1.2亿~1.4亿千瓦，核电新增装机容量要达到0.6亿~0.7亿千瓦，
风电新增装机容量要达到0.8亿~1.2亿千瓦。没有水电、核电、风电等清洁
能源发电的大规模发展，优化我国能源结构将会成为一句空话。

（二）电力行业是污染减排的重点领域

2010年，电力行业的二氧化硫排放量占全国排放量的比例为42%，烟尘
排放量占全国排放量的19%，是我国污染物减排的重点领域。全面抓好电力
减排工作，强化对燃煤电厂污染物排放的集中治理，积极开发利用洁净煤技
术，对实现国家减排目标意义重大。作为清洁的二次能源，电力的大规模应用

和替代其他能源（包括电代油、电代煤等），除具有经济效率、能源安全等方面的意义外，对减少大气污染物排放也具有重要的作用。

三、提高能源效率，降低能源强度

（一）电力是经济效率最高的能源品种

不同能源品种具有不同的经济效率。相对于其他能源品种，电力的经济效率最高。有学者根据我国 1978～2003 年间的数据研究发现，电力的经济效率是石油的 3.22 倍，煤炭的 17.27 倍，即 1 吨标准煤当量的电力创造的经济价值与 3.22 吨标准煤当量的石油、17.27 吨标准煤当量的煤炭创造的经济价值相同。这就意味着，实现同样的经济产出，多用电更有利于节能。

（二）提高电气化水平有利于降低能源强度

国际经验表明，一个国家的电气化水平与经济发展水平和能源强度密切相关。随着经济不断发展，电气化水平不断提高，能源强度将不断下降，即电气化水平与能源强度呈现明显的负相关关系。根据 1970～2000 年英国、美国、日本、德国、法国五个国家的历史数据计算，发电能源占一次能源消费的比重每提高 1 个百分点，能源强度下降 2.4%，电能消费占终端能源消费比重每提高 1 个百分点，能源强度下降 3.7%。因此，在工业化、城镇化的过程中，从国家层面统筹部署推进电气化，对提高我国能源效率、缓解能源供应压力具有积极意义。

四、改善民生，服务和谐社会建设

（一）电力发展影响到经济社会各个领域

电力是清洁高效、使用便捷、应用广泛的二次能源，是现代社会不可或缺的生产和生活资料。所有的一次能源都能转换成电力，而电力又可以方便地转换成动力、光、热以及电物理、电化学作用；电力可以在导体中以光速传输，在分配系统中无限划分，而且可以进行远程和精密控制，实现生产过程的自动化。电力的这些特性使其成为现代社会使用最广泛的能源。相对于其他终端品种，电力的网络覆盖面更广、用户数量更多、电力消费在产业部门的分布更均衡,具有更突出的基础性和公共性,电力发展不仅关系经济发展,而且关系社会的和谐与进步。

(二)电力发展是解决农村能源问题的关键

电力发展对和谐社会建设的意义还体现在农村能源建设上,优质能源和商品能源供应不足是制约我国农村经济社会发展和"三农"问题解决的重要因素。目前,我国农村生活用能需求的很大一部分是靠薪柴、秸秆等传统生物质能源的直接燃烧来满足,不仅效率低,而且导致大量林木被砍伐,森林植被遭到破坏,水土流失加剧。加快农村电力发展,深入推进农村电气化建设,是解决农村能源供应问题的重要途径。"十一五"期间,国家电网公司大力实施农村"户户通电"工程,为老少边远地区的 134 万无电户解决了通电问题。通电后的地区,生产生活面貌都焕然一新。

(三)电力安全出现问题波及面广、影响大

电力发展的重要性和全局意义还可以从重大电力事故特别是电网停电事故的惨痛教训中得到反证。现代社会对电力的依赖程度不断加深,一旦突发大面积停电事故,将严重影响社会秩序,甚至产生灾难性后果。近年来,国际上先后发生过一些大停电事故,如 2003 年的美加大停电事故、2005 年的莫斯科大停电事故、2006 年的西欧大停电事故等,造成了巨大损失。相对来说,最近 20 年来,我国电网运行控制水平不断提高,电网运行情况良好,没有发生造成重大影响的大面积停电事故。

第三节 转变能源构成方式,发展清洁能源

当今世界上,新能源作为新兴产业在国民经济中的作用和影响已越来越大。据德意志银行 2008 年发布的研究报告预计,全球风电发展正在进入一个迅速扩张的阶段,风能产业将保持每年 20% 的增速,到 2015 年时,该行业总产值将增至目前水平的 5 倍,预计 2020 年全世界风机规模将达到 12 亿千瓦,年营业额在 670 亿欧元。光伏发电市场上,据欧盟估计,全球光伏市场到 2020 年将增加到 7000 万千瓦,光伏发电将解决非洲 30%、经合组织(OECD)国家 10% 的电力需求。新能源是一种朝阳产业,孕育着巨大的潜在

经济利益，也推动着绿色经济的快速发展。

一、清洁能源的概念

清洁能源的含义与通常所说的可再生能源、新能源等概念既有区别，又有交叉。按照我国 2005 年发布的《可再生能源法》定义，可再生能源是指风能、太阳能、水能、生物质能、地热能、海洋能等非化石能源。新能源是相对于传统的常规能源而言的。根据 2001 年版《中国电力百科全书》，新能源包括核聚变能、氢能、风能、太阳能、生物质能、地热能、海洋能等。本研究所称的清洁能源是指在生产和转换过程中不产生破坏大气环境的污染物、不排放温室气体的各类一次能源，包括核能和水能、风能、太阳能、生物质能、地热能、海洋能等可再生能源。

清洁能源最主要的利用方式是转换为电力使用，其他的利用方式包括供热采暖、转换为交通运输燃料使用等。转换为电力。目前，世界发电用清洁能源约占清洁能源利用总量的一半以上。核能、绝大部分水能和风能都需要转换为电力后加以利用。供热采暖。相当一部分太阳能、地热能和生物质能被用于提供工业、家庭用热水及建筑采暖。根据《全球可再生能源状况报告》，2008 年年底太阳能、地热能和生物质能热利用供热能力约为 4.45 亿千瓦。转换为交通运输燃料。主要是将生物质能转换为生物柴油、生物乙醇等生物质燃料供机动车使用。世界生物质燃料的生产主要集中在美国和巴西。根据《全球可再生能源状况报告》，2008 年世界生物质燃料的年产量约为 790 亿公升。

（一）核能

核能是原子核反应释放的能量，又称为原子能。核反应有核裂变和核聚变两种形式。核裂变是指一个原子核分裂成几个原子核，同时释放出若干中子和能量的核反应形式；核聚变是指由多个较轻的原子核结合成一个较重的原子核，同时释放能量的核反应形式。目前人类可以实现非受控核裂变非受控核聚变和受控核裂变，但尚未掌握受控核聚变，通常所说的核能是指在核反应堆中由受控核裂变反应产生的能量。

人们利用核能的主要方式，是利用核反应堆中核裂变反应所释放的能量加热水，通过传统的给水—蒸汽循环来发电、推动船舶或供热。

（二） 水能

水能是指蕴藏在河川和海洋水体中的势能和动能。在一定条件下，可以将这些势能和动能转化为机械能做功，例如推动水轮机发电。

水力发电是人类利用水能的主要方式。水力发电有多种形式，如利用河川径流水能发电的常规水电、利用海洋潮汐能发电的潮汐发电、利用波浪能发电的波浪发电、在电力系统低谷负荷时利用电力抽水蓄能，在高峰负荷时放水发电的抽水蓄能电站等。

（三） 风能

风能是由于大气运动而产生的动能。风能的能量来自大气所吸收的太阳能，由于不同地区大气因太阳辐射而受热的情况不同，形成了压力差，从而产生大气流动。

人类对风能的利用主要途径是将风能转换为机械能，再利用机械能直接做功或进一步转化为电能。大型风力发电场通常与电网连接，向电网输送电能，称为并网型风电。在边远山区、海岛等电网延伸不到的地区，可以利用中小型风电场供电，称为离网型风电，为保证电力供应的稳定性，离网型风电一般与蓄电池等储能装置联合使用。

（四） 太阳能

太阳能是太阳向宇宙空间发射的电磁辐射能，是已知的最原始的能源，地球上几乎所有的其他能源都直接或间接地来自太阳能。

人类对太阳能的利用主要包括太阳能光热转换和太阳能光电转换两种。太阳能光热转换通过太阳能集热器实现，将太阳辐射能转换为热能存储，用于供热或发电；太阳能光电转换通过太阳能光伏电池实现，将太阳辐射能利用光电效应直接进行光电转换。

（五） 其他清洁能源

其他清洁能源主要包括生物质能和地热能等。生物质能是绿色植物通过光合作用将太阳能转换为化学能而存储在生物质内部的能量，包括秸秆、薪柴、人畜粪便、有机垃圾等。生物质能利用的途径较多，可以利用物理、化学、生物转换将生物质能转换为热能、电能、固体燃料、液体燃料和气体燃料等。

地热能是地球内部所包含的热能，其主要来源是岩石中放射性元素蜕变所产生的热量。人类可开发的地热资源是埋藏深度不大，技术条件和经济性许可的资源，一般称为地热田。地热能的利用可分为直接利用和地热发电两大方面，为了提高地热资源利用效率，一般采取梯级开发和综合利用的方式，如热电联产、冷热电三联产、先供热后养殖等。

二、发展清洁能源的意义

能源是现代社会发展的物质基础。我国正处于社会经济快速发展时期，对能源的需求正在不断增加。大力发展清洁能源，有利于保障我国能源供应安全、增强我国应对气候变化的能力、降低污染物排放、推动我国能源相关技术的创新，对我国社会经济的可持续发展具有重要意义。

（一）发展清洁能源是保障我国能源供应安全的客观需要

我国正处于工业化、城镇化发展阶段，经济结构的重工业化特征明显。发达国家的发展经验表明，在工业化和城镇化阶段，能源消费将保持持续快速增长，且基本不受资源禀赋的影响。一方面，大规模基础设施建设要求发展钢铁、水泥等高耗能行业；另一方面，城市人均生活用能要高出农村数倍，城镇化过程将推动能源消费快速增长。

我国的能源资源特点是"富煤、缺油、少气"，能源资源与经济发展水平和能源消费水平地理上呈逆向分布。我国煤炭资源较为丰富，西部和北部等煤炭富集地区开采条件较好，但煤炭产量受生态环境和水资源的约束比较严重，开采规模已接近上限，产量很难再有大的增加。煤炭的大规模远距离运输也造成了我国能源运输的持续紧张局面。根据全国新一轮油气资源评价，截至2008年年底，我国石油剩余可采储量为21亿吨，仅占世界剩余可采储量的1.2%，石油资源量严重不足，且剩余石油储量中低品质和开采难度大的资源占50%以上，利用成本进一步增加。我国天然气勘探尚处于早期发展阶段，但随着天然气勘探开发的不断推进，我国新增天然气探明储量具有"由陆相向海相拓展、由常规向复杂转移、由浅层向深层推进"的特点，未来天然气开发的难度也将逐步增大。

由于传统能源供应能力有限，如果仅依靠传统能源开发利用，未来我国能源供需缺口将不断扩大，对进口能源的依赖程度将进一步增加。因此，加大清洁能源开发力度，可以提高我国能源供应能力，降低能源对外依存度，提高我国能源安全。

（二）发展清洁能源是应对气候变化的必然要求

全球气候变化问题正受到人们越来越多的关注，通过减少温室气体排放抑制全球气候变化已成为世界各国的共识。应对气候变化问题本质是发展问题。应对气候变化要求发达国家转变现有的发展模式和消费模式，也要求发展中国家寻找新的发展道路。各国在强调共同应对气候变化的同时，围绕发展道路、减排义务的分担等问题产生了激烈的角逐，应对气候变化问题正成为世界新时期政治经济秩序调整的重要动因。从当今围绕气候变化的斗争看，发达国家之间相互较量的核心，主要是为了争夺新的国际规则的话语权，抢占高新技术的制高点，巩固优势地位；发达国家与发展中国家之间，气候变化可能成为主要发达国家抑制发展大国经济快速发展和影响力不断提升的重要手段。但近年来气候变化和温室气体减排问题进一步升温，要求排放大国（主要是美国、中国、印度）承担量化减排指标的呼声日渐增大。

我国是世界碳排放大国。随着我国能源消费的不断增长，二氧化碳排放量也呈快速增长态势。如果不采取积极有效的温室气体排放减缓措施，我国二氧化碳排放量占世界排放总量的比重将进一步增加。根据 IEA 的预测，在世界经济保持稳步发展的情景下，如果延续当前排放模式，到 2030 年我国二氧化碳排放量将达到 2005 年的 2.3 倍，而发达国家的增幅仅为 3%，我国减排压力和面临的挑战明显高于发达国家。

面对严峻的减排形势，我国政府充分认识到气候变化问题的严重性和紧迫性，本着对人类长远发展高度负责的精神，坚定不移地走可持续发展道路，采取多种措施实施积极的减排行动。2006 年我国首次发布《气候变化国家评估报告》，提出了我国应对全球气候变化的立场、原则主张及相关政策，并以此为基础，在 2008 年发布了《中国应对气候变化的政策与行动》白皮书。2009年 9 月，中国国家主席胡锦涛在联合国气候峰会提出，到 2020 年，中国非化石能源占一次能源消费比重将达到 15% 左右。2009 年 11 月，国务院常务会议做出决定，到 2020 年使我国单位 GDP 二氧化碳排放量比 2005 年下降 40%～45%，并作为约束性指标纳入国民经济和社会发展长期规划，制定了相应的国内统计、监测和考核办法。

当前，我国应对气候变化的措施主要有：加快国民经济产业结构战略性调整，转变经济增长方式；实施"节能优先"的能源战略，提高能源转换和利用效率；自主创新与引进、吸收、消化和再创新相结合，积极发展可再生能源技术和先进核能技术，优化能源结构，发展低碳和无碳。发展清洁能源已成为我国能源战略调整的重点方向，是我国应对气候变化问题的必然要求。

（三）发展清洁能源是降低我国污染物排放的重要手段

我国是世界上少数以煤炭为主要能源的能源消费大国，煤炭在我国一次能源消费中的比重接近70%，在终端能源消费中的比重超过40%。煤炭的过度消费导致严重的大气污染，我国烟尘排放的70%，二氧化硫排放的90%、氮氧化物排放的67%都是由煤炭燃烧造成的。煤炭开发对生态环境造成严重破坏，二氧化硫排放使我国酸雨区范围不断扩大。

近年来，虽然我国大气污染物排放呈下降趋势，但由于总量较大，我国酸雨和二氧化硫污染形势依然十分严峻。在长期以来分省就地平衡为主的传统电力发展方式下，煤电机组大量布局在中东部经济发达地区，使得中东部地区二氧化硫污染和酸雨控制问题更为突出。2008年，京津冀鲁地区单位国土面积二氧化硫排放量为8.9吨/平方公里，华东地区为7.0吨/平方公里。二氧化硫大量排放造成的酸雨给我国东部地区造成了严重的生态环境危害和经济损失，对化石能源燃烧产生的污染物的控制势在必行。2006年，在国务院批复的"十一五"全国主要污染物排放总量控制计划中要求，2010年电力行业二氧化硫排放总量控制目标为1000万吨以内，占全社会排放总量目标的比重要由2005年的52.1%下降到2010年的43.6%。电力行业面临着巨大的污染物减排压力。考虑到社会经济与环境协调发展，我国未来环境污染物排放控制目标将更为严格。

大力发展清洁能源，在西部地区开发水能、风能和太阳能发电，在东部地区发展核电，能够有效减少我国未来的烟尘和二氧化硫等大气污染物排放。我国的生态环境容量已经难以支撑能源消费的进一步快速增长，发展清洁能源是降低我国污染物排放的重要手段。

（四）发展清洁能源是促进我国能源技术创新的有效途径

发展清洁能源，应对气候变化，将对我国能源技术发展方向产生重大影响。毫无疑问，今后较长时期内，人类应对全球气候变化的努力将转化成为能源科技创新的主要驱动力之一。开发新一代能源技术，实现由传统能源向清洁能源的转化，是未来能源科技的主要努力方向。总体上看，今后较长时期，清洁能源特别是可再生能源的经济开发利用技术、化石能源清洁高效利用技术、节能减排技术，将是能源科技研发的重点。

发展清洁能源将带来能源领域的技术创新革命，推动清洁能源技术装备发展，为我国培育新兴能源战略产业。风能、太阳能等清洁能源产业科技含量高，资金投入大，相关产业融合度强，对技术突破和经济发展带动效应明显，可为我国通信信息、电子控制等相关产业的技术进步提供平台，也是我国电力设备制造企业自主创新的重要依托，有利于带动全社会相关行业的技术升级。

发展清洁能源还有利于增强我国在国际能源市场的竞争力，创造新的经济增长点。未来世界能源需求的快速增长和传统化石能源资源的逐渐枯竭，为清洁能源产业提供了广阔的发展空间。我国可充分利用巨大的清洁能源国际市场，通过创新发展可再生能源技术、节能环保技术、核能技术、新能源汽车技术、资源循环利用技术等，掌握清洁能源的核心技术，占领相关产业制高点，提高我国在能源领域的国际竞争力，变清洁能源发展的技术优势为经济发展优势，推动我国产业结构调整的步伐及在世界上的综合竞争实力。

三、清洁能源的技术经济性和发展路线问题

(一) 清洁能源技术发展比较

1. 风力发电。风力发电技术从 1980 年开始逐渐发展起来，20 世纪 90 年代中期欧盟进入风电规模化阶段，尔后美国，以及中国、印度都先后进入了规模发展阶段。当前，并网型风机正朝着大型化的方向发展，单机容量 1 兆瓦以上的风机已经成为主导产品，5 兆瓦的风机已经投产，更大容量的也在研发之中。

从风能发电类型来看分为陆上风电和海上风电。陆上风机制造技术已完全成熟，随着欧洲一些国家陆上风电开发趋于饱和，风电开发逐渐由陆上走向海上，由近海走向深海。

从风能发电利用方式来分可分为分布式开发利用和集中并网开发利用。分布式开发利用一般是指独立运行的小型风力发电系统，小型风力发电机组独立供电主要采用的是直流供电方式。适用于地处偏僻、居民分散的山区、牧区、海岛等电网延伸不到的地方，用于解决照明等生活用电和部分生产用电。分布

式应用也是风电的发展方向之一。并网风力发电是风电开发利用的主要方式，是风电大规模开发利用的重要前提，由于风电具有不同于常规电源的随机性、间歇性出力特性，对电力系统的安全稳定运行和电能质量造成很大影响，使得一定范围内电网消纳风电的能力受到限制，主要制约因素包括系统电源结构、风电机组的运行控制水平、系统的备用容量、风功率预测水平等。因此风电并网技术的研发是目前电力科研工作的重要课题之一。

风电并网关键技术包括大规模风电并网电力系统规划与分析技术、大规模风电并网电力系统运行控制技术、"系统友好型"风力发电技术、分布式发电接入电力系统技术等。

2. 太阳能发电。

（1）太阳能光伏发电。太阳能光伏发电是指将太阳能辐射直接转换为电能而不经过其他中间转换过程，其产品是太阳能光伏电池。光伏电池可分为晶体硅光伏电池、薄膜光伏电池、聚光电池等。晶体硅光伏电池是目前技术最成熟应用最广泛的光伏电池材料；薄膜光伏电池具有用材少、重量轻等优点，具有较大发展潜力，是光伏电池的发展方向；聚光电池具有效率高等优点，但其使用受到一定限制。太阳能光伏发电系统可以分为小型离网光伏发电系统、并网光伏电站和建筑光伏发电系统三类。

离网光伏发电系统：也称为独立光伏发电系统，是指不与公共电网相连接，主要依靠太阳能电池供电的光伏发电系统。离网光伏发电系统主要应用于远离公共电网的无电地区及一些特殊场所，如为边远偏僻农村、牧区、海岛的居民提供生产生活用电，为通信中继站、沿海或内河航标、气象电站、边防哨所等提供电源。到 2008 年年底，我国离网光伏发电系统累计安装容量为 8.3 万千瓦，占光伏发电装机总量的 59%。

并网光伏电站：是指与公共电网连接，共同承担供电任务的太阳能光伏发电系统。光伏电站规模通常在兆瓦级以上，光伏电站通常建在荒漠、荒地等太阳能资源条件较好的广阔区域，所发的电能经交直流转换和升压，并入高压输电网，由电网统一进行统一输送和分配。集中式并网光伏发电系统投资较大，且要占用大片土地，由于太阳能资源条件较好的区域通常为荒漠地带，远离用户，因此一般需要进行远距离的电能输送，发电成本较高。

建筑光伏：指将光伏发电系统直接安装在建筑物上，利用建筑物的光照面积发电。由于光伏系统直接安装在用户终端，无须额外的输电投资，且光照强度通常与用电强度相吻合，可以起到一定的削峰作用，因而在发达国家得到了迅速发展。建筑光伏有两种方式，一种是建筑与光伏系统相结合，称为建筑附加光伏（BAPV）；另一种是建筑与光伏组件相结合，称为建筑集成光伏（BI-PV）。① 其中建筑集成光伏用光伏组件代替部分建筑材料，有利于降低成本，有着巨大的市场潜力。目前国外已出现了大量的建筑集成光伏示范性建筑。

（2）太阳能热发电。太阳能热发电在技术可行，但单位容量投资过大，且降低造价较为困难。根据聚热方式和热能利用方式的不同，太阳能热发电方式主要有槽式、塔式、碟式、费涅耳式、太阳能烟囱发电和太阳池发电等几种方式，其中已达到商业化应用水平的是聚焦型的槽式、塔式和碟式三种，发电效率在20%~30%之间。太阳能热发电装置一般都有转动部件和高温部件，需消耗水，不适合在边远和干旱地区大规模发展。而且目前的成本较高，应用场合受限，目前主要在美国和南欧有部分的商业化项目，其他地区主要处于技术试验和示范阶段。

槽式太阳能热发电系统结构简单，成本较低，并且可以将多个聚光—吸热装置经串、并联排列，构成较大容量的热发电系统。但槽式太阳能热发电系统也存在聚光比较小、热传递回路长、传热工质温度难以提高，系统综合效率较低（年净平均效率约11%~15%）。

塔式太阳能热发电系统具有聚光比和工作温度高、热传递路程短、热损耗少、系统综合效率高等特点（年净平均效率7%~20%），非常适合于大规模、大容量商业化应用。但塔式太阳能热发电系统一次性投入大，装置结构和控制系统复杂，维护成本较高。

碟式太阳能热发电系统可以单机标准化生产，具有使用寿命长、综合效率高、运行灵活性强等特点，可单台使用也可多台并联使用，发电成本不依赖于工程规模，适合边远地区离网分布式供电。但碟式太阳能热发电系统单机规模受到限制，造价昂贵，且目前还没有商业化的太阳能斯特林发电机。

3. 核电。广义上的核能分为核裂变能与核聚变能两种，目前人类已经掌握并用于商业化发电的主要是核裂变技术。从最早建设的核电机组到现在，核裂变技术的应用和发展大致可以分为四代。

---

① BIPV 即 Building Integrated PV 是光伏建筑一体化。PV 即 Photovoltaic。BIPV 技术是将太阳能发电（光伏）产品集成到建筑上的技术。光伏建筑一体化（BIPV）不同于光伏系统附着在建筑上（BAPV：Building Attached PV）的形式。现代化社会中，人们对舒适的建筑环境的追求越来越高，导致建筑采暖和空调的能耗日益增长。在发达国家，建筑用能已占全国总能耗的30%~40%，对经济发展形成了一定的制约作用。

　　第一代核电机组于 20 世纪 50～60 年代建成，主要是一些实验性质的原型机。由于各国条件不同，建造的类型较多，第一代核电机组的反应堆型号较多，美国主要采用压水堆（PWR）和沸水堆（BWR），苏联采用石墨水冷堆和压水堆，加拿大采用重水堆（PHWR），英国和法国采用石墨气冷堆。

　　第二代核电机组于 20 世纪 60～70 年代建成，这一时期核电技术逐渐成熟。通过对各种核反应堆的研究和比较后，压水堆、沸水堆、重水堆等堆型被证明发电的经济型、安全性较好，从而得到大量推广；而其他如石墨气冷堆和石墨水冷堆等，出于经济和安全等原因不再建设。目前世界上商业运行的核电机组绝大部分属于第二代核电机组，其中压水堆占一半以上，其次为沸水堆。

　　第三代核电机组是在第二代核电机组已经积累的技术储备和运行经验基础上，针对其不足之处，采用经开发验证可行的新技术，提高其安全可靠性，满足美国 URD（先进轻水堆用户要求）或欧洲 EUR（欧洲用户对轻水堆核电站的要求）文件要求的机组。20 世纪 80 年代中期开始，美国电力科学研究院（EPRI）在美国核管会（NRC）的支持下，对下一代核电技术准则开展研究，并于 1990 年公布了"先进轻水堆用户要求"（URD, Utility Requirement Document），用一系列定量标准来规范核电站的安全性和经济性；欧洲随后也出台了"欧洲用户对轻水堆核电站的要求"（EUR, European Utility Requirement），提出了与美国 URD 文件相同或相近的技术准则。与第二代核电机组相比，第三代核电机组设计准则一是进一步降低了堆芯熔化和放射性向环境大量释放的风险，二是进一步减少了核废料的产量，三是提高了机组热效率和可利用率，延长机组寿命。

　　目前，国际上比较成熟的第三代核电机组有美国西屋公司的 AP1000（先进非能动压水堆）和法国阿海珐公司的 EPR（欧洲压水堆）等型号。这两种类型核电机组的主要差异是：EPR 的单机功率（约 160 万千瓦）要高于 AP1000 的单机功率（约 110 万千瓦），但 EPR 的能动安全系统比传统的能动安全系统更为复杂，不如 AP1000 的非能动安全系统先进。

　　第四代核电机组目前还处于研发和实验示范阶段。2000 年 1 月，由美国能源部倡议，美国、英国、瑞士、南非、日本、法国、加拿大、巴西、韩国和阿根廷等 10 个有意发展核电的国家组成了"第四代国际核能论坛"，并于 2001 年 7 月签署了合作研究开发第四代核能系统的合约，计划在 2030 年左右建成第一座第四代核电站。

　　从 20 世纪 40 年代末开始，人们便对核聚变的可行性展开了探索，并相继找到了多种实现核聚变的途径。到 20 世纪 80 年代，核聚变的科学可行性基本得到论证，并具备了建造"核聚变实验堆"研究大规模核聚变的条件。1985 年，在美国和苏联的倡议下，美、苏、欧、日开始了"国际热核聚变实验堆（ITER, International Thermonuclear Experimental Reactor）"的设计工作，2001 年 7 月完成了工程设计报告，并就 ITER 计划的实施开展谈判。中国（2003 年 2 月）、韩国（2003 年 6 月）和印度（2005 年 12 月）也相继加入了 ITER 计划谈判。

2006 年 11 月，参与 ITER 计划的各方正式签署了联合实验协定和相关文件，2007 年 9 月，中国作为第 7 个参与国批准了该协定，2007 年 10 月 24 日，国际热核聚变实验堆组织在法国卡达拉舍（Cadarache）正式成立，标志着国际热核聚变实验堆正式进入建设阶段。按照计划，国际热核聚变实验堆将花费 10 年左右时间建设，其后运行 20 年左右。商业化的核聚变发电至少要到 2050 年才可能得以推广。

4. 水电。水电是最为成熟的清洁能源发电技术。水力发电是利用河川、湖泊等位于高处具有势能的水流至低处，将其所含势能转化为水轮机之动能，再借水轮机为原动力，推动发电机产生电能。按照水电厂水库调节性能，可以分为无调节、日调节、周调节、年调节和多年调节等多种类型。按照水电厂水能利用开发方式，可以分为堤坝式、引水式、混合式、梯级式、跨流域式和抽水蓄能水电厂。

水电厂运行方式较为灵活，出力调节快，运行成本低，在电力系统调峰调频中发挥重要作用。水电发展已有一百多年的历史，发达国家的水电资源已经基本开发完毕，再加上大型水电站开发会带来环境和社会等一系列问题，因此在发达国家水电开发方向已转向小水电开发。我国水电资源开发比重还不到 40%，具有较大发展潜力。

5. 生物质发电。生物质直接燃烧发电技术成熟，但只有在大规模生产下才有较高的效率，同时它要求生物质集中，数量巨大，适于现代化大农场或大型加工厂的废物处理。

城市生活垃圾燃烧发电技术在发达国家得到较快发展，以欧美、日本等发达国家最具代表性。机械炉排焚烧炉是目前大型生活垃圾焚烧炉的主流设备，但流化床焚烧炉具有较好的潜在应用特性。

混合燃烧发电技术十分简单，可以直接利用现有设备，或略做设备改造，设备利用率高，基本不会由于生物质生产的季节性特点造成设备闲置，提高了设备利用率，经济效益也更高，生物质与煤炭的混合燃烧具有很大的潜力。但混燃的效率会有所降低，对混燃比例的计量和监测也存在一定的技术难度。

气化燃烧发电技术：生物质气化是生物质能转化技术中历史最长而且普及使用的一种技术。

6. 地热发电。地热发电是利用高温地热能或中、低温地热流体闪蒸扩容得到蒸汽，再用于生产电力的技术，以高温地热资源为主。地热发电系统主要有四种类型：

一是地热蒸汽发电系统。利用地热蒸汽推动汽轮机运转，产生电能。它又可分为干蒸气发电系统和闪蒸蒸气发电系统。地热蒸汽发电技术成熟、运行安全可靠，是地热发电的主要形式。西藏羊八井地热电站采用的便是这种形式。

二是双循环发电系统。也称有机工质朗肯循环系统。它以低沸点有机物为工质，流动系统中的工质从地热流体中获得热量，并产生有机质蒸汽，进而推动汽轮机，带动发电机发电。

三是全流发电系统。将地热井口的全部流体，包括所有的蒸汽、热水、不凝气体及化学物质等，不经处理直接送进全流动力机械中膨胀做功，其后排放或收集到凝汽器中。这种形式可以充分利用地热流体的全部能量，但技术上有一定的难度，尚在研究中。

四是干热岩发电系统。目前尚在示范阶段，主要是利用地下干热岩体加热冷水进行发电。最早于1970年提出。1972年，美国在新墨西哥州北部打了两口约4000米的深斜井，从一口井中将冷水注入到干热岩体，从另一口井取出自岩体加热产生的蒸汽，功率达2300千瓦。进行干热岩发电研究的还有日本、英国、法国、德国和俄罗斯，但迄今尚无大规模应用。

总的来说，除非出现重大的技术突破，地热发电在我国将局限于个别局部地区的中小规模项目，不具有规模发展的优势。

7. 海洋能发电。目前，海洋能发电技术主要有潮汐能发电、波浪能发电、潮流能发电、温差能发电和盐差能发电等五种，海洋能发电技术中，技术相对成熟、装机容量最大的是潮汐发电，其他类型的海洋能发电仍处于研发或示范阶段。

（二）清洁能源经济性比较

经过世界各国二三十年的努力，新能源技术取得了长足进步，成本大幅度下降，部分新能源发电成本已经接近于常规能源。欧美国家的核电技术已经完全成熟，发电成本完全可以与其他常规能源发电相竞争；地热能、风能及生物质能的最低发电成本已经低于 0.1 美元/千瓦时，略高于或相当于水电、煤电和气电的成本，具备了一定的商业竞争力；太阳能光伏发电和海洋能发电成本较高，必须依靠政府补贴或其他优惠政策才能维持运转。

对于发电装机投资，核电、地热发电、风电、生物质发电单位投资已降至 2000 美元/千瓦以内，仍高于常规能源发电的投资成本。太阳能光伏发电投资成本仍然较高；海洋能发电年投资成本高达 7000 美元/千瓦以上。

表 4－2　　　　　　　　　　各类新能源发电投资与成本

类　型		投资成本	生产成本
		美元/千瓦	美元/千瓦·时
风力发电	1 兆 ~ 3 兆瓦，陆上，叶轮直径 60 ~ 100 米	1200 ~ 1700	0.07 ~ 0.14
	1.5 兆 ~ 5 兆瓦，近海，叶轮直径 70 ~ 125 米	2200 ~ 3000	0.08 ~ 0.12
生物质发电	10 兆 ~ 100 兆瓦，固体生物质发电	2000 ~ 3000	0.06 ~ 0.19
	10 兆 ~ 100 兆瓦，垃圾发电	6500 ~ 8500	
	0.2 兆 ~ 10 兆瓦，沼气发电	2300 ~ 3900	
	5 兆 ~ 100 兆瓦，BIGCC，示范	4300 ~ 6200	
地热发电	1 兆 ~ 100 兆瓦，蒸汽型，热水型	1700 ~ 5700	0.03 ~ 0.1
	5 兆 ~ 50 兆瓦，增强型地热型	5000 ~ 15 000	0.15 ~ 0.3（预计）
太阳能	1 兆 ~ 10 兆瓦，并网光伏，0.1 兆 ~ 0.5 兆瓦，屋顶光伏	5000 ~ 6500	0.2 ~ 0.8
	0.05 兆 ~ 0.5 兆瓦，槽式太阳能热发电	4000 ~ 9000	0.13 ~ 0.23
海洋能	0.3 兆瓦，潮汐和海流发电	7000 ~ 10 000	0.15 ~ 0.2
核电	法国 Areva 的 EPR 机组	3000 ~ 4000	—

1. 风力发电。随着技术进步和产业规模化，风电成本一直呈下降趋势。从全球来看，风电价格与常规发电价格相差比较小。我国的风电也已经开始接近常规发电电价水平，根据 2009 年国家出台的四类风资源区标杆电价，Ⅰ类—Ⅳ类资源区上网电价分别为 0.51、0.54、0.58、0.61 元/千瓦·时。普遍预计，到 2020 年风电价格有再降低 20% ~40% 的潜力，如果考虑煤电成本和

价格上升等因素，届时风电将与煤电价格持平。

随着风电设备单位投资水平下降、风电场选址水平提高以及风电机组效率的提高，产业界预计，到 2020 年风电成本在目前的基础上还可以降低 20% ~ 40%，届时与常规电力相比完全具有竞争性；2030 年后风电成本将进一步降低。

表 4 - 3　　　　　　　　　　　风力发电成本发展趋势

资源水平	当前	2020 年	2030 年	2050 年
米/秒	元/千瓦时	元/千瓦时	元/千瓦时	元/千瓦时
>5	0.4 ~ 0.5	0.3 ~ 0.38	0.29 ~ 0.36	0.28 ~ 0.35
3 ~ 5	0.6 ~ 0.8	0.4 ~ 0.6	0.41 ~ 0.58	0.42 ~ 0.55

注：全球风能理事会（GWEC）预计风力发电的成本趋势。

建设投资是决定风电上网电价的主要因素。风力发电没有燃料费用，运行维护费用也比较低，初始投资是影响风电成本主要因素。风力发电项目成本与单位容量初始投资近似呈正比关系。如果单位容量初始投资下降到 6000 元/千瓦，则风力发电成本可以与普通火电竞争。随着制造技术的不断进步，风电设备的价格将呈下降趋势，风力发电成本仍有较大下降空间。

年利用小时对风电发电上网电价影响很大。我国风能资源分布不均匀，在三北（华北、东北、西北）北部地区、沿海地带及其岛屿等风能资源丰富区，风力发电的年利用小时数可达到 2500 小时，而在风能资源较为一般的地区，风力发电年利用小时数在 2000 小时以下。年利用小时数对风力发电项目的经济性有直接影响。在其他条件相同的情况下，年利用小时为 1500 小时情况下风力发电成本是年利用小时 2500 小时情况下的 1.7 倍。

目前，风力发电成为继水电之后，第一个超过亿万千瓦的、成熟的可再生能源发电技术，已成为许多国家不可或缺的重要替代能源。目前全球拥有风电的国家和地区达 82 个以上。风电的快速发展不仅为人类提供了更多的清洁能源，也为解决就业做出了贡献。2009 年风电行业从业人员达到 55 万人。

2. 太阳能发电。光伏发电：目前最显著的缺点是经济性较差。当前每千瓦时电能生产成本约为煤电的 4 ~ 6 倍、风电的 2 ~ 3 倍。但由于光伏发电的技术已经相对成熟，产业规模也较大，对未来成本的预期也有了可靠的基础。根据美国、日本、欧洲的发展路线图预计，随着技术进步、转换效率的提高以及市场规模的扩大，到 2020 年左右，光伏发电的成本将有可能与常规电力相竞争。

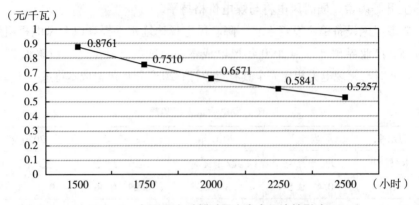

图4-1 年利用小时数对风力发电经济性影响

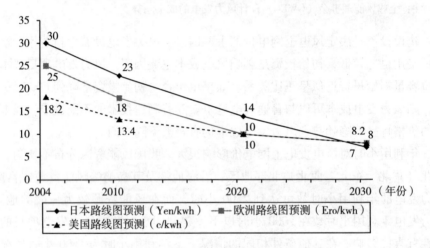

图4-2 主要发达国家的光伏发电成本预测

2009年的敦煌10兆瓦大型光伏电站的中标电价仅有1.09元/千瓦时。光伏发电实现平价上网（Grid Parity）已经不太遥远。

电站建设投资是太阳能光伏发电成本主要决定因素。在其他条件不变的情况下，太阳能光伏发电成本与单位容量初始投资基本呈正比关系。

年利用小时对太阳能光伏发电上网电价影响很大。我国太阳能资源空间分布呈现西高东低的特点。西北地区的太阳能光伏发电年可利用小时一般在1500～2500小时，考虑太阳能光伏系统80%～85%的综合效率，太阳能光伏发电年利用小时在1200～2000小时，而太阳能资源较差的四川、贵州等地，太阳能光伏发电利用小时在1000小时以下。我国太阳能资源丰富地区和太阳能资源贫乏地区的太阳能光伏发电成本差距可达2.5倍。

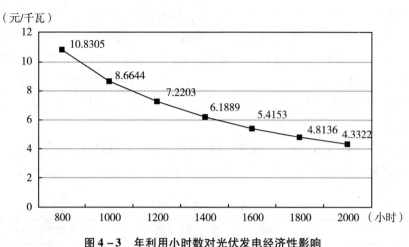

图4-3　年利用小时数对光伏发电经济性影响

太阳能热发电：与光伏发电相比，太阳能热发电的初始投资和电价目前均比光伏发电低，其发电的中高温余热还可用于海水淡化等，具有较大的成本降低的可能性。但热发电也有一定的局限性，首先，太阳能热发电只能吸收太阳能直射辐照量，其次太阳能热发电站需有水源或其他传热工质，第三太阳能热发电站的工作温度高，运转部件多，电站的运行和维护要求都相对较高。

表4-4　　　　　　　　　太阳能热发电投资成本和发电成本

	投资成本	发电成本
	美元/千瓦	美分/千瓦·时
槽式	2300~2500	12
塔式	2500~2900	15
蝶式	5000~8000	30

目前，法国屋顶太阳能电池板发电的入网收购价格已经由2006年的每千瓦0.80美元下调至0.61美元。美国First Solar生产的薄膜电池CdTe制造成本仅为0.93美元/瓦（约0.67欧元/瓦），但效率仅为11.1%，德国专家Holger Krawinkel预计，First Solar的CdTe模块能够降到0.2~0.25欧元/千瓦时，达到当前德国的电价水平。美国Nansolar公司创新的roll-to roll印刷工艺制造铜铟镓硒太阳电池（CIGS），计划将生产成本降至0.3~0.35美元/瓦（0.22~

0.25 欧元/瓦）。2009 年 4 月，美国 Abound Solar 公司开始投产 35 兆瓦的 CdTe 模块生产线，希望将成本降至 1 美元/瓦，该公司宣称 2010 年产能达到 200 兆瓦，生产成本降至 0.9 美元/瓦（0.65 欧元/瓦）。德国柏林 Inventux 公司也计划将其生产成本降至 1 美元以下。欧盟光伏产业协会（EPIA）预计，2010 年薄膜电池技术的产能将超过 4GW，市场占有份额将占到约 20%，同时，新的制造技术和自动化工艺的进展也将使得生产更为高效，大规模生产和技术进步能够降低成本，增加市场机遇。

薄膜技术有潜力实现与晶硅电池相似的高效率，但目前仍落后较多，在成本上，到目前为止，仅有 CdTe 模块的优势较为明显。

表 4 - 5　　　　　　　　　　　主要光伏电池技术经济指标

	单晶硅	多晶硅	CdTe	CIS	非晶硅	非晶/微晶硅
工业生产达到的效率（%）	19.6	18.5	11.1	12	70	9
可实现的效率（%）	>20	20	18	18	10	15
生产成本（欧元/瓦）	2	1.5~2	0.67	2	1	1
2020 年预计成本（欧元/瓦）	<0.5	<0.5	<0.3	<0.3	<0.3	<0.3

资料来源：陈伟摘译自《中国科学院先进能源科技专辑》2009 年第 15 期。

3. 生物质发电。生物质直燃发电。发电成本取决于生物质原料的收集、成本和发电效率。由于生物质能量密度低、体积大，生物质原料的成本中，运输和储存保管的费用大约占 30%~50%，随着电站规模的扩大，收集半径加大，生物质原料的运输和管理成本都会明显增加。国外生物质发电的发展，大多数依托于大农场、林木加工厂等，尽可能地降低中间环节的成本。根据国外的电站建设情况和我国现有的技术基础，生物质直燃电站的技术经济指标与电站规模有很大关系。高参数规模相对较大的电站技术经济指标相对较优，适合于原料非常集中的地区。

表 4 - 6　　　　　　　　　　　生物质直燃发电技术指标

指　标	单位	6 兆瓦	25 兆瓦
长期运行负荷	%	95	95
锅炉燃烧效率	%	85	90
蒸汽轮机效率	%	22.9	28.5

续表

指　标	单位	6 兆瓦	25 兆瓦
系统发电效率	%	19.5	25.6
厂用电率	%	10	10
燃料用量	千克/千瓦·时	1.48	1.04

生物质气化发电。小型生物质气化发电系统单位投资较低，但在原料价格较高时，由于气化效率较低，造成发电成本很高，经济效益变差，特别在规模很小时，项目的投资几乎是不能回收的。所以小型生物质气化发电比较适合于原料相对较便宜，而资金筹集较困难的情况。对于中型生物质气化发电设备来说，由于效率相对较高，发电成本较低。但由于系统较复杂，项目单位投资较高，但总体经济效益尚好，在有合理的保护电价时（0.6 元/千瓦时以上）项目的经济可行性仍很高。所以中型生物质发电技术比较适合于原料价格较高，但投资资金比较充足的情况。

表 4－7　　　　　　　　　　　生物质气化发电技术指标

指　标	单位	单机容量	
		1 兆~3 兆瓦	6 兆瓦
气化效率	%	75	78
厂用电率	%	10	10
电站发电效率	%	17~20	28
年运行时间	小时/年	6000	6500
生物质用量	千克/千瓦·时	1.3~1.8	1.1

生物质气化联合循环（BIGCC）发电由于经济性差，还未真正进入市场。目前 BIGCC 示范项目建设成本高达 4300~6200 美元/千瓦，发电成本约 1.2 元/千瓦时。

4. 地热能发电。如果单纯考虑电站建设和运行的成本，国际地热发电成本在 2~5 美分/千瓦时之间，地热发电成本低于火电，而略高于水电。我国地热发电价格在 0.50 元/千瓦时左右，成本在 0.40 元/千瓦时左右。地热发电的前期重要工作的资源勘测和打井的费用很高，如果将勘探、打井的费用考虑在内，地热发电成本将可能超过 1.0 元/千瓦时。近年来国际上出现发展中低温地热发电的趋势，发电成本可以得以降低。

与其他供热方式相比，地热的直接利用成本相对较低，初步估计，在目前的技术水平下，地热直接热利用的热力价格折合 0.25 ~ 0.45 元/千瓦时，成本约 0.2 ~ 0.4 元/千瓦时，具有一定的竞争力。

5. 海洋能发电。潮汐电站建设成本很高，目前在 7000 ~ 10 000 美元/千瓦，主要原因是潮汐电站建设成本包括了与发电相关的所有工程与设备的投资，包括电站厂房、发电变电设备及坝、泄水闸、船闸、围垦工程等。国际上，潮汐能发电成本 0.15 美元/千瓦时左右，我国潮汐电站的发电成本在 0.5 ~ 1 元/千瓦时左右。

欧洲波浪能资源丰富，能流密度高，发电成本较低。近年来，欧盟加大了研究投入，波浪能发电技术进步显著，相继出现了一批著名的大型波能发电装置，使波浪能发电的电价有了大幅度的下降，平均值达到 10 欧分/千瓦时左右。我国的波浪能能流密度较小，仅为欧洲波浪能能流密度的 1/10 ~ 1/5，因此，波浪能发电成本较高，约 2 ~ 3 元/千瓦时。但这一发电成本已经低于离大陆 30 海里左右岛屿的柴油发电成本。

6. 核电。目前世界核电造价大体分四个档次：中国自主新建二代改进型机组，比投资大约为 1500 ~ 2000 美元/千瓦；一些非热门机型，比投资在 2000 ~ 3000 美元/千瓦；法国 Areva 的 EPR 机组和日本的 APWR 的比投资，高达 3000 ~ 4000 美元/千瓦；在美国建造东芝西屋的 AP1000 造价 4000 ~ 7000 美元/千瓦。

表 4 - 8　　　　　　　　OECD 组织 2010 年发电成本预测　　　　单位：欧分/千瓦时

国　家	贴现率 5%			贴现率 10%		
	核	煤	气	核	煤	气
	核电成本	煤电成本	气电成本	核电成本	煤电成本	气电成本
芬　兰	2.76	3.64	—	4.22	4.45	—
法　国	2.54	3.33	3.92	3.93	4.42	4.30
德　国	2.86	3.52	4.90	4.21	4.09	5.00
瑞　士	2.88	—	4.36	4.38	—	4.65
荷　兰	3.58	—	6.04	5.32	—	6.26

续表

国　家	贴现率5%			贴现率10%		
	核	煤	气	核	煤	气
	核电成本	煤电成本	气电成本	核电成本	煤电成本	气电成本
捷　克	2.30	2.94	4.97	3.17	3.71	5.46
斯洛伐克	3.13	4.78	5.59	4.55	5.52	5.83
罗马尼亚	3.06	4.55	——	4.93	5.15	——
日　本	4.80	4.95	5.21	6.86	6.91	6.38
韩　国	2.34	2.16	4.65	3.38	2.71	4.94
美　国	3.01	2.71	4.67	4.65	3.65	4.90
加拿大	2.60	3.11	4.00	3.71	4.12	4.36

注：2003 年美元值，四十年寿命，85%负荷因子。

7. 水电。水电发电成本总体较低，根据资源情况、装机容量、年运行小时数等不同，水电发电成本具有较大差异。表 4 - 9 是 IEA 对主要国家水电发电成本的统计情况。

表 4 - 9　　　不同国家水电发电成本统计 2000 年不变价　　　单位：美元/兆瓦时

国　家	投资成本	运维成本	综合成本
巴　西	31.88	2.42	34.30
中　国	41.65	9.85	51.50
日　本	245.41	36.11	281.51
瑞　典	117.99	15.17	139.69
奥地利	88.33	4.25	92.58
捷　克	452.94	6.39	459.32

（三）清洁能源环境影响比较

一般来讲，可再生能源利用的环境影响很小，主要是产品生产本身的能源消耗和少量的污染排放。从能源消耗和能量回收的角度考虑，风电的环境影响最小，太阳能光伏发电影响最大，太阳能光热发电介于两者中间。一般来讲，风电装备制造所投入的能源，在风电装备投产之后3～6个月便可通过发电回收，太阳能光伏发电大约需要2～3年，太阳能热发电大约在1年左右。随着技术的进步，其能量回收期还可以缩短。

从温室气体减排的角度，各种可再生能源都具有竞争的优势。国外在研究温室气体排放是普遍采用生命周期分析法，考察能源从勘探开采到适应整个周期的温室气体排放。根据有关学者按照生命周期法对各类发电方式的温室气体排放量的计算结果，可再生能源发电的排放量为9～41克/千瓦时，核电为66克/千瓦时；而化石能源发电为443～1050克/千瓦时，相当于新能源发电的几倍甚至上百倍。风力发电温室气体排放量最低，只有9～10克/千瓦时，是最清洁的能源；核电的排放在新能源中最高，但比化石能源低很多，而且由于核燃料具有很高的能量密度，核电的综合优势仍然十分明显。

表4－10　　　　　新能源发电与常规能源发电温室气体排放量对比

发电方式	温室气体排放量 （克/千瓦时）	发电方式	温室气体排放量 克/千瓦时
风力发电	9～10	地热发电	38
水力发电	10～13	核能发电	66
沼气发电	11	天然气发电	443
太阳能热发电	13	燃料电池	664
生物质发电	14～41	燃料油发电	778
太阳能光伏发电	32	煤炭发电	960～1050

在我国，新能源发电技术环境影响的另一个因素是土地资源。按照现有技术推算，每10平方公里的土地，大约可以安装100万千瓦的太阳能发电或3～5万千瓦的风电设备，年发电量分别为10亿千瓦时和8000万千瓦时的电量。而相应的土地面积每年只能生产大约7500吨的生物质能源，仅可发电1000万千瓦时左右。粗略的估计，按单位发电量计算，如果太阳能发电占地为1，风电大约是12，生物质发电是100。因此，从发电占地的角度考虑，太阳能发电和风力发电要明显的优于生物质发电。

四、我国清洁能源发展的总体思路和原则

（一）我国清洁能源发展的思路

贯彻落实科学发展观，以建设资源节约型、环境友好型社会为目标，把发展清洁能源作为全面建设小康社会、构建和谐社会、实现可持续发展的重大战略举措。以发展清洁能源发电为重点，加快发展水电、核电等技术成熟、市场竞争力强的清洁能源，尽快提高清洁能源在我国能源结构中的比重。积极推进风能、太阳能等清洁能源发电技术的研究和产业化发展，为更大规模开发利用清洁能源奠定基础。加大智能电网、电动汽车等清洁能源输送和利用技术的开发，制定鼓励清洁能源利用的政策措施，努力提高清洁能源市场消纳能力。

（二）我国清洁能源发展的基本原则

1. 坚持因地制宜，集中和分散并举的原则。我国清洁能源发展既要重视规模化开发利用，不断提高清洁能源在能源供应中的比重，又要重视分布式清洁能源，丰富清洁能源的利用方式，发挥清洁能源对解决偏远地区用能用电问题的作用。在清洁能源发展过程中，要坚持因地制宜，重视清洁能源开发与环境和生态保护的协调，科学规划、合理布局，有序开发。

2. 坚持市场开发与产业发展相互促进的原则。在清洁能源发展过程中，要在加强技术研发投入的同时，对商业化发展前景较好的核能、风能和太阳能等清洁能源，采取必要措施扩大市场需求，通过持续稳定的市场为清洁能源的发展创造有利条件。同时，要建立以自主创新为主的清洁能源开发和产业发展体系，尽快掌握核心技术，提高清洁能源发电设备的制造能力，通过规模化发展提升清洁能源的市场竞争力。

3. 坚持政策激励与市场机制相结合的原则。为促进清洁能源发展，既要通过各种政策激励措施支持清洁能源开发利用，发展循环经济，又要建立促进清洁能源发展的市场机制，运用市场化手段调动对清洁能源投资的积极性，提高清洁能源利用技术水平。

五、我国清洁能源发展的重点

（一）水电

加大重点流域的开发力度，确保实现水电开发目标。重点开发西部的金沙江、雅砻江、大渡河、澜沧江、怒江、黄河上游等水电基地。2020 年前，我国新增装机主要分布在四川、云南等西南地区。到 2020 年，除四川、云南、西藏外，其他地区水电资源基本开发完毕或已达到较高开发水平。2020 年前后，西藏水电也将进入大规模开发阶段。

加快国际河流开发进度，特别是西南国际河流中的澜沧江和怒江水电资源，加快雅鲁藏布江水电开发规模工作，积极争取共同开发东北、新疆等省区的国际界河。

进行水电资源的深度开发，主要是老旧水电机组的增容改造。因地制宜开发中小河流水电资源，重点开发西南地区丰富的小水电资源，解决大电网未覆盖地区的电力供应问题，并替代传统燃料。

（二）核电

2020 年前，我国新增核电装机主要分布在用电负荷快速增长而能源资源缺乏的东部沿海地区，并逐渐成为这些地区新增电力容量的主要形式。华东、南方地区新增核电装机规模占到全国新增核电装机的 38% 和 32%。2020 年后，内陆缺能省份核电开始规模化发展，华中、南方和华北地区新增核电装机规模占到全国新增核电装机的 45%、22% 和 20%。

（三）风电

2020 年前我国风电发展以陆上为主，风电开发重点主要集中在"三北"（西北、东北、华北）地区以及江苏沿海地区等大型风电基地，在这些地区规划建设甘肃酒泉、新疆哈密、蒙西、蒙东、吉林、河北、江苏等 7 个千万千瓦级风电基地。其中，酒泉、哈密、蒙西基地资源优势明显，具备大规模开发条件，近期应加快建设。从各基地的建设时序看，我国风电开发的集中度将日益增大，到 2020 年和 2030 年，七大风电基地风电开发规模将分别占全国总规模的 78% 和 82%。在风电大规模集中式开发的同时，对由于受资源或建设条件限制难以成片开发的地区或电网暂时覆盖不到的偏远地区，因地制宜地开发建设中小型分布式风电场。

做好海上风电开发的前期研究和准备工作，2020年前在江苏、上海、浙江和山东等近海地区建立若干海上试验风电场，开展海上风电技术的研发和示范工作。2020年后，近海风电场发展将成为我国风电开发的新增重点方向。

（四）太阳能发电

2020年前，太阳能发电开发的重点是在大中型城市推广建筑光伏系统，并大力发展大型并网光伏电站，对太阳能热发电进行技术示范和项目验证。近期重点在光伏产业和经济社会较发达的长江三角洲、珠江三角洲、山东和河北推广实施建筑光伏项目，并结合上海世博会、广州亚运会场馆等城市标志性建筑，推广建筑光伏技术。在河西走廊、青藏线、宁夏和内蒙古沙漠边缘等太阳能资源丰富、具有大片荒漠土地、临近大电网和负荷中心地区建设大型并网光伏电站。2020年后，太阳能发电以西北荒漠、戈壁等地区的大型并网光伏电站为主，并继续在全国城市中推广建筑光伏系统。

（五）大规模储能技术

2020年前，新增抽水蓄能电站主要布局在华北、华东和南方地区，分布各占新增抽水蓄能装机规模的25%。2020年后，新增抽水蓄能电站主要布局在华中、南方和华东地区，分别各占新增抽水蓄能装机规模的37%、22%和20%。

抓紧进行储能新技术的研发示范工作。2020年前，大容量液流电池、锂离子电池等技术实现商业化应用，配合风电场和太阳能光伏电站，用于平滑短期（数十分钟以下）波动，提高间歇性清洁能源处理的可信度。2020年后，随着液流电池等装置技术经济性的提高，大容量储能技术进入分布式清洁能源发电领域，起到削峰填谷，减少分布式能源发电对配电网的负面影响等作用。

六、清洁能源制度现状

现有清洁能源制度在我国清洁能源发展初期发挥了重要作用。从全球范围来看，我国清洁能源产业，特别是风能、太阳能等产业起步较晚。尽管如此，我国政府从保障国家能源安全，改善能源结构的高度出发，先后出台了一系列鼓励清洁能源发展的政策法规,为促进我国清洁能源的快速发展发挥了重要作用。特别是 2005 年出台的《中华人民共和国可再生能源法》,极大地推动了我国清洁能源的快速发展。短短几年,我国清洁能源发电产业已初具规模,在全球的地位得到迅速提升。

支持节能环保设备生产所需的关键零部件、原材料进口。自 2010 年 6 月 1 日起,对符合规定条件的国内企业为生产国家支持发展的大型环保和资源综合利用设备、应急柴油发电机组、机场行李自动分拣系统、重型模锻液压机而确有必要进口部分关键零部件、原材料,免征关税和进口环节增值税。支持天然气进口。天然气是清洁能源,可替代煤炭、石油消费,在降低能源消耗成本、替代传统能源消费、促进节能环保等方面,能够发挥重要作用。我国天然气资源相对紧缺,为更加有效地利用国际天然气资源,我国对进口天然气实行了税收优惠政策,在 2011 年 1 月 1 日至 2020 年 12 月 31 日期间,在经国家准许的进口天然气项目进口天然气价格高于国家天然气销售定价的情况下,将相关项目进口天然气(包括液化天然气)的进口环节增值税按该项目天然气价格和国家天然气销售定价的倒挂比例予以返还。

(一) 实行促进新能源产业发展的税收政策

1. 核电税收政策。核力发电企业生产销售电力产品,自核电机组正式商业投产次月起 15 个年度内,统一实行增值税先征后退政策,返还比例分三个阶段逐级递减。一是自正式商业投产次月起 5 个年度内,返还比例为已入库税款的 75%;二是自正式商业投产次月起的第 6 至第 10 个年度内,返还比例为已入库税款 70%;三是自正式商业投产次月起的第 11 至第 15 个年度内,返还比例为已入库税款的 55%。核力发电企业取得的增值税退税款,专项用于还本付息,不征收企业所得税。

2. 风电税收政策。对销售自产的利用风力生产的电力,实行增值税即征即退 50% 的政策。对大型风电设备及关键零部件实行进口税收优惠政策。自 2009 年 7 月 1 日起,对国内企业为生产国家支持发展的重大技术装备和产品而确有必要进口的关键零部件及原材料,免征进口关税和进口环节增值税。最近,国家有关部门又发文,决定调整天然气销售定价,扩大税收优惠政策适用范围,进一步加大了对进口天然气的税收政策支持力度。

3. 水电税收政策。(1)三峡电力产品的增值税优惠政策。国家规定,三峡电站自发电之日起,其对外销售的电力产品,按照适用税率征收增值税,电力产品增值税税收负担超过 8% 的部分，实行增值税即征即退政策。（2）小水电的税收政策。作为一般纳税人的小水电企业（指县级及县级以下小型水力发电单位生产的电力，装机容量为 5 万千瓦以下，含 5 万千瓦），可按 6% 征收率缴增值税。如果不按简易办法，则按 17% 税率纳税。水电站可在前述两种办法中选择，但由于其购进货物少，进项抵扣少，通常选择按简易办法计算。

4. 光伏发电税收政策。2012 年 12 月 19 日国务院召开第 227 次常务会议，讨论《关于促进光伏产业健康发展的若干意见》，决定对光伏电站项目执行与风电相同的增值税优惠政策。对此，财政部、国家税务总局发文，决定自 2013 年 10 月 1 日至 2015 年 12 月 31 日，对纳税人销售自产的利用太阳能生产的电力产品，实行增值税即征即退 50% 的政策。

（二）实行煤层气（即煤矿瓦斯）抽采利用的税收政策

为加快推进煤层气资源的抽采利用，鼓励清洁生产、节约生产和安全生产，国家决定自 2007 年 1 月 1 日起：

1. 对煤层气抽采企业的增值税一般纳税人抽采销售煤层气实行增值税先征后退政策。先征后退税款由企业专项用于煤层气技术的研究和扩大再生产，不征收企业所得税。

2. 对独立核算的煤层气抽采企业购进的煤层气抽采泵、钻机、煤层气监测装置、煤层气发电机组、钻井、录井、测井等专用设备，统一采取双倍余额递减法或年数总和法实行加速折旧。

3. 对独立核算的煤层气抽采企业利用银行贷款或自筹资金从事技术改造项目国产设备投资，其项目所需国产设备投资的 40% 可从企业技术改造项目设备购置当年比前一年新增的企业所得税中抵免。

4. 对财务核算制度健全、实行查账征税的煤层气抽采企业研究开发新技术、新工艺发生的技术开发费，在按规定实行 100% 扣除基础上，允许再按当年实际发生额的 50% 在企业所得税税前加计扣除。

5. 对地面抽采煤层气暂不征收资源税。

（三）抑制高能耗、高污染的税收政策

1. 对增值税一般纳税人生产的黏土实心砖、瓦，一律按适用税率征收增值税，不得采取简易办法征收增值税。2008 年 7 月 1 日起，以立窑法工艺生

产的水泥（包括水泥熟料），一律不得享受增值税即征即退政策。

2. 调整或取消了煤焦油、部分化肥品种、汽油、石脑油、铬盐和松节油及其粗制品、钢材、小麦等原粮及其制品、部分植物油等"两高一资"产品的出口退税。

七、存在的问题

我国现有清洁能源制度迫切需要进一步完善。随着清洁能源产业的快速发展，规模不断扩大，我国现有政策法规体系中一些规定和办法已不能适应当前清洁能源大规模发展的需要。突出表现在：一是重项目开发轻协调发展，清洁能源政策中"重开发轻输送忽略用"的问题突出，缺乏对输配及用电环节补偿与激励的完整配套产业政策，缺乏鼓励电网企业收购清洁能源上网电力的激励政策、缺乏鼓励用户购买绿色电力的激励政策，没有形成包括发电、并网、用电在内的完整的激励政策体系。对制造企业、发电企业的激励和补偿政策较多，对电网企业的激励和补偿政策缺乏，不利于产业的协调发展。二是重激励轻规范，当前的政策重视对于制造企业和发电企业的激励和补偿，缺乏对其产品质量、性能的规范和要求，一定程度也导致了我国发电机组质量问题突出。三是重项目管理轻资源管理。现行的政策法规侧重对项目的管理，对资源的管理相对较弱。四是重装机规模轻电量利用。在制定可再生能源相关规划及考核指标中，重装机指标轻电量指标，导致开发规模很大，实际利用水平很低，违背了发展可再生能源的初衷。

（一） 清洁能源相关法律存在的主要问题

1. 《可再生能源法》中全额收购风电的规定有待完善。从世界范围来看，在风电等新能源起步阶段，各国立法侧重于全额收购。随着对可再生能源规模的扩大，发达国家的立法由全额收购向优先收购转变。丹麦、西班牙、德国等国家都规定在电力系统需要时，风电应参与系统功率控制和调峰。我国目前规定了可再生能源发电全额收购的政策。在风电发展起步阶段，风电装机规模较小，对系统安全稳定和调峰影响不大，可再生能源发电全额收购政策对促进风电发展起到了积极作用。目前，东北、华北、华东等电网电源结构单一，调峰手段有限，风电大规模发展进一步加重了系统调峰困难。为了保证风电电量全额收购，需要付出很大的代价，如采取火电机组深度压出力或部分火电机组停机等措施，既不经济，也不安全。

2.《可再生能源法》有待配套完善。我国《可再生能源法》为了兼顾各地不同需要以及我国的立法环境，法律中许多条款只是制定了基本原则，还不具备实施条件，其有效实施还需要国务院及其相关部门出台配套的行政法规、规章、技术规范，地方政府出台符合地方具体情况的地方性法规、规章。

《可再生能源法》需要政府予以政策化、法规化的内容包括：对水力发电适用《可再生能源法》的具体办法作出规定，资源调查的技术规范，全国可再生能源开发利用中长期总量目标以及各行政区域可再生能源开发利用中长期目标，制定、公布国家可再生能源电力的并网技术标准和其他需要在全国范围内统一技术要求的有关可再生能源技术和产品的国家标准等，还有大量配套政策规章需要完善。

3. 法律法规还存在一些空缺。一方面，我国缺乏对并网机组管理的强制性法律规定。从对并网机组的管理上看，国外对于风电等清洁能源并网机组及发电商都有明确要求，如德国《可再生能源法》明确规定并网风电机组必须满足输电导则和并网技术规范；丹麦规定新安装风机必须满足并网技术标准；西班牙的电力法规定风电运营商有义务向电网运营商提供功率预测，要求风电运营商提前一天报出各时段的上网电价以及预测的上网电量，如果实际的上网电量与预测的发电量相差超过20%（对常规能源发电企业是5%），风电企业需支付超过上网电价数额的罚款。另一方面，我国缺乏鼓励用户购买绿色电力的法律规定。丹麦通过绿色认证，鼓励消费者购买一定数量的绿色电力；荷兰政府规定用户有购买最低限量清洁能源电能的义务；美国《2005年能源政策法》规定联邦政府2010～2012年财政年度消费的总电量中，可再生能源的比例不低于3%，部分州也提倡居民用户自愿以高出正常电价10%的价格购买可再生能源电能。相比之下，我国缺乏鼓励用户购买绿色电力的法律规定。

（二）清洁能源相关规划存在的主要问题

1. 地方规划与全国规划不一致。以风电为例，国家风电规划与地方风电规划脱节。国家现有风电规划，在时间上没有明确各年份的发展计划，在空间上没有明确各省市的发展规模，受地方利益驱使，各地风电发电规划只考虑资源情况，不考虑电力送出和消纳能力，导致风电无序发展，出现风电建设规模远远大于国家规划的情况。2007年6月审议通过的《可再生能源中长期发展规划》提出2020年风电装机达到3000万千瓦，而目前酒泉、哈密、蒙西、蒙东、河北、吉林等千万千瓦级风电基地，规划的 2020 年风电装机容量就达到了 11 632 万千瓦。最新的风电发展规划迟迟没有出台，在开发规模和消纳市场等方面，相关利益各方还没有形成基本的共识。

2. 清洁能源规划与其他电源规划不协调。风电电源与其他电源规划脱节。各地在制定风电规划时未考虑系统电源结构和风电消纳市场，由于电力系统对风电的消纳能力主要取决于系统的电源结构和调峰能力，直接导致电网调峰能力不足而限制风电出力。

受资源特点所限，风能、太阳能等清洁能源发电出力具有间歇性、随机性等特点，客观要求配套发展相应容量的常规电源，以增加相应调节能力。随着居民、商业用电水平的不断提高，系统峰谷差呈不断扩大趋势，常规电源的调峰能力面临不断增加的压力。而目前风电规划与常规电源规划脱节，进一步凸显了电源的结构性矛盾。在风电集中的"三北"地区，冬季火电机组的供热期（吉林供热机组占火电机组的 90% 以上）、水电机组的枯水期（北方凌汛期）、风电机组的大发期等相互叠加，系统调节能力下降，等效峰谷差加大，调峰容量不足，导致系统接纳风电上网能力受到限制。以东北电网为例，根据目前的电源结构、负荷水平和电源规划，2010 年东北电网（含蒙东）仅能消纳 400 万千瓦的风电，2015 年仅能消纳 1130 万千瓦的风电。而东北电网现有风电装机已达 450 万千瓦，且蒙东、吉林两个千万千瓦风电基地正纳入开发规划，东北风电规划建设规模已远远超过地区风电消纳能力。

3. 清洁能源规划与电网规划不协调。风电规划与电网规划脱节。我国电网发展长期滞后于电源发展，同时由于风能资源与用电负荷逆向分布，风能富集地区往往是经济发展相对落后的地区，地区负荷需求较低，电网网架结构相对更加薄弱。风电大规模、高集中度开发后，给风电接入电网、可靠送出和安全运行带来了巨大压力，出现风电入网、送出严重滞后的情况。

我国清洁能源资源与需求分布不均衡，风能资源丰富地区除东部沿海以外，主要集中分布在"三北"（东北、西北和华北北部）地区，技术可开发量占全国陆地风能资源总量的 95% 以上；太阳能资源最丰富地区分布在青藏高原、甘肃北部、宁夏北部和新疆南部；而 75% 以上的能源需求集中在中部、东部地区。能源资源与能源需求呈严重的逆向分布的格局。我国西部地区清洁能源发电开发规模较大，就地消纳困难，必须通过电网长距离大规模输送至中、东部负荷中心。如甘肃酒泉风电基地一期工程 516 万千瓦风电装机，风电电力仅输送至西北主网的输电距离就达到 860 公里；新疆哈密风电基地距离中东部负荷中心地区更是达到 2500 公里左右。

欧美国家的清洁能源发展模式与我国不同。德国、丹麦等国家虽然风电装机占电力系统总装机的比例较大，但多为小型风电场，且分散接入低压配电网，就近利用；美国、西班牙等国家虽然建设有规模较大的风电项目，但无须数百公里以上的远距离输送。与国外"分散上网、就地消纳"的发展模式不同，我国清洁能源发展模式是"建设大基地，融入大电网"，"集中规模化"开发模式以及"大容量—高电压—远距离"的输送模式。当前我国区域电网的联系薄弱，尚未形成坚强的全国电网，客观上制约了风电跨区域消纳的规模，一定程度上也制约了风电的大规模开发利用。各地区的风电规划没有考虑电网建设规划和建设进度，而风电建设周期短，电网建设周期长，使得风电发展与电网发展出现了不协调。2008 年年底，由于风电场与电网送电工程建设进度不一致，有 1/9 左右达到并网条件的风电装机未能及时并网发电。

（三）清洁能源相关管理制度存在的主要问题

1. 资源管理不到位。一是资源评估不够，可获得性缺乏实证。我国已经开展的风能、太阳能等能源资源评价工作和已获得的可再生能源资源评价数据均还远远不够。太阳能、风能资源评价只是根据现有气象站点的观测结果得出大致的资源总量和分布数据，在全面性、可信性、可用性等方面均与实际可利用的资源数据有较大距离，对制定相关战略规划和实施有关开发利用项目的支持有限；生物质能资源评价方面，对现有农林和工业废弃物的资源量估算有一定基础，但是在生物质能源作物方面还未起步，作物选育、生物质产量、大面积种植能源作物的水源保障和生物多样性效应等均缺乏实际数据的验证，甚至对可利用土地的评价，也没有系统全面的研究；地热能、海洋能资源方面，受有关利用技术尚未成熟、资源评价投入长期不足等因素影响，有关数据大多是粗略估算结果。二是资源评价相关基础研究十分薄弱。以风电为例，我国风资源开发应用相关风况模型研究十分薄弱。风况模型是风电产业最基础的理论根据，在目前国际风电行业标准中主要以 23 个公式表述，主要是以欧洲大陆上长期的风资源为依据，由各种科研机构通过长期的努力，采用数值统计、模拟和理论推导相结合的方法获得。但是，目前世界上的风况模型直接应用到中国的风资源开发中，实践证明有较大的偏差，迫切需要开展具有中国特色的风况模型研究。风况模型的研究需要耗费大量长期的人力、物力资源，风险较大且研究者直接受益较少，需要国家公共财政投入的支持。三是相关的数据资料不能统一、共享。这是当前制约中国风电行业应用基础研究的主要环节。国家现行的法律法规中，已有关于气象、地理、电力等信息共享的要求。但实际操作中，"成本性补偿"等收费方法不明确，甚至在有些地方成为暴利手段，既制约了项目的开发，也制约了应用基础研究的开展。

2. 统计口径不规范。我国风电装机的统计口径有两个：一是吊装容量，就是将发电机、风叶部分安装到塔筒顶部的风电机组容量。二是并网容量，就是正式接入电网运行的风电机组容量。2008 年年底，我国风电吊装容量为1217 万千瓦，并网容量只有 894 万千瓦。吊装容量高于并网容量，主要是因为风电机组在吊装完成之后，还必须进行发电机组调试、风电场内部联调、政府建设部门协调启动、风电场并网联调等多个环节之后，才能正式并网（即接入电网），这个过程往往需要 6 个月左右的时间。由于统计口径不规范，出现了社会舆论的误导，不利于风电产业的协调发展。如 2008 年年底，全国具备并网条件而没有及时并网发电的风电装机有 100 万千瓦左右，占并网容量的比例大致是 1/9，而不是社会舆论宣传的 1/3。

3. 项目审批相关规定不完善。按现有规定，5 万千瓦以上风电项目建设由国家发改委审批，5 万千瓦以下则由地方政府审批，但风电上网价格仍需由国家发改委审批，由此带来风电项目拆批现象严重，风电无序建设问题凸显。其结果是，一些地方政府和投资企业为了争上项目，规避国家审批，纷纷拆分建设，一个 30 万千瓦的项目被拆成 6 个以上的小项目（每个项目都小于 5 万千瓦）。造成地方政府自行批准的小风电项目遍地开花，风电资源被严重浪费。由于这些拆分建设的项目与电网建设脱节，又进一步恶化了风电与电网的矛盾。根据相关统计结果：2008 年，全国共核准风电场 199 个，装机容量 1167万千瓦；其中装机容量为 4.95 万千瓦的风电场 139 个，占 70%，装机容量688 万千瓦，占 60%。以内蒙古自治区风电为例，国家"十一五"规划目标2010 年投产 300 万千瓦，但根据对现有及开展前期工作风电调查，蒙东地区2010 年将累计投产风电 420 万千瓦（其中有一片 40 万千瓦风电场分拆成 8 个4.95 万风电场），远远超过了自治区风电规划，更超过了国家规划。

4. 项目核准与配套电网工程的核准步调不统一。由于风电工程、风电接入电网工程的审批步调不统一，接入电网工程普遍滞后于发电工程的批复，保障风电送出的电网加强工程又滞后于接入电网工程的批复，再加上风电场建设周期短、电网工程建设周期长等因素，在部分地区造成风电送出工程难以满足风电并网的进度要求。目前正在开发的几个北方"风电三峡"，如甘肃酒泉、蒙西等风电基地，装机规模在 1000 万千瓦以上，当地均没有足够的负荷消纳能力，距离华北、西北负荷中心超过了 1000 公里，只有建设特高压输电工程才能经济、安全送出电力，但目前特高压示范工程尚未验收，严重影响这些地方风电送出电网工程的规划建设。

5. 并网机组管理缺位。欧美发达国家均以立法形式建立了严格的风机并网检验认证制度，确保并网电源满足技术规定要求。我国还未建立风电机组测试与认证制度，并网机组的管理规定处于空白，风电机组并网前后均没有进行机组自身和相关涉网特性试验，使一些制造水平低、运行性能差的机组并入电网，给电网安全稳定运行带来了隐患。

由于缺乏对并网风电机组有效管理的相关规定，导致我国多数已建成风电场风电机组技术性能低下，在系统发生小扰动时自动脱离电网。国外主流制造商在产品正式进入市场之前，都通过整机严格测试，样机试运行，第三方机构测试等流程。而我国一些制造商，在机组研制出来后没有样机试制的情况下即投入了批量化生产；还有一些风机制造企业为了尽快形成风电机组生产能力，通过购买国外许可证或所谓的"联合设计"得到制造图纸，本身自主研发能力薄弱，而且所采用的零部件质量未经实践检验，导致产品的质量和可靠性与国外主流厂家的设备有不少差距，采用国产机组的风电场，其机组可利用率明显低于采用国际先进品牌的机组，粗略估算整体上要低 7% 左右。投入运行的国产机组也曾多次出现大的质量和技术故障，如轮毂裂纹，主轴问题，轴承问题，齿轮箱故障，发电机故障等。较为典型的是吉林白城电网发生配电网故障时，多次因风电机组技术性能差而发生风电场大规模脱网，最大时将近 40 万千瓦机组。

（四）电价政策存在的主要问题

1. 太阳能、生物质能发电电价还不健全。太阳能发电上网电价还不健全：一是尚未形成标杆上网电价，基本上还是逐个项目核定价格或是通过招标确定价格，电价政策不够透明；二是定价的原则不甚明确，水平难以把握。由于技术、规模及市场等因素影响，太阳能发电目前成本仍然比较高，价格定低了，发电企业难以维持和发展，定高了，上网和分摊的费用昂贵，代价太大，存在是否经济的质疑，还有可能诱导企业盲目投资，低水平重复建设。

生物质发电上网电价偏低，管理不规范：生物质发电由于"小机组、大燃料"的典型特点，其单位投资大、燃料成本高。从目前生物质发电企业的实际运营情况来看，国家批复价格与保本电价有较大差距，现行的上网电价水平（由各地区脱硫燃煤机组标杆电价加 0.25 元/千瓦时的补贴电价组成）很难维持企业的简单再生产，绝大部分生物质发电企业处于亏损经营状态。尽管发改委已对秸秆发电亏损项目给予了 0.1 元/千瓦时的临时电价补贴，但也难以扭转生物质发电企业的亏损状态，不利于生物质发电产业的发展，而且在价格之外又实行临时价格补贴不利于价格的规范管理。

2. 接网电价补贴政策不尽合理。一是接网工程的补贴标准偏低。现行每千瓦时 1～3 分的可再生能源发电项目接网工程的补贴标准偏低，难以满足接网工程投资的还本付息需要，影响电网企业投资的积极性。二是接网电价补贴政策不利于可再生能源的健康快速发展。现行的接网电价补贴政策仅考虑了可再生能源发电电量就地消纳的接网工程建设运行费用，没有考虑到大型可再生能源发电基地电能远距离输送、送受端电网扩建等因素。而大型可再生能源发电基地主要分布在"三北"等偏远、经济欠发达地区，可再生能源电网配套工程建设运行成本高于常规能源接网工程部分，如通过提高本地销售电价回收，将显著加重当地用户负担，制约当地经济发展；如通过提高可再生能源落地价格来回收，将大大降低可再生能源消纳竞争力。这两种回收方式都将影响可再生能源的开发和消纳积极性，需要探寻新的方式。

3. 电价附加政策执行不到位。一是政策不配套，附加资金大量缩水。由于可再生能源法规定不明确，而部门间政策不配套，一些地方税务部门将可再生能源电价附加收入定为企业收入，征收所得税，不同意配额交易卖出方支付电厂补贴的增值税进项税进行抵扣，也不同意支付公共可再生能源独立电力系统运行维护费用高于当地省级电网平均销售电价的部分进行增值税进项税抵扣，致使电价附加资金大量缩水，据有关部门估计近 1/3 的附加资金要上缴财政；二是资金调配时效差。现行电价附加资金调配工作量大、层次多、时效差，调配和补贴的周期至少要半年以上，加大了企业的资金压力。

（五）相关标准存在的主要问题

1. 缺乏反映中国国情的风力发电机组设计标准。行业标准是行业长期研发成果和实践经验的浓缩和总结，是设计、制造、检验、运行和维护等各个环节的条件、参数、指标和要求，是行业技术活动的指南。目前，风电行业标准主要有德国劳伊德 GL 标准、丹麦 RISOE 的 DNV 标准和国际电工委员会（IEC）的标准。这三个系列标准主要是以丹麦、德国的条件和经验制定的，我国基本上是直接把翻译后的 IEC 标准作为国家标准。目前还没有能够反映我国国情的风电标准。

我国从国外引进的机型是按照国际标准设计的，而国际标准所规定的载荷条件主要是依据中欧和北美的风况与气候制定的。我国一些地区的风况、气候条件和地质、地貌与国际标准中所列出的情况差别较大。因此，按照国际标准设计的机型不能完全适合我国的自然条件。国际标准 IEC61400 - 1 明确规定，风力发电机组设计中要考虑的外部条件取决于安装风机的风场类型。对需要特殊设计（如特殊风况或其他特殊外部条件）的风力发电机组，其特殊安全等级的设计值由设计者确定。因此，对于我国特殊的风况条件，需由设计者自己考虑，但需要考虑哪些因素，如何体现在设计之中，目前尚无据可依。国外设计者不可能专门为我国设计特殊风力发电机组，而我国风电企业也提不出可执行的设计技术要求。如果出现设计缺陷，后果不堪设想。

2. 缺乏发电设备检测认证制度。世界多个国家在鼓励支持新能源发展的同时，也针对各种类型电源特殊性，建立了检测认证制度。目前，我国风电、太阳能发电并网管理中没有检测认证制度。我国已经投运的风电场均未进行过并网检测，其技术性能和产品质量存在较大的不确定性，对于风电场有功功率控制、无功功率调节、低电压穿越能力、电能质量等方面的技术要求无法落实，这些都增大了运营商的投资风险，也给电力系统稳定运行带来新的安全隐患。

目前，我国的风机公共测试机构刚刚成立，公共检测认证机制还没有真正建立。由于新型风电机组的检测工作需要 1~2 年时间，而国内市场需求旺盛，国内企业的大多数新产品没有经过检测认证，在质量和可靠性缺乏验证的情况下就投入大规模生产和安装，这是导致我国国产机组目前故障率高于国外机组的重要原因。

3. 并网标准不完善。欧美主要风电大国均针对风电的特殊性，制定了风电并网技术标准，建立了检测认证制度。通过实施技术规范、加强检测认证等措施，推动风电通过技术进步达到或接近常规电源的性能，实现风电与电网及其他电源的协调发展。和国外风电发达国家的并网导则的强制性要求相比，我国原有的并网技术规定不要求强制执行。就并网导则规定的内容而言，我国并网导则规定的项目较少、要求较低，对电网运行产生重要影响的调峰调频能力、低电压穿越能力等相关标准缺失，不能满足风电大规模开发的要求。我国原有的风电并网技术规定为《风电场接入电力系统技术规定》，属指导性技术标准，已过有效期。2009 年，国家电网公司修订完成了风电接入电网技术规定，技术上比较全面合理，但作为企业标准又缺乏有效的约束力，执行中有一定的难度。

一是机组的调频调峰能力，丹麦要求在大规模、集中接入，远距离输送的大型风电场留有一定的调节裕度（即采用弃风方式保留一定的调整容量），不仅要参与调频，还要参与调峰。英国要求参与调频，德国要求在高频时减出力。国外风电机组普遍具备相应的有功、无功调节能力。而我国现行标准没有对风电机组参与系统调频提出要求，现有运行风电机组均不能参与系统频率调整。

二是机组的低电压穿越能力，低电压穿越能力是指电网运行中，当系统出现扰动或远端（近端）故障时，可引起局部电压的瞬间跌落，期间电源维持并网运行的能力。风电机组的低电压穿越能力需要引起足够重视。在风电装机比例过大的电网，如果由于系统故障或扰动引起风电机组在电网低电压期间的大面积脱网，将会导致电网潮流的大范围转移、输变电设备过负荷、潮流断面过极限、甚至引起频率稳定、电压稳定破坏事故，对电网的安全稳定运行影响较大。常规机组（煤、水、气、核）都装有快速励磁调节系统，具备很强的低电压穿越能力。英国、德国等多个国家都通过国家立法对风电机组低电压穿越能力提出严格强制性标准，风电机组普遍具备低电压（故障）穿越能力。由于我国现行《可再生能源法》和相关配套法规规章技术标准没有相关具体要求，我国现有并网风电机组均未配备快速无功补偿装置或相应控制系统，不具备低电压穿越能力。

八、完善清洁能源发展政策法规的重点领域和主要措施

（一）重点领域

1. 加强清洁能源资源管理和资源保护。明确落实各部门和各地方资源调查责任，落实资源普查项目。近期把风能、太阳能资源普查作为优先领域，加快组织风能资源普查活动，组织安排对太阳能资源的普查以及重点城市和荒漠重点地区的资源详查，建立我国清洁能源的资源图谱，并公布图谱和普查数据，为社会各方投资和选择项目提供必要的数据。远期应加强对地热、海洋能等清洁能源品种的资源研究和调查，建立我国的地热和海洋能资源评价体系。

2. 健全清洁能源技术研发扶持政策。清洁能源相关技术是清洁能源发展的动力和核心，政府需要加大技术研发政策扶持力度，组织力量开展有关清洁

能源关键技术的科技攻关，加快清洁能源技术成果的转化，积极开展清洁能源技术推广工作。

一是制定长远的科技发展规划，制定技术路线图，明确发展的重点技术领域，优先开发新型的、高效的清洁能源技术，增加清洁能源技术开发计划的透明度和引导性。二是加大清洁能源技术研发的专项支持力度，加强基础性研究、试验示范和共性技术的研究开发，鼓励企业积极投入清洁能源技术的开发和设备制造，提高研究开发投入的效率。三是借鉴发达国家相关经验，建立研究开发、中间试验示范和技术推广相结合的清洁能源技术研究开发规划体系。四是加强国际合作，建立清洁能源开发的科技联合协作机制，加强与国外先进国家之间的科技合作，推动中央直属企业研究机构与各省（区）间的技术联合与技术合作，加强科研、生产、高校及有关部门之间的技术合作。五是要积极开展新能源发电的开发示范工程建设项目，通过示范工程推动行业的科学发展。要积极开展风电基地开发并网及消纳示范项目、太阳能城市屋顶光伏示范项目、大型并网光伏发电示范项目的立项及建设工作，以示范项目带动行业的发展。

3. 协调项目开发及建设管理。近期重点是协调风力项目开发和建设管理，同步推进发电项目、电网项目和其他发电项目建设。

一是统筹考虑新能源发电项目及其送出工程、电网加强工程的建设，将电网企业意见作为发电项目核准建设的条件之一，力争做到发电项目和相关电网项目的同步开展、同步审批、同步建设、同步投产。

二是在风电、太阳能基地推进常规电源建设。在建设风电的同时，适当考虑火电、水电建设，打捆外送，以提高输电系统经济性和电网安全稳定性。

三是加强清洁能源发电与抽水蓄能、储能等调峰电源协调发展。在大型风电基地建设一定容量的抽水蓄能等调峰电源，解决风电等清洁能源大规模发展所带来的调峰问题。

4. 完善清洁能源并网及输送相关管理规范。清洁能源并网运行管理关系着电网的安全稳定运行和清洁能源是否能够真正有效利用，要通过进一步完善相关政策法规，统一技术标准，加强并网管理。

一是研究出台清洁能源开发利用的技术标准。目前我国风电、太阳能等清洁能源发电的技术标准偏低，不利于清洁能源发电的健康发展。欧美等国都制定了严格的可再生能源发电并网导则，并强制执行。我国应尽快修订和出台国家技术标准，严格风电、太阳能发电技术要求，并应严格执行。

二是研究出台清洁能源开发利用管理规范。根据清洁能源的不同特点，特别是风电、太阳能发电的出力特性，尽快制定出台《风电、太阳能发电并网运行的管理规定》。

三是积极推进清洁能源标准体系建设，有效解决相关产业面临的质量、技术等问题，建立监督检查和工程验收的标准体系，保证清洁能源产业科学、有序、高效发展。

四是加快建设国家风电、太阳能发电研究检测中心，建立风电、太阳能发电设备并网准入制度。建立我国强制性的清洁能源检测制度，主要是风电和光伏发电并网认证和检测制度，进一步完善并网检测体系。

5. 建立清洁能源消费激励政策。扩大市场规模、培育持续稳定增长的清洁能源市场是我国清洁能源发展面临的重要问题。要通过加大宣传力度，建立健全相关政策法规，深化相关配套改革，实现清洁能源发展从主要依靠强制规定和政策扶持向成熟的市场运行机制转变。

一是加强宣传引导，推动全社会广泛参与，提高公众的清洁能源利用意识。通过宣传使公众认识到清洁能源开发利用对于国家和社会可持续发展的重要性；清洁能源的大规模发展需要建设统一智能电网；清洁能源的发展投入相对较大，需要全社会共同承担等。

二是研究清洁能源需求侧管理的相关政策，进一步完善我国《关于加强电力需求侧管理的指导意见》。

三是鼓励用户消费清洁能源。建设清洁能源利用示范工程，在政府机构和事业单位率先使用清洁能源；根据国际发展趋势，结合国内情况，研究出台有关政策，支持企业开展绿色能源营销；鼓励电力用户使用绿色电力，对自愿高价购买清洁能源的组织和个人，通过绿色能源标识等方式给予鼓励等。

（二）主要措施

1. 完善清洁能源领域相关法律。近年来风能、太阳能等清洁能源发展速度很快，规模显著扩大，迫切需要根据新的形势，进一步完善清洁能源领域的相关法律，为优化我国能源结构、增加清洁能源供应、规范清洁能源市场、促进清洁能源发展提供完善的法律保障。

一是尽快出台我国能源领域的基础性法律——《能源法》，确立能源开发利用的基本原则，形成促进清洁能源发展的激励机制。

二是根据最新修订《中华人民共和国可再生能源法》，进一步补充完善清洁能源开发、并网、利用等方面的实施细则。

在清洁能源开发方面：根据修订后的第八条，明确"全国可再生能源开发利用中长期总量目标和可再生能源技术发展状况"编制发布和可再生能源技术发展状况评价的具体主管部门及发布制度，明确"全国可再生能源开发利用规划"的制定和发布制度。根据修订后的第九条，"编制可再生能源开发利用规划，应当遵循因地制宜、统筹兼顾、合理布局、有序发展的原则，对风能、太阳能、水能、生物质能、地热能、海洋能等可再生能源的开发利用作出统筹安排。"以及"组织编制机关应当征求有关单位、专家和公众的意见，进行科学论证。"制定具体实施细则。

在清洁能源并网方面：根据修订后的第十四条，"国家实行可再生能源发电全额保障性收购制度"，明确全额保障性收购制度的内涵、实施细则及考核办法。明确"符合并网技术标准的可再生能源并网发电项目"的具体标准，制定可再生能源发电项目并网的具体实施细则。进一步细化满足"全额保障性收购"的三个条件：纳入可再生能源开发利用建设规划、依法取得行政许可或者报送备案、符合并网技术标准；在"发电企业有义务配合电网企业保障电网安全"的规定下，进一步明确"保障电网安全"和"全额保障性收购"的关系，以及出现矛盾时电网企业行为准则。尽快明确"规划期内应当达到的可再生能源发电量占全部发电量的比重"。

在清洁能源利用方面，尽管本次修订没有补充关于鼓励消费侧使用清洁能源的相关法律条款。但建议在我国可再生能源达到一定规模后，适时补充关于鼓励消费侧使用清洁能源的相关法律条款，将"推广与应用"部分第十三条"国家鼓励和支持可再生能源并网发电"修改为"国家鼓励和支持可再生能源并网发电及使用"，从法律上鼓励用户使用清洁能源。

2. 进一步明确清洁能源发展思路和战略规划。从调整能源供给结构、应对全球气候变化的战略高度认识发展风电等清洁能源的重大意义，在经济技术可行、工程建设条件允许和电网安全许可的前提下，继续调动各方面积极性。同时，应加强对风电等清洁能源的宏观调控和统一规划，做到快而不乱、快而安全、快而有序，促进风电协调、健康地跨越式开发。当前，应着力从宏观战略规划层面把握好四个环节：

一是加强中央与地方的统一规划。完善风电等清洁能源开发全国整体布局规划，尽快完善和出台具有分年度、分地区建设目标的全国清洁能源发展规划，做到全国规划与地方规划的有机统一，指导各地区清洁能源发电规划和项目前期工作。

二是加强清洁能源与电网的协调发展。将风电等清洁能源发展规划纳入电力工业中长期发展规划，开展电网消纳能力研究，合理安排建设时序，实现清洁能源与电网的协调发展。

三是加强风电、太阳能等清洁能源发电电源与其他电源的协调发展。针对风能、太阳能等随机性和间歇性特征，需要配备必要的调峰电源，形成合理的电源结构。

四是强化风电发展的宏观调控。要坚持以规划定项目，严格项目管理，规范发电项目审批。严肃基建纪律，杜绝发电项目未批先建。

3. 制定和修订技术标准，规范行业管理。一是严格风力发电技术要求。在国家电网公司制定的《国家电网风电场接入电网技术规定》（修订版）基础上，尽快修订出台新能源接入电网技术规定的国家标准，接入电网的风电设备必须在有功功率控制、无功功率调节、低电压穿越能力、电能质量等方面符合电网安全稳定的技术要求。二是规范风电并网检测认证管理。加快建设国家风电研究检测中心、太阳能发电研究检测中心，完善风电并网检测体系，建立和严格执行强制性的风电并网认证和检测制度。三是推广运用清洁能源运行控制新技术。借鉴发达国家的先进经验，建设我国的清洁能源发电功率预测系统，完善风电场监控系统，建立风电场协调机制，建设系统友好型风电场，提高电力系统的安全、经济运行水平。四是加强风功率预测管理。尽管目前的预测技术得到的风功率预测结果与实际风电出力有一定出入，用它进行调度得到的结果也往往不甚准确。但相信随着预测技术的进步，风能预测的精度也会不断提高。加强风功率预测管理，并在系统调度过程中加以考虑和应用，一方面会提高备用配置的准确性，另一方面会提高风能的注入量及系统运行的经济性和可靠性。

4. 完善可再生能源电价政策。修改完善有关上网电价的办法规定。按照风能、太阳能、生物质能等可再生能源发电技术、成本和市场特点和各地资源状况，分别制定全国统一或分地区的标杆上网电价和相应的定价办法，使得同一地区同类可再生能源发电项目基本可以获得同等水平的上网电价，促进可再生能源持续、健康、协调发展。

制定合理的风电送出工程电价政策，改进定价办法。对于风电基地的配套电网工程项目的投资和运行费用回收，可以考虑采取不同的政策。对于规模比较小的风电场，接网工程标准采用标杆方式，根据风电上网电量收取。对于规模较大的风电基地，考虑可再生能源发电基地电能远距离输送、送受端电网扩建等因素，单独核定大型可再生能源发电基地电网配套工程电价补贴标准，并明确可再生能源发电基地配套电网工程高于常规能源的建设运行费用，通过可再生能源电价附加在全国分摊，举全国之力共同支持可再生能源发展。

出台科学可行的抽水蓄能电价。建议尽快制定科学合理的抽水蓄能电价政策，独立核定其电价，并在销售电价中予以疏导，或通过峰谷分时电价予以解决，以确保其建设和运行成本的回收。

5. 完善财税金融政策扶持体系。政府扶持是可再生能源发展的基本推动力，必须长期坚持。由于大多数可再生能源企业尚处于产业发展的初级阶段，受技术、成本、市场等因素的制约，可再生能源的开发利用成本都相对较高，还难以与煤炭等常规能源发电相竞争。因此在相当长的时间里必须有法律法规的保障和政府强有力的政策支持，可再生能源才能得到持续、稳定的发展。

扶持政策既要促进可再生能源开发利用，也要经济合理，避免过度保护。政府扶持的可再生能源发电企业所获得的平均利润应大致相当于或略高于发电企业的平均水平，不对可再生能源开发利用形成过度保护。既要扶持促进可再生能源发展，又从经济合理出发，尽可能降低社会的费用负担。

充分保证鼓励风电等清洁能源发展的财政资金来源。根据修订后的《可再生能源法》第二十四条，我国已将现行《可再生能源法》规定征收的电价附加和国家财政专项资金合并为政府基金性质的国家可再生能源发展基金，改变了当前可再生能源电价附加通过电网企业网间结算方式调配，解决了可再生能源附加计为电网企业收入后，所缴纳增值税和所得税等要占全部附加资金的1/3 的问题，以及当前的电价附加政策执行中资金调配周期长，补贴资金不能及时到位的问题。考虑到基金征收、使用和管理涉及国务院财政、价格、能源等多个部门的职责，建议有关部门尽快制定出台相关的配套规定，把基金切实管好用好，有效发挥其扶持可再生能源产业的积极作用。

6. 加强监督考评体系的建设。建立配套监督考评体系。要保证政策法规的指导性以及可操作性，确保政策法规的执行到位，必须建立配套监督考评体系。一方面及时调整完善相关政策，另一方面能够保证政策的执行到位。

加强监督检查，确保政策执行到位。当前，重点从电价政策、电量上网、附加收入调配、电费结算入手。要通过检查，纠正并查处违法违规行为，维护市场主体的合法利益。同时要加强对电价信息披露的监管。包括电量上网、价格制定、费用分摊、收入调配、电费结算等方面的信息都要及时公开披露，增加电价等信息的公开、透明、对称，增加投资者对电价信息的知情权，逐步解决各个层面信息不对称问题，维护市场公平交易和市场主体的合法权益。

第四节　转变能源输送方式，发展智能电网

我国正处于工业化和城镇化加速发展阶段，推进产业结构升级，加快经济发展方式转变任务繁重，能源和电力发展方式亟待转变。在能源资源禀赋、发展阶段、产业结构及其分工等基本国情下，我国电网发展面临着新形势和新任务，主要包括：促进国家能源结构调整、推动清洁能源开发利用、保证经济长期平稳较快发展、带动战略性新兴产业发展和满足绿色发展需要等。

一、电网要促进国家的能源结构调整

（一）我国能源资源供需现状及存在的问题

我国能源消费结构以煤为主，能源结构优质化程度不高，与世界发达国家和世界平均水平相比，"多煤少油气"是我国能源结构的主要特点。2008年，我国能源消费结构中煤炭所占比重为68.7%，石油、天然气以及水与核电所占比例分别为18.7%、3.8%和8.9%。我国能源资源与能源需求呈逆向分布。80%以上的煤炭资源、水电资源和风电资源分布在西部和北部地区，晋陕蒙宁新五省区煤炭保有储量占全国的77.7%；而75%以上的能源需求集中在东部、中部地区，东部能源消费中心存在不同程度的电力缺口，需要从外部调入大量能源。

具体而言，我国的一次能源供需具有如下特点：

一是我国一次能源产量和消费量持续快速增长。2008年，全国一次能源总产量达到26亿吨标煤，较2000年翻了一番，煤炭占一次能源生产总量的比重达76.7%。全国一次能源消费总量较2000年增长106%，煤炭占一次能源消费比重达到68.7%。我国已成为世界第一大能源生产国和第二大能源消费国。

二是我国终端能源消费结构中煤炭比重过高。与世界主要发达国家终端能源消费结构均以石油为主的情况相反，我国终端能源消费以煤炭为主，煤炭占终端能源消费的比重比世界平均水平高近35个百分点，油气比重则低27.4个百分点。2000~2007年我国终端能源消费量年均增长3.8%。终端能源消费以煤炭为主，煤炭在终端能源消费中的比重为43.7%。

三是我国电力能源供应长期以煤电为主，且煤电布局以分省"就地平衡"

为主。2009 年年底，全国煤电装机所占比重仍高达74%，发电量比重高达82%，煤电厂消耗的原煤占全国煤炭消费总量的 50% 以上。我国煤电布局以 "就地平衡" 为主，中东部资源匮乏地区的煤炭调入量不断增长，煤炭对外依存度不断增加。2007 年，华北电网的京津冀鲁地区的煤炭对外依存度达到 50%，华东电网的四省一市的煤炭对外依存度达到 72%，华中电网的湖北达到 86%。

近年来，我国一次能源供需暴露了以下主要问题：

一是煤炭运输紧张局面进一步加剧。近年来我国煤炭运输需求猛增，导致铁路长期忙于煤炭远距离运输，运力紧张局面长期困扰着我国能源体系正常运行。我国输电在能源输送中所占的比例偏小。

二是环境危害严重，损失巨大。中东部大量布局燃煤电厂，加之环保监控措施不健全，给当地环境造成了严重危害，尤其是酸雨问题。研究表明，东部地区燃煤电厂单位发电排放造成的损失是西部的 4 倍。

三是区域经济发展不协调。长期以来，我国煤电以中东部地区为主的布局方式，影响了西部和北部煤炭富集区煤炭产业链的延伸，阻碍了当地能源资源优势有效转化为经济优势，不利于当地经济发展。

（二）我国能源结构调整对电网发展提出更高要求

1. 电网发展要满足全国范围资源优化配置的要求。我国能源布局和结构调整步伐明显加快，能源开发呈现集约化、规模化、清洁化的特征。随着西部和北部的大型煤电、水电和风电基地的开发与建设，我国能源开发的重心逐步西移、北移，客观上要求转变就地平衡的电力发展方式，加强电网发展，加快跨区联网，适应能源资源在全国范围优化和高效配置的需要。

2. 电网发展要适应并促进清洁能源发展。目前，我国包括核电、水电、风电、太阳能在内的清洁能源约占一次能源产量的 8.2%，远低于欧美等发达国家水平。在清洁能源中，核电的可调节性差，风电、太阳能发电具有显著的间歇性和不确定性。大规模清洁能源发电接入电力系统将给系统调峰、并网控制、运行调度、供电质量等带来巨大挑战。随着近年来风电等清洁能源的大规模快速发展，电力系统调峰容量不足和电网安全稳定运行问题已经显现，电网适应清洁能源发展的能力亟待提升。

3. 电网发展要降低对化石能源的依赖。随着经济社会的发展及科学技术水平的提高，越来越多的能源被转换成电力加以使用，从而使得电气化水平不断提高，能源强度不断下降。比如日本，1965～2005 年电能占终端能源消费比重提高了 10.7 个百分点，其能源强度下降了 21 个百分点；美国 1960～2004 年电气化水平提高了 11.4 个百分点，其能源强度下降了 48 个百分点。我国 1980～2006 年电能占终端能源消费比重提高了 12 个百分点，其能源强度下降了 65 个百分点。提高电气化水平不仅是降低能源强度、减少对化石能源的依赖的需要，也是我国节能减排及建设资源节约型社会的重要战略举措。

4. 电网发展要保障国家能源安全。目前，我国已成为世界第二大石油消费国。由于我国石油资源储量有限，消费对外依存度不断提高。2008 年，我国国内石油消费对外依存度高达 49.8%。汽车是除工业外最主要的用油行业，目前新增石油需求的 2/3 来自于交通运输业。未来电网应能够通过推动蓄能电池充电技术的发展，友好兼容各类电源和用户接入与退出，促进电动汽车的规模化快速发展，创新电能应用方式，提高电能在终端能源消费中的比重，实现对石油的大规模替代，大量减少交通运输业的石油消耗，降低经济社会发展对外石油依存度，保障能源安全。

二、电网要适应清洁能源的开发与利用

（一）我国清洁能源开发现状

为了应对气候变化、降低温室气体排放、实现可持续发展，我国近年来加大了对清洁能源（指水电、核电、风电、太阳能发电、生物质能发电、太阳能热利用、生物质燃料、地热等。未来清洁能源大多转换为电力加以利用）的开发，并积极寻求在清洁能源技术方面实现突破。

我国清洁能源自发展初期，就具有明显的规模化和快速化特征。从 2005 年到 2008 年，我国风电装机连续 3 年实现翻番式增长，2009 年全国风电总装机容量达到约 1613 万千瓦。未来，内蒙古、甘肃、河北、吉林、新疆等省区将建成若干个大型风电基地，西北部地区将建设大规模太阳能发电基地，中东部地区核电开发和西部地区大型水电开发将继续加快。

（二）清洁能源迅猛发展对电网提出了更高要求

1. 需要建设特高压电网保证大规模清洁能源远距离、大容量、高效输送。我国的水能、风能、太阳能等清洁能源资源具有规模大、分布集中的特点，而所在地区负荷需求水平普遍较低，需要走集中开发、规模外送、大范围消纳的发展道路。

发展核电，也需要坚强电网的支撑。特高压输电具有容量大、距离远、能耗低、占地省、经济性好等优势。只有通过构建以特高压为骨干网架的坚强电网，提高电网的跨区域交换能力，才能满足未来清洁能源大规模、远距离传输的要求，有效解决偏远地区清洁能源大规模接入和远距离送出问题，促进电网内更多不同类型发电机组参与系统的功率平衡，发挥更大的联网效益，促进清洁能源发展。

2. 需要进一步提高电网的智能化水平。核电的可调节能力较差，风能、太阳能发电具有间歇性和不确定性随机性，大规模接入电网后无疑会明显增大电力系统运行控制难度和安全稳定运行风险。同时，未来电网还将适应分散接入电网的风电、太阳能发电等各类型电源与用户的便捷接入、退出的需求，满足电源、电网和用户资源的协调运行，显著提高电力系统的运营效率的要求。解决这些问题的关键是在电网坚强网架基础上，科学、高效地使用先进信息通信、数字化技术和控制技术等，全面提高电网的智能化水平。

三、加强电网建设，服务经济社会长期平稳较快发展

（一）我国电网发展任务艰巨

改革开放以来，我国经济发展取得了举世瞩目的成绩。1978～2009 年，我国国内生产总值年均增速达到 9.56%。在此期间，我国电网建设步伐的不断加快，有力支撑了国家经济发展。图 4-4 给出了我国电网电压等级的发展历程，表 4-11 给出了 1978～2009 年我国 220 千伏及以上电网建设情况。2009 年 220 千伏和 500 千伏线路，分别比初期增加了 11.3 倍和 47 倍；220 千伏及以上变电容量增加了约 65 倍。

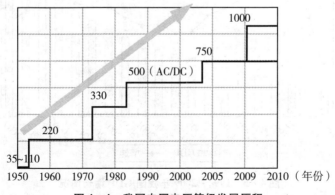

图 4-4　我国电网电压等级发展历程

表 4-11　　　　　1978~2009 年中国电网各电压等级建设发展情况　　　　单位：公里

年份	750 千伏线路长度	500 千伏线路长度	330 千伏线路长度	220 千伏线路长度	220 千伏及以上变电容量（万千伏安）
1978			535	22 672	2528
1980			866	28 464	3497
1985		2539	1278	46 056	6459
1990		7104	3870	70 891	12 947
1995		13 027	5482	91 759	23 353
2000		25 910	8524	122 597	41 489
2002		36 745	9612	142 362	52 689
2006	141	74 417	13 711	186 538	93 608
2007	141	96 574	15 493	216 159	122 983
2008	630	107 993	16 717	233 558	147 598
2009	1388	121 868	18 738	255 657	164 297

资料来源：引自《中国电力年鉴》和中电联 2009 年全国电力工业统计快报。

图 4-5 和图 4-6 分别给出 1990~2009 年我国 GPD 和全社会用电量的增长情况。

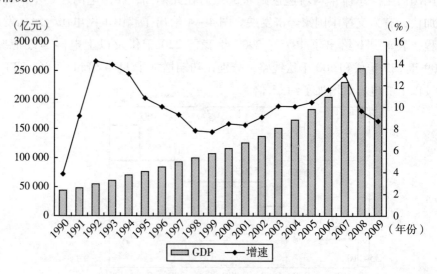

图 4-5　1990~2009 年我国 GDP 增长情况

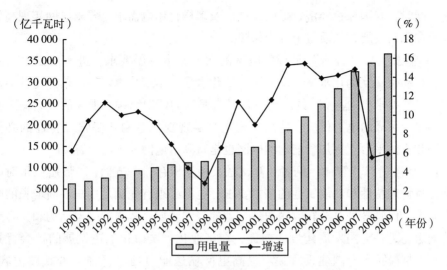

图 4 – 6   1990 ~ 2009 年我国全社会用电量增长情况

国际经济发展经验表明，在工业化和城镇化快速发展阶段，能源消费的基本规律是电力先行，电力需求增长比一次能源需求增长快。我国经济社会将在未来长时间内处于高速发展阶段，在工业化、城镇化、居民消费结构升级和产业结构升级的带动下，电力需求将会快速增长。据预测，2020 年需要发电装机 17.1 亿千瓦和全社会用电量 7.67 万亿千瓦时，将是 2008 年年底数据的 2 倍。然而新中国成立以来，我国电网累计投资占电力总投资的比例约为 30%，远低于发达国家 50% 以上的水平，导致电网主网架和配电网薄弱，稳定水平不高，抵御事故能力不强。近几年虽然加大了电网投资建设力度，但电网发展滞后的矛盾没有根本缓解。

当前，我国社会正处于转变经济发展方式这一重大历史变革中。从能源消费角度，转变经济发展方式就是将从资源高消耗、环境高污染的粗放型增长方式转变为资源节约型、环境友好型增长。保证经济社会长期平稳较快发展是电网发展义不容辞的责任。转变电力发展方式，促进能源布局优化和结构调整，是电网面对的新形势、新任务、新挑战。转变电网发展方式，加快电网发展是这次变革的客观要求，也是"经济发展，电力先行"规律的客观要求。未来我国电网建设任务将是非常繁重而艰巨的。

（二）我国电网发展必须坚持"坚强"与"智能"并重

我国电力需求的快速增长要求加大电网建设，从规模上保障社会用电需求；同时，我国绿色经济、低碳发展以及多样化用电需求，要求电网实现高效运营和创新发展，从质量上提供保障。

"坚强"与"智能"是现代电网的两个基本发展要求。进一步提升信息化、自动化、互动化水平，即电网智能化水平，是现代电网适应信息化社会发展的必然要求。"坚强"的内涵是指具有坚强的网架结构、强大的电力输送能力和安全可靠的电力供应。特高压输电是实现现代电网"坚强"特性的必要前提和实体平台。更加智能化的电网也是特高压电网发展的目标。

"坚强"与"智能"两者相互交融，相互依存。一方面，"坚强"是对电网自身物理特性和功能属性的基本要求。电网必须首先满足用户不断增长的电力需求、保障各种电源有效输送到合理的消纳区域，坚强的网架结构和大容量的输送能力是电网发展建设的前提，在工业化、城镇化加速发展的社会背景下，大规模扩大电网建设规模、提高电网输送能力是"坚强"的重要内容。另一方面，"智能"是电力系统发展到现阶段，电网自身和电力消费侧的共同需求，更加安全、便捷、灵活、自动、节能、低排放的电力供应，是满足电力服务多样化、智能化的必然趋势。我国经济社会正处于快速发展时期，电网仍需加大建设力度、扩大建设规模，为用户提供充足电力的基本要求和更加智能化的电力服务是目前我国电网建设必须并重的两个方面，两者应当同步建设、同时推进，缺一不可。

四、电网发展要带动一批战略性新兴产业的成长壮大

战略性新兴产业对绿色经济具有巨大的推动作用。战略性新兴产业具备三个特征：一是支柱性特征，表现为市场贡献度大、产业关联度强、投资回报较好、带动就业好；二是国情特征，即要符合国家经济发展和社会稳定需要，符合节能环保要求，符合国家产业和技术基础和优势；三是时代性特征，即技术含量高，能满足可持续发展和改善民生的要求。

目前，世界上创新国家几乎都将发展信息技术产业作为国家战略重点。信息技术产业作为基础产业，已经渗透到各个行业的各个领域，对各行业各领域的信息化发展产生巨大的影响，成为很多行业向前发展的决定性因素之一。随着通信和信息技术的迅速发展和应用普及，信息产业也已经成为我国的支柱产业。为了进一步实现产业结构优化和经济发展方式转变，我国也应该抓紧寻找可以引领未来产业发展的突破口。能源信息产业将是一个发展我国战略性新兴

产业的理想抓手。

近年来，以通信和信息技术为基础的信息技术产业发展迅速，高新技术大量涌现，数据采集的实时性、准确性大幅提高；有线、无线等多种数据传输方式以其高速性、稳定性满足了大数据量的可靠传输要求；高速的数据处理能力和可靠的数据管理能力使各种对硬件环境要求苛刻的分析应用程序的快速发展成为可能。智能城市、智慧地球等创新理念的提出，物联网、电力光纤到户等新型通信信息技术的出现，大大推动了高新通信和信息技术在能源领域的商业应用程度，能源信息技术产业正面临着高速发展的机遇期。

在实现能源信息技术产业的快速发展过程中，电网将是最大的应用"场地"和最有力的驱动"引擎"。目前电网发电、输电、变电、配电、用电和调度等环节的信息化发展不均衡，配电和用电环节的通信网络资源不足。随着智能电网的建设，信息化技术将逐步渗透到电网的各业务环节，用以提高电网运行的安全性、可靠性和经济性。各环节状态监测、系统运行等实时数据的采集，设备与设备、设备与系统、系统与系统间的高速数据传输，数据的分析和管理等都会大规模采用先进的信息化技术。如发电环节的网厂协调控制、清洁能源发电的建模、仿真、功率预测及并网运行控制、电源调度分析、电力市场数据分析、节能降损分析等；输电环节的线路状态监测、智能化巡检、电网运行实时数据分析等；变配电环节的变配电自动化、状态监测、分布式发电、储能与微电网接入协调控制、变配电自动化与控制数据采集分析等；用电环节的用电信息采集、智能用能服务、用电数据采集分析、计量装置与管理信息系统数据传输、用电负荷分析以及调度环节的各种调度应用系统等。

根据我国电网发展面临的新形势和新挑战，未来我国电网应向着智能电网方向发展。智能电网是以特高压电网为骨干网架、各级电网协调发展的坚强网架为基础，以通信信息平台为支撑，具有信息化、自动化、互动化特征，包含电力系统的发电、输电、变电、配电、用电和调度各个环节，覆盖所有电压等级，实现"电力流、信息流、业务流"的高度一体化融合的现代电网。智能电网是坚强可靠、经济高效、清洁环保、透明开放和友好互动的现代电网。

"坚强"与"智能"是现代电网的两个基本发展要求。"坚强"是基础，"智能"是关键。我国的发展阶段决定了电网必须坚强。我国正处于工业化和城镇化快速发展阶段，我国面临着确保经济增长和绿色转型的双重任务。电网作为国家能源战略布局的重要内容、能源产业链的重要环节和国家综合运输体系的重要部分，正处于快速发展期。未来能源基地的西移、北移，开发呈现出规模化、集中化、远距离的趋势，都要求我国必须坚持大电网、坚强电网之路。转变电网发展方式刻不容缓。

加快建设特高压电网是转变电力发展方式的关键。"十二五"期间加快特高压电网建设，构建安全、经济、清洁、可持续的能源供应体系，保证"十二五"期间开发的大型煤电、水电、核电和可再生能源基地电力的大规模、远距离外送和大范围消纳，保证经济社会发展的能源电力需求。

另外，信息、通信、数字、控制等技术的快速发展，为电网适应各类能源电力的大规模开发利用和分散开发利用，为满足用户多样化、智能化用电需求提供了技术保障。通过提升电网智能化水平，引领和带动先进技术和相关产业的发展。发展智能电网成为新一轮能源电力技术、产业变革的核心。电网智能化已成为国际发展趋势。在此背景下，如果不抓住与国外同时起步的宝贵时机，加快创新发展步伐，建立发展优势，我国电网水平、电力工业水平，乃至其他相关行业发展水平将会大大滞后。因此，既坚强又智能的电网才是我国电网的发展方向和战略选择。

强调坚强网架与电网智能化的高度融合，是以整体性、系统性的方法来客观描述现代电网发展的基本特征。电网的"坚强"与"智能"本身是相互交叉，不可拆分的。我国智能电网的规划建设应该充分考虑与主网架、特高压电网规划建设的协调性和一致性。

信息化是智能电网的实施基础，实现实时和非实时信息的高度集成、共享与利用。自动化是智能电网的重要实现手段，依靠先进的自动控制策略，全面提高电网运行控制自动化水平。互动化是智能电网的内在要求，实现电源、电网和用户资源的友好互动和相互协调。

坚强可靠是指电网具有坚强的网架结构、强大的电力输送能力，保障安全可靠的电力供应；经济高效是指提高电网运行和输送效率，降低运营成本，促进能源资源和电力资产的高效利用；清洁环保是指电网促进可再生能源发展与利用，降低能源消耗和污染物排放，提高清洁电能在终端能源消费中的比重；透明开放是指电网、电源和用户的信息透明共享，电网无歧视开放；友好互动是指实现电网运行方式的灵活调整，友好兼容各类电源和用户接入与退出，促进发电企业和用户主动参与电网运行调节。图4-7给出了智能电网的各个环节。

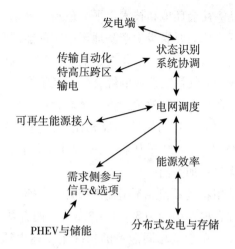

图 4 – 7　智能电网的各个环节

（一）智能电网支撑我国绿色发展

实现我国的绿色发展需要从要素投入、供给结构、需求结构等方面开展彻底的变革。我国能源电力发展也应从结构布局、输送方式、消费结构和利用效率等各个方面进行调整。在此过程中，智能电网可以把从能源供给、输送和消费等各部分有效链接，起到承上启下、疏通引导的作用。

1. 建设智能电网推动国家能源结构调整。当前，包括清洁能源在内的各类能源基地正在大规模建设，尤其是我国西南水电、西部和北部大煤电、千万千瓦级风电基地的开发，亟须实施输煤输电并举，加强特高压电网建设，加快跨区联网建设，实现电力规模外送和消纳，以及在全国范围内优化资源配置。

（1）输煤输电并举，加快发展输电，构建国家能源综合运输体系。我国电力布局中输煤与输电的关系问题，是关系到国家能源布局、能源资源高效利用、环境保护和区域经济协调发展的重要战略问题。输煤、输电都是能源输送的重要方式，两者各具优势，可以互为补充、相辅相成。

新中国成立以来，有关部门曾组织过多次研究分析和技术经济性论证。近年来随着特高压输电技术的成熟、煤炭行业的市场化改革、经济社会发展以及日趋严峻的环保形势，输煤输电比较的外部条件发生了重大变化。其中，特高压输电技术的发展极大地提高了输电方式的输送能力和经济性，为远距离、大规模的电力输送提供了必要的技术支撑。

基于新的外部经济社会环境和技术水平，最新研究结果表明：在采用特高压输电技术的情况下，从主要煤炭生产基地至中东部能源消费地区，输煤、输电方式的能源运输效率基本相当，但相对于输煤而言，输电具有更为良好的经济性，而且还具有减少大气污染造成的综合环境经济损失、促进区域经济协调发展、减少占地等综合社会经济效益，主要体现为：

- 从经济输电距离来看：与铁路输煤相比，特高压交流输电经济距离为 1200～3000 公里，±800 千伏特、±1000 千伏特高压直流技术在超远距离输电上优势更加突出。

- 损耗比较：采用特高压交流输电损耗约为 3.2%～3.9%，而铁海联运输煤方式的综合损耗率约为 3.2%～3.5%，两者基本相当。

- 占用土地比较：在输送相同能量的情况下，输电通道比输煤通道更节省土地占用面积。

- 大气环境影响比较：加快发展特高压输电，可以减轻中东部地区环保压力，降低环境损失。

- 区域经济协调发展：从全局看，输电比输煤更能促进区域经济的协调发展。

要从根本上解决能源大范围优化配置、煤电运持续紧张、东部新建电源土地、环境容量不足等问题，需要转变就地平衡的电力发展方式，走全国范围统筹能源平衡、优化资源配置的路子。从未来我国煤炭调运格局及运输能力来看，输煤输电并举，加快发展输电，逐步提高输电比例，是我国完成不同区域间的能源调运现实、高效、科学的途径。在"十二五"期间建成快速铁路网、高速公路的同时，加快建设特高压电网，充分发挥输煤、输电的综合协同优势，构建更加科学合理的能源综合运输体系，在全国范围统筹平衡、优化资源配置。

（2）建设特高压电网，推动形成国家能源配置新格局。西部、北部大型能源基地与中东部负荷中心地区的距离在 800 公里至 3000 公里，已超出交流 750 千伏、500 千伏和直流 ±600 千伏级、±500 千伏输电的经济输送距离，电网安全稳定性也无法得到保障。

特高压输电具有容量大、经济输送距离远、能耗低、占地省、经济性好等优势。加快特高压电网建设和区域互联，能够实现跨流域水电互补、跨地区余额调剂、错峰避峰、水火互济、减少备用等显著综合效益。通过电力跨区配置，受端京津冀鲁、华中东四省、华东地区可减少煤电建设，新增电力供应以当地建设的核电、区外来电为主，并合理配置调峰电源，促进电源结构的优化调整，促进清洁能源的开发与利用。大型核电基地的建设也需要坚强电网的支撑。

近年来，我国特高压交直流示范工程已经取得全面成功。加之，我国未来对特高压技术的市场需求很大，在"十二五"期间大规模建设特高压电网的条件已经具备，时机已经成熟。"十二五"期间，我国可基本建成"三纵三横"特高压骨干网架，同时建设14回跨区直流输电工程，形成大规模"西电东送"、"北电南送"的能源配置格局。

2. 建设智能电网是我国开发利用清洁能源的关键。转换为电能是清洁能源开发利用的主要方式。在商品化利用的清洁能源中，发电用清洁能源约占利用总量的80%以上。据国际能源署预测，到2020年，这一比重将升高到87%左右。提升电网智能化水平，有利于增强电网的安全性、灵活性、经济性与高效性，满足各类清洁能源电力接入需求，提升电网对各类清洁能源发展的适应能力，满足用户多样化的电力接入需求。智能电网通过灵活安排运行方式，可消纳大规模、各种类型、不同容量的电源，优先接入清洁能源，促进清洁能源开发，并为其广泛高效利用提供平台。

（1）建设特高压电压电网、加强区域互联保证清洁能源规模化开发。我国的水能、风能、太阳能等清洁能源资源与电力需求具有逆向分布的特点。建设特高压电网能够实现各种清洁能源的大规模、远距离输送，促进清洁能源的高效、安全利用。根据研究结果，如果仅考虑在本省内的风电消纳能力，2020年全国可开发的风电规模为5000万千瓦左右；通过特高压跨区联网和加大调峰电源建设，可以扩大清洁能源的消纳能力，全国风电开发规模可增加到1亿千瓦以上。

（2）智能电网将突出调峰电源建设，实现风电基地和火电基地协调建设、联合输送。从技术角度看，在少数风电出力快速变化的时段，借助送端坚强的省级或区域电网，可调用省内或区域电网的水电、火电、抽蓄等系统资源，平抑风电功率的波动，保持系统安全稳定运行。我国以煤电为主的电源结构将长期难以改变，其中热电联产机组所占比重较高，影响火电的整体调节能力。在未来我国的清洁能源开发中，水电中径流式小水电占有一定比重，且水电受水库综合利用等因素影响，调节能力受到限制；核电到2020年将达到8000万千瓦，且不参与系统调峰；风电反调峰特性明显。因此，要促进我国清洁能源的大规模发展，必须优化电源结构，加大抽水蓄能、燃气轮机等调峰电源的建设力度。一方面，要加快西北、东北等地区抽水蓄能站址普查，推进抽水蓄能电站建设，促进清洁能源大规模开发；另一方面，加快"华北—华中—华东"等受端地区抽水蓄能电站建设，保证受端地区风电、核电与区外来电的协调运行。

从经济角度看，综合考虑我国清洁能源发展特点及技术经济条件，实行风电基地和火电基地协调建设、联合输送是最经济合理的选择。风火"打捆"外送可大幅度提高输电线路的利用率，降低受端电网的电力供应成本。我国的哈密、酒泉、锡盟等地区当地风电消纳能力不足，千万千瓦级风电基地的建设和消纳必须依靠大规模外送。但风电单独外送时输电线路功率波动频繁，对电力系统的安全稳定运行带来巨大风险；且风电单独外送时输电线路的利用率很低，到达负荷中心地区的落地电价为受端地区火电标杆上网电价的 2 倍以上，不具备经济可行性。上述风电基地所在地区将同时规划建设大型煤电基地和特高压外送通道，将当地的风电和火电联合开发并"打捆"送出，能有效扩大风电的消纳范围和规模，促进风电的规模化开发和利用。

（3）建设智能电网，增强电网对清洁能源开发的适应能力。由于风电、太阳能发电等清洁能源发电具有很强的间歇性和随机性，造成其较低的可预测性和可调度性，接入电网后将给系统带来较大的不确定性。可以从两方面考虑对这些变化的适应问题：一是加强电网实体建设，提高电网的坚强程度；二是采用先进的电网运行控制手段，提高电网的智能化水平。

在电网实体建设方面，智能电网通过科学的规划与建设，新型装备与材料的应用，构建灵活、合理的网架结构；通过采用典型设计、防雷、防污、治理覆冰及误动、在线监测及状态检修等技术，提高电网的坚强程度，尽量消除可再生能源电力并网带来的负面影响，改善供电可靠性和安全性。

在电网运行控制方面，首先智能电网强调间歇性清洁能源发电出力预测系统建设。该系统采用先进的监测手段，科学的预报算法，通过可靠的信息传输系统实现监测中心与控制中心的双向互动，从而达到对于不同时间尺度清洁能源发电出力的准确预报，降低发电计划编制不确定性。其次智能电网重视提高系统的智能调度技术水平。智能调度通过基于电网动态安全预警系统的开发和优化，加强调度在线安全预警能力，实现大电网运行风险预控；通过对海量数据的准确辨识和对相关技术支持系统的有效整合，实现对大电网实时运行的敏锐监视和准确分析；深入研究并开发大电网智能决策功能，提高电网协调控制和应急处置能力。同时，通过配电网快速仿真和分析，实现供电安全的快速预警及配电网的自愈自优化。

在自身坚强程度和智能化水平都得到提高的前提下，电网才能提高对集中式和分散式可再生能源电力发展的适应能力。

3. 建设智能电网是我国电力工业可持续发展的战略选择。电力工业通过实现自身的可持续发展，服务国家发展的绿色转型。在此过程中，建设智能电网将是一个重要的战略选择。

（1）建设智能电网是转变电力发展方式的关键。电力工业是国民经济的基础产业和先行产业，对国民经济发展和人民生活水平的提高发挥着重要作用。未来我国清洁能源比重不断加大，且主要转化为电力，煤炭转化为电力的比重也不断提高。同发达国家相比，我国人均用电水平仍然很低，2008 年我国人均装机（0.6 千瓦）和人均用电量（2600 千瓦时）仅为发达国家平均水平的 1/3。因此，加快电力系统建设是加快转变我国经济发展方式、实现我国现代化目标和国家的长期、可持续发展的重要保障。同时，经济的快速发展也为我国电力发展和综合能源运输体系构建，提供了难得的发展机遇。

在这次由原有的"就地平衡"电力发展方式向输煤输电并举、加快发展输电的电力发展方式转变中，电网发挥着至关重要的作用。尤其是，清洁能源的大规模开发利用、能源资源在全国范围的优化配置等离不开电网的发展，需要加强跨区联网建设。因此，加快以特高压电网为骨干网架、各级电网协调发展的坚强网架为基础的智能电网建设，不仅符合世界能源和电力发展趋势，符合我国能源资源禀赋国情，更符合我国经济社会长期平稳较快发展的客观要求。这也是提高我国可持续发展能力的必然选择。

（2）建设智能电网满足社会用电需求多样化、智能化要求。随着科技进步和信息化水平的不断提高、智能用电技术的不断突破和新型用电设备的推广应用，用电需求呈现出多样化、智能化的特征，对电网运行和供电服务提出了新的要求。只有加快建设智能电网，才能满足经济社会发展对电力的需求，才能满足客户对供电服务的多样化、个性化、互动化需求，不断提高服务质量和水平。同时，这也为电网发展提供了广阔的发展空间和难得的发展机遇。

一是智能电网推动电动汽车的快速发展。电动汽车在未来的发展潜力是巨大的，同时也给电网发展提出了新挑战。由于智能电网具有高安全性、高适应性和高互动性，可以降低电动汽车在充放电过程中对电网的影响，所以建设智能电网将是解决这些挑战的关键。长期来看，随着电动汽车的大规模应用，其对于电力供需的影响将日益凸显。巨大的充电需求，如果不加以智能化的引导，使其转移到负荷低谷期的话，将显著增加系统的最大负荷需求，影响系统对电动汽车的接纳能力。

美国西北太平洋实验室（PNNL）的一份最新研究报告指出，如果不应用智能电网技术，美国电网在 2030 年能够容纳的电动车数量为 1.40 亿辆；而通过采用智能电网技术则能够容纳 1.58 亿辆电动汽车，并因此减少约 3% 的能量消耗和二氧化碳排放。

因此，从中长期来看，在电动汽车大规模应用阶段，智能电网技术所起的作用将更为突出，在提高电网对电动汽车的接纳能力，实现电动汽车与电网的友好、高效互动等方面具有重要意义。

二是智能电网具有强大的增值服务能力。智能电网的发展和物联网的发展联系十分紧密，物联网技术是智能电网发展的关键技术之一，智能电网又是物联网技术最大的应用领域。采取"多网融合"等技术创新手段建设智能电网，增值服务的潜力巨大。

智能用电终端设备让用户灵活管理用能成为可能。智能用电终端设备是智能用电小区和智能用电楼宇的核心设备，具备电力客户用电设备智能识别、现场智能监测管理、智能用电策略执行、远程控制和安全认证等功能。用户将来可以根据自己的实际需求定制合理的用电方案和其他增值服务，并通过手机、电视和其他终端设备很方便地实现对智能用电管理系统的访问，获取相关服务信息。

用电信息采集系统平台可以为供水、供气、供热等信息平台提供有力的支持。凭借电力网的用户资源优势和先进的电力信息通信网络，具有开放架构的智能电网，具备为供水、供气、供热系统提供通信通道及信息化服务的能力，为智能水表、智能气表、智能热力表的自动抄收、管线的在线监测、智能调度以及与用户的双向互动，提供经济、可靠、方便的技术支持。

伴随物联网的发展，"多网融合"将创造巨大发展空间。伴随着物联网技术的发展和推广应用，从理论上讲，遍布现代社会每一个角落的电力网络就可以作为物与物互联通信的基本载体之一。由于物联网外延很广、无处不在，发展物联网必须依靠强大的信息通信平台作为支撑。充分利用电力线及电力通信资源，不仅可以充分利用社会资源，大大降低物联网的建设成本，同时也为电网企业提供了一个巨大的增值服务空间。

另外，输电线路状态监测和智能巡检带来诸多新服务。线路状态监测不仅为线路运行维护带来直接的便利条件，长期积累的气候数据，又成为微气候地区气象观测和今后设计新建输电线路的重要基础，效益巨大。同时，还可以为其他行业提供服务。

三是智能电网助力智能城市发展。近年来，随着传感技术、网络计算技术取得进展，信息技术的飞速发展，特别是空间信息技术、无线通信技术研究取得突破，智能城市的概念应运而生。智能电网是智能城市的重要内容，并可从提供增值服务、推动节能减排和带动相关产业发展等方面促进智能城市的发展，同时智能城市也是智能电网发展的重要驱动力。

发展智能城市，要求电网灵活接纳包括分布式电源在内的各种发电技术，实现用户与电网的双向互动，推动电动汽车等新型电能利用模式的推广应用，满足多元化的电源接入及社会服务需求等。建设智能电网是城市智能化发展的客观要求，是智能城市发展的重要能源保障基础，也是智能城市建设的一项重要内容。另外，智能电网还可以从提供增值服务、推动节能减排和带动相关产业发展等方面进一步促进智能城市的发展。

4. 智能电网是我国培育和发展战略性新兴产业的重要突破口。智能电网是我国推进国家产业结构升级、加快经济发展方式转变的先导产业和支柱产业之一。智能电网是将先进的传感量测技术、信息通信技术、分析决策技术、自动控制技术和能源电力技术相结合，并与电网基础设施高度集成而形成的新型现代电网。智能电网对于我国培育和发展战略性新兴产业的引领和支撑作用，源于其本身具备的突出内在优势——知识技术密集、物质资源消耗少、成长潜力大、综合效益好。依托智能电网，大力发展能源信息产业技术，可以催生并壮大我国的清洁能源、新材料、新一代信息技术和电动汽车等一批战略性新兴产业。

（1）智能电网建设将带动能源信息技术大规模应用。随着智能电网建设，电网中信息采集、信息传输、信息分析、信息管理等环节对信息化的要求逐步提高，具有高速、高效、可靠、灵活的通信信息技术应用越来越广泛。新技术在智能电网领域的普及和应用速度会紧随通信信息技术的发展速度。各种基于智能电网应用程序的上线、大量运行和管理数据的采集和交互、数据实时性要求的提高都需要信息传输具有更高的速度和更高的带宽；电动汽车、移动用户终端的普及对无线通信的带宽、可靠性及安全性提出了更高的要求；大量信息的分析处理和管理对硬件速度的要求也促使了高性能硬件的发展。如基于WiMAX、PLC 及 Wi-Fi 技术的智能电表，基于 Mesh 网络、WiMAX、Wi-Fi 技术的数据传输，各种智能电网应用软件和设备，新型针对电网应用的高速处理器等已经在一些国家和地区开始研究、试验并部分投入使用。

（2）智能电网建设将为占领世界相关产业制高点提供平台。在国民经济系统中，电力工业是重要的基础产业，属于资金密集型和技术密集型行业，具有投资大、产业链长的特点。智能电网的建设，除了可有效带动电气机械及器材制造业、金属冶炼及压延加工业、金属制品业等相关传统产业的发展，同时也加快了与智能电网相关的清洁能源、新材料、信息网络技术、节能环保等高新技术产业和战略性新兴产业的发展。通过用电方式变化在智能家电等相关产业间接创造巨大市场，将为我国电力工业及相关电子、家电、信息通信、控制、电动汽车等行业带来重要的跨越式发展机遇，对促进消费和经济增长产生巨大的"乘数效应"。

发展智能电网是带动我国电工制造业技术水平升级的重要机遇。特高压试验示范工程的建设使得国内输变电设备制造企业的制造水平得到了跨越式的提升，通过特高压设备研发，推动了常规 750 千伏和 500 千伏及以下电压等级产品的设计优化和可靠性提升，使得国内高压设备制造技术更加成熟，显著提高了我国电气装备制造业的国际竞争力。未来智能电网的建设将为我国电力设备制造企业技术进步提供平台，成为电力设备制造企业自主创新、赶超世界先进水平的重要依托。

智能电网将实现电力光纤到户，促进电子信息、通信、物联网等新兴产业发展。智能电网通过采用电力复合光缆技术，组建的电力光纤复合网能将电力和信息通信两大产业进行集成、整合和互补，这样的一个网络既能供电，又能彻底解决电网"最后一公里"信息化问题，还能通过"电力光纤到户"满足电力用户的所有信息服务的接入需求。同时，电力网建设和完善宽带通信网，实施光纤到户，还可发展宽带用户接入网。

（3）智能电网建设将促进新产品开发和新服务市场的形成，促进经济增长，带动就业。由于国际金融危机的影响，世界经济陷入第二次世界大战以来最严重的衰退，从近期来看，加强智能电网等基础设施的建设是拉动经济增长的投资策略。电网作为经济社会发展的重要基础设施，是主要的能源输送通道。智能电网的发展将相应地带动电动汽车、清洁能源、信息服务等新产品和新服务市场的发展。电网投资将直接和间接促进我国经济增长、拉动社会就业及相关部门的产出增加。考虑到电网建设对上下游相关行业的拉动效用，根据对国家统计局 2007 年投入产出表分析，电力生产与供应业的影响力系数为1.04，感应度系数为 2.21，均大于社会平均水平。

（二）智能电网促进绿色经济发展的效益分析

建设智能电网对于能源结构的清洁化、能源输送的高效化和能源利用的合理化具有重要意义。

1. 促进清洁能源的开发利用。智能电网在促进水电、核电、风电、太阳能等清洁能源接入方面所起到的作用，使清洁能源在能源供应中的比重提高成为可能，为清洁能源的集约化开发和高效应用提供了强大平台，有助于建立安全、清洁、高效的能源供应和消费体系。

水电开发：未来我国水电开发重点在西南地区，水电只能通过电网输送才能被用户利用，西南水电消纳主要通过电网输送到中东部地区。

核电开发：未来我国核电的优先发展地区是东部沿海和中部缺能省区，随着大型核电基地的逐步形成，需要同步加强智能电网的建设，适应核电大规模电力的集中接入和疏散。

分散式风电、太阳能发电：为满足风电和太阳能发电的分散式开发和分布式能源系统应用，需要加强配电网的建设，满足风电和太阳能发电的分散接入。

集中式风电、太阳能发电：我国风能和太阳能资源分布与电力负荷中心分布不一致，随着风电和太阳能发电的大规模集中开发，需要同步加强跨省跨区的电网互联，扩大风电和太阳能发电的消纳范围和规模。图 4-8 给出了智能电网背景下，我国总体电力流向示意图。

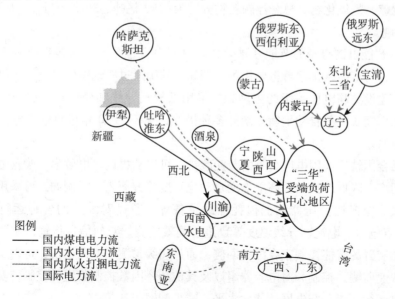

图 4-8　智能电网发展情景下总体电力流向示意图

智能电网推动水电、核电、风电、太阳能发电等清洁能源开发利用，可以提高清洁能源占我国能源供应的比重。在智能电网情景下，到2020年，经电源整体优化规划与系统生产模拟测算，2020年我国水电装机3.5亿千瓦，核电装机8000万千瓦，风电装机1.0亿千瓦，太阳能发电装机2000万千瓦，生物质能发电装机1500万千瓦，则可替代标煤约6.2亿吨，可减排二氧化碳15.2亿吨。考虑清洁能源其他非发电利用如太阳能热利用、生物燃料等总规模约1.2亿吨标煤，我国清洁能源利用可替代约7.4亿吨标煤。2020年我国一次能源消费结构中，清洁能源占一次能源消费的比重为15.2%。

2. 提高火电发电效率。在智能电网模式下，清洁能源装机增大，替代的火电发电量增加；同时由于调峰电源增加，使得火电运行效率提高，单位发电煤耗下降，因此系统发电燃料消耗减少。此外，通过"需求侧响应"，引导用户将高峰时段的用电负荷转移到低谷时段，降低高峰负荷，减少电网负荷峰谷差，减少火电发电机组出力调节次数和幅度，提高火电机组效率，降低火电机组发电煤耗，减少温室气体和环境污染物排放。据测算，相对传统电网发展情景，在智能电网发展情景下，2020年全国平均火电单位发电煤耗下降5.8克/千瓦时，因火电单位发电煤耗下降而节能约0.32亿吨标煤，减排二氧化碳、二氧化硫、氮氧化物、总悬浮颗粒物分别为0.93亿吨、36.3万吨、2.4万吨、7.9万吨。

3. 智能电网自身的节能减排效益。电网自身也是改善能源系统效率的重要资源，对节能减排起着重要作用。例如，韩国通过实现输配电电压等级的标准化、建设更高电压等级的主网架、采用低损耗导线和变压器、加强无功控制、采用馈线负荷自动平衡控制等多种措施，在不到30年里将输配电损失降低了40%。

结合国情，我国电网自身的节能减排，可以从提高输电效率，改善电网设备利用率、降低线损和提高配电网自动化程度等方面入手。例如，可采用低损耗导线、低损耗变压器和低损耗辅助设备等；通过对线路的各种运行参数（如节点电压、电流、导线温度等）进行高效监测、双向信息传输，实现对无功补偿装置的智能控制；在配电网侧，通过高级量测、双向通信，可以实现潮流的快速监测、控制和对电容器组以及其他功率因数控制装置的控制，实现高级配电运行，提升配电网智能化水平，减少配网损耗等。

美国西北太平洋国家实验室（PNNL）研究表明：智能电网的高级电压控

制可将电网本身节电潜力增加到上网电量的 1% ~ 4% 。

考虑我国线损的实际情况，未来下降空间相对较小。假设智能电网的发展可使线损率下降 1 个百分点，即可减少线损电量 736 亿千瓦时，相应减少二氧化碳排放 7548 万吨。

4. 对用户侧带来的节能减排效益。

（1）支持用户智能用电，提高用电效率。智能电网一个重要的特征就是可以通过创新营销策略实现电网与电力用户的双向互动，引导用户主动参与市场竞争，实现有效的"需求侧响应"。

一方面，智能电网可以为用户提供用电信息储存和反馈功能。通过智能表计收集用户的用电信息并及时向用户反馈不同时段的电价、用电量、电费等信息，引导和改变用户的用电行为。用户可以根据自己的用电习惯、电价水平以及用电环境，给各种用电设备设定参数。如空调和照明等智能用电设备可以根据相关参数，自动优化其用电方式，以达到最佳用电效果，进而提高设备的电能利用效率，实现节电，并通过选择用电时间达到减少电费支出的目的。PNNL 研究表明，信息干预和反馈系统可以使得用户用电效率提高 3% 。

另一方面，智能电网可以为用户提供故障自动诊断服务。智能电网可以实时采集用电设备的运行情况，及时发现故障并反馈给用户，用户可以及时调整和优化设备的运行方式，减少电能消耗及运行维护费用。PNNL 研究表明，通过提供此服务，可以使用户用电效率提高 3% 。

我国目前电价机制不甚合理，电力用户与电力系统的互动性较差，电力用户还存在较大节电潜力。随着智能电网建设工作的推进，电网与用户的互动将不断深入，电力用户将会更加主动地节电。参考 PNNL 研究成果，考虑我国的用电实际情况，假定智能电网可使用户用电效率提高 4% ，按照 2020 年我国全社会用电量为 76 700 万亿千瓦时和厂用电率为 5% 来计算，则 2020 年电力用户可实现节电量约 2730 亿千瓦时，相应减少二氧化碳排放 2.8 亿吨。

（2）推动电动汽车发展。汽车是我国能耗大户，目前我国石油进口依存度已经超过 50% ，随着汽车保有量的不断上升，耗油量还将上升，给我国能源安全带来巨大的隐患；汽车尾气排放也成为城市大气污染的重要来源。

电动汽车是指以电能为动力的汽车，一般采用高效率充电电池、或燃料电池为动力源。从能源利用效率方面来讲，电动汽车的能源利用效率比燃油汽车提高 1~2 倍以上。从运行的经济性来看，电动汽车百公里只消耗 10 度电，运行费用远低于普通汽车。

根据国家公布的《汽车产业调整和振兴规划》要求，截至 2011 年，全国形成 50 万辆纯电动汽车、充电式混合动力和普通型混合动力等清洁能源汽车产能。预计 2020 年，在智能电网相关技术的带动下，我国电动汽车保有量将达到 3000 万辆。按照每辆电动汽车每年行驶 20 000 公里计算，3000万辆电动汽车每年可以减少汽油消耗 3550 万吨，实现减排二氧化碳约为6870 万吨。

5. 其他社会效益。

（1）智能电网具有强大的自愈功能，可满足多类型电源接入电网需要，有利于提高能源供应安全。智能电网具有强大的自愈功能，可提高电力供应的安全性。智能电网的首要作用是有效保证电力安全可靠性，较传统电网更加坚强并具有更大"弹性"，可以有效抵御自然灾害、外力破坏等各类突发事件给电力系统造成的影响；并具有强大的"自愈"功能。从本质上讲，自愈就是智能电网的"免疫系统"。这是智能电网最重要的特征。自愈电网进行连续不断的在线自我评估以预测电网可能出现的问题，发现已经存在的或正在发展的问题，并立即采取措施加以控制或纠正。自愈电网确保了电网的可靠性、安全性、电能质量和效率。

智能电网能够实现多电源互助——通过全系统电源互助和需求响应实现供电安全。利用各系统的冗余，相互提供安全保障。将比邻的电力系统冗余的发电容量、现有电力系统的备用容量、蓄能设备，包括 UPS 应急电源、电池蓄能电站和电动汽车蓄电池等储能设备，彼此提供安全互助。在智能电网调配下，电网、燃气管网、可再生能源和资源综合利用电站共同构成一个能源安全整体，保障电力供应安全。

智能电网能够促进电动汽车的规模化发展，提高电力占终端能源消费的比重，降低我国石油的对外依存度，保障能源安全。通过推动蓄能电池充电技术的发展，能够友好兼容各类电源和用户接入与退出，促进电动汽车的规模化快速发展，改变终端用户用能方式，提高电能在终端能源消费中的比重，实现对石油的大规模替代，大量减少交通运输业的石油消耗，降低我国石油对外依存度。假设在智能电网相关技术的带动下，2020 年载客型电动汽车拥有量将达到 3000 万辆。按照每辆电动汽车每年行驶 1 万公里，每百公里 8 升油耗计算，则 3000 万辆电动汽车每年可以减少汽油消耗约 1750 万吨，使得我国石油对外依存度降低约 2.2 个百分点，保障我国能源安全。

智能电网将提高我国电网大范围配置能源资源的能力，优化能源输送方式，提高能源供应的能力和灵活性。从丰富能源输送方式来看，建设智能电网，通过加大输电比重，实现输煤输电并举，使得两种能源输送方式之间形成一种相互保障格局，促进能源输送方式的多样化，减少铁路运输的压力，提高能源供应和经济运行的安全性。相对于传统电网，2020 年在智能电网模式下，我国跨区配置能源资源的能力由 2 亿千瓦增加到 4 亿千瓦，跨区配置率提高约16 个百分点。

（2）建设智能电网有利于促进我国区域经济协调发展。促进区域合理分工。我国煤炭产区的工业化水平多处于工业化初期阶段，其比较优势在于自然资源丰富。中东部煤炭调入地区的工业化水平多处于工业化中、后期阶段，发展的重点在于产业结构调整和优化升级，发展高新技术产业和现代化服务业。在煤炭基地建设电厂，实现煤电就地转换，既可以发挥西部地区资源优势，又可以降低东部地区电力供应成本，推动优势产业的发展，促进全国的区域合理分工。

缩小地区差距。从我国经济发展格局来看，东部经济发达而中西部相对落后；西部自然资源丰富而东部自然资源缺乏。据分析，我国主要煤炭产区晋陕蒙宁新等地区的煤炭保有储量约占全国的 78% 左右，而除了内蒙古外其他地区的人均 GDP 均低于全国平均水平。从资源型地区的长期发展来看，发展智能电网为当地建设大型的煤电基地创造了必要条件，可以促进煤炭基地高附加值电力产品的输出，延长煤炭开发利用产业链，有利于真正实现资源优势向经济优势的转化，对西部和北部煤炭产区的经济发展综合拉动作用更明显。从我国中东部电力负荷中心来看，增加电力输入有利于电力供给成本的降低，有利于维持当地产品在国内市场和国际竞争中的价格优势，推动优势产业的发展。坚强跨区输电，可以在送、受端地区合作中引入市场机制，是促进送、受端地区经济联动发展，缩小区域差距的一个重要选择。据测算，输煤输电两种能源输送方式对山西省 GDP 的贡献比约为 1：6，对就业拉动效应比大约为 1：2。

（3）发展智能电网将有利于提高全国土地资源的整体利用效率，节约土地资源占用。提高东西部地区土地资源的整体利用效率。我国西部、北部和中东部地区土地价值差异显著，中东部地区经济发达，土地价值高，建设燃煤电厂的土地资源已十分紧缺。据统计，2007 年晋陕蒙宁新等五个煤炭富集省区的单位国土面积 GDP 仅为 38 万元/平方公里，而中东部地区高达 641 万元/平方公里。因此，在智能电网发展情景下，大力推进西部、北部煤电基地建设，加快发展输电，在大量节约能源输送通道占地的同时，还能为中东部地区腾出更多的价值较高的土地资源。

减少煤矸石占地。输送洗精煤到中东部地区发电是我国未来煤炭运输的发展方向。但煤炭洗选后留下的煤矸石大量占用煤炭产区的土地资源，对当地生态环境也造成巨大的破坏。据统计，山西省煤矸石堆积量达 9 亿吨，占地达 1500 公顷。以大秦线为例，若每年输送 3 亿吨的洗精煤，将在山西留下超过 5000 万吨的煤矸石，每年新增占地 80 公顷以上。在智能电网发展情景下，通过在煤炭产区建设大规模的坑口电厂，可消化利用煤炭产区的煤矸石，减少煤矸石占地。

减少新建变电站的土地占用。建设智能变电站，可以减少信息采集和控制系统设施占地，压缩控制楼建筑面积，优化变电站设计方案。参考电网公司正在开展的 500 千伏智能化变电站设计竞赛初步成果，按减少 10% 占地测算，每年减少新建变电站占地约 2000 亩。

（4）智能电网建设有助于利用周边国家的能源资源，促进国际能源合作。在我国周边国家中，俄罗斯、蒙古和哈萨克斯坦具有丰富的能源资源，且其国内能源生产能力远大于消费需求，具有很强的能源输出能力。俄、蒙、哈三国将富裕的煤炭等能源资源转化为电力，直接传输至我国的东北、华北和华中负荷中心，可以有效缓解我国能源供应和环境保护的压力。智能电网的建设有利于充分利用周边国家能源资源，加强国际能源合作，提升能源资源配置能力，提高我国在周边国家的政治影响力和主导地位，提升我国电力行业的国际品牌和国际竞争力。

综上所述，智能电网具有保障我国能源安全、实现清洁能源的大规模灵活接入、优化能源结构、促进节能减排、发展低碳经济、提高服务水平的社会经济效益。据测算，2020 年发展智能电网可以带来定量评估的环境效益、用电环节效益、电网环节效益、发电环节效益和其他社会效益合计约为 1890 亿元。

（三）我国智能电网政策环境分析与相关举措

1. 政策现状和发展趋势。我国与智能电网发展相关的法规政策正处于逐步完善之中，目前主要涉及可再生能源发电、常规能源发电、新能源汽车以及电价政策等方面。在已经制定、颁布的政策法规中，与智能电网发展相关的主要政策、法规条款如表 4 – 12 所示。

表4－12   与发展智能电网有关的国家政策汇总

名　　称	时　间	相关内容
《中华人民共和国可再生能源法》	2006.1.1 2010.4.1 （修正案）	修改后的法律规定，国务院能源主管部门会同国务院有关部门，根据全国可再生能源开发利用中长期总量目标和可再生能源技术发展状况，编制全国可再生能源开发利用规划，报国务院批准后实施。 　　修改后的法律明确，国家实行可再生能源发电全额保障性收购制度。 　　修改后的法律还规定，国家财政设立可再生能源发展基金，资金来源包括国家财政年度安排的专项资金和依法征收的可再生能源电价附加收入等。
《节能发电调度办法（试行）》	2007.8.2	节能发电调度是指在保障电力可靠供应的前提下，按照节能、经济的原则，优先调度可再生发电资源，按机组能耗和污染物排放水平由低到高排序，依次调用化石类发电资源，最大限度地减少能源、资源消耗和污染物排放。 　　基本原则：以确保电力系统安全稳定运行和连续供电为前提，以节能、环保为目标，通过对各类发电机组按能耗和污染物排放水平排序，以分省排序、区域内优化、区域间协调的方式，实施优化调度，并与电力市场建设工作相结合，充分发挥电力市场的作用，努力做到单位电能生产中能耗和污染物排放最少。 　　适用范围：节能发电调度适用于所有并网运行的发电机组，上网电价暂按国家现行管理办法执行。对符合国家有关规定的外商直接投资企业的发电机组，可继续执行现有购电合同，合同期满后，执行本办法。
《并网发电厂辅助服务管理暂行办法》（电监市场［2006］43号）	2006.11.7	规定了并网发电厂提供的辅助服务的种类和定义：基本辅助服务（一次调频、基本调峰和基本无功调节）和有偿辅助服务（自动发电控制AGC、备用、有偿无功调节、黑启动）。 　　明确了辅助服务的提供与调用、计量与考核、补偿方式与费用来源、监督管理等问题。
《可再生能源发电价格和费用分摊管理试行办法》（发改价格［2006］7号）	2006.1.4	适用范围：风力发电、生物质发电（包括农林废弃物直接燃烧和气化发电、垃圾焚烧和垃圾填埋气发电、沼气发电）、太阳能发电、海洋能发电和地热能发电。水力发电价格暂按现行规定执行。 　　可再生能源发电价格实行政府定价和政府指导价两种形式。政府指导价即通过招标确定的中标价格。可再生能源发电价格高于当地脱硫燃煤机组标杆上网电价的差额部分，在全国省级及以上电网销售电量中分摊。

续表

名　称	时　间	相关内容
《关于完善风力发电上网电价政策的通知》（发改价格〔2009〕1906号）	2009.7.20	按风能资源状况和工程建设条件，将全国分为四类风能资源区，相应制定风电标杆上网电价。四类资源区风电标杆电价水平分别为每千瓦时0.51元、0.54元、0.58和0.61元。今后新建陆上风电项目，统一执行所在风能资源区的风电标杆上网电价。海上风电上网电价今后根据建设进程另行制定。 　　同时规定，继续实行风电费用分摊制度，风电上网电价高出当地燃煤机组标杆上网电价的部分，通过全国征收的可再生能源电价附加分摊解决。
《可再生能源电价附加收入调配暂行办法》（发改价格〔2007〕44号）	2007.1.11	可再生能源发电是指风力发电、生物质能发电（包括农林废弃物直接燃烧和气化发电、垃圾焚烧和垃圾填埋气发电、沼气发电）、太阳能发电、海洋能发电和地热能发电。 　　可再生能源附加是指为扶持可再生能源发展而在全国销售电量上均摊的加价标准。 　　可再生能源电价补贴包括可再生能源发电项目上网电价高于当地脱硫燃煤机组标杆上网电价的部分、国家投资或补贴建设的公共可再生能源独立电力系统运行维护费用高于当地省级电网平均销售电价的部分，以及可再生能源发电项目接网费用等。
《电价改革方案》（国发〔2003〕62号）	2003.7.9	提出了我国电价改革的指导思想、近期和远期目标，指明了上网电价、输配电价和销售电价改革的方向。
《上网电价管理暂行办法》、《输配电价管理暂行办法》、《销售电价管理暂行办法》（发改价格〔2005〕514号）	2005.5.1	针对电厂上网电价提出了由容量电价和电量电价构成的定价办法；对于输配电价确定了定价体系和计算办法；对于销售电价提出采用由电度电价和基本电价两部分构成的两部制电价。
《新能源汽车生产准入管理规则》（国家发展和改革委员会公告〔2007〕72号）	2007.10.17	目的：为促进汽车产品技术进步，保护环境，推进节约能源和可持续发展，鼓励企业研究开发和生产新能源汽车。 　　该规则从管理方式、生产资格、技术等多个方面给出了优惠措施。国家发展改革委商国家科技行政管理部门，聘任有关专家，组成新能源汽车专家委员会，负责确定和调整新能源汽车产品类别的技术阶段，提出适用于新能源汽车的专项技术条件和检验规范建议。

名　称	时　间	相关内容
《新能源基本建设项目管理的暂行规定》（计交能［1997］955号）	1997.5.27	提出了国家层面对发展新能源的意见，并指出了实施过程中应该遵循的原则。"国家鼓励新能源及其技术的开发应用"。
《节能与新能源汽车示范推广财政补助资金管理暂行办法》（财建［2009］6号）	2009.1.23	为扩大汽车消费，加快汽车产业结构调整，推动节能与新能源汽车产业化，财政部、科技部决定，在北京、上海、重庆、长春、大连、杭州、济南、武汉、深圳、合肥、长沙、昆明、南昌等13个城市开展节能与新能源汽车示范推广试点工作，以财政政策鼓励在公交、出租、公务、环卫和邮政等公共服务领域率先推广使用节能与新能源汽车，对推广使用单位购买节能与新能源汽车给予补助。其中，中央财政重点对购置节能与新能源汽车给予补助，地方财政重点对相关配套设施建设及维护保养给予补助。
《促进产业结构调整暂行规定》（国发［2005］40号）	2005.12.2	鼓励技术创新、鼓励发展节能环保的产业；加强能源、交通、水利和信息等基础设施建设；多元发展，优化能源结构，构筑稳定、经济、清洁的能源供应体系；加强电网建设，优化电网结构，扩大西电东送规模；积极扶持和发展新能源和可再生能源产业，鼓励石油替代资源和清洁能源的开发利用，积极推进洁净煤技术产业化，加快发展风能、太阳能、生物质能等；自主创新、引进技术、合作开发、联合制造等方式，提高重大技术装备国产化水平，特别是在高效清洁发电和输变电、大型石油化工、先进适用运输装备、高档数控机床、自动化控制、集成电路设备、先进动力装备、节能降耗装备等领域实现突破，提高研发设计、核心元器件配套、加工制造和系统集成的整体水平；加快发展高技术产业，进一步增强高技术产业对经济增长的带动作用等。

续表

名　称	时　间	相关内容
《可再生能源发展专项资金管理暂行办法》（财建〔2007〕371号）	2006.5.30	"可再生能源发展专项资金"是指由国务院财政部门依法设立的，用于支持可再生能源开发利用的专项资金。 发展专项资金的使用方式：无偿资助和贷款优惠。无偿资助方式主要用于盈利性弱、公益性强的项目。除标准制定等需由国家全额资助外，项目承担单位或者个人须提供与无偿资助资金等金额以上的自有配套资金。贷款贴息方式主要用于列入国家可再生能源产业发展指导目录、符合信贷条件的可再生能源开发利用项目。在银行贷款到位，项目承担单位或者个人已支付利息的前提下，才可以安排贴息资金。贴息资金根据实际到位银行贷款、合同约定利息率以及实际支付利息数额确定，贴息年限为1~3年，年贴息率最高不超过3%。 资助范围：人工费、设备费、能源材料费、租赁费、鉴定验收费、项目实施过程中其他必要的费用支出等。
《风力发电设备产业化专项资金管理暂行办法》（财建〔2008〕476号）	2008.8.11	对满足支持条件企业的首50台风电机组，按600元/千瓦的标准予以补助，其中整机制造企业和关键零部件制造企业各占50%，各关键零部件制造企业补助金额原则上按照成本比例确定，重点向变流器和轴承企业倾斜。产业化资金必须专项用于风电设备新产品研发的相关支出。
"关于实施金太阳示范工程的通知"——《金太阳示范工程财政补助资金管理暂行办法》（财建〔2009〕397号）	2009.7.16	中央财政从可再生能源专项资金中安排一定资金，支持光伏发电技术在各类领域的示范应用及关键技术产业化，即金太阳示范工程。 补贴标准：由财政部、科技部、国家能源局根据技术先进程度、市场发展状况等确定各类示范项目的单位投资补助上限。并网光伏发电项目原则上按光伏发电系统及其配套输配电工程总投资的50%给予补助，偏远无电地区的独立光伏发电系统按总投资的70%给予补助。 光伏发电关键技术产业化和产业基础能力建设项目，给予适当贴息或补助。

名　　称	时　　间	相关内容
《太阳能光电建筑应用财政补助资金管理暂行办法》（财建〔2009〕129号）	2009.3.23	中央财政从可再生能源专项资金中安排部分资金，支持太阳能光电在城乡建筑领域应用的示范推广。鼓励地方出台与落实有关支持光电发展的扶持政策； 　2009年补助标准原则上定为20元/Wp，具体标准将根据与建筑结合程度、光电产品技术先进程度等因素分类确定。以后年度补助标准将根据产业发展状况予以适当调整。
《可再生能源建筑应用专项资金管理暂行办法》（财建〔2006〕460号）	2006.5.9	"可再生能源建筑应用专项资金"是指中央财政安排的专项用于支持可再生能源建筑应用的资金。目的是促进可再生能源在建筑领域中的应用，提高建筑能效，保护生态环境，节约化石类能源消耗。 　"可再生能源建筑应用"是指利用太阳能、浅层地能、污水余热、风能、生物质能等对建筑进行采暖制冷、热水供应、供电照明和炊事用能等。 　使用范围：示范项目的补助；示范项目综合能效检测、标识、技术规范标准的验证及完善等；可再生能源建筑应用共性关键技术的集成及示范推广；示范项目专家咨询、评审、监督管理等支出；财政部批准的与可再生能源建筑应用相关的其他支出。

综合我国的上述政策可以发现以下特点和趋势：

（1）可再生能源发电方面。在风电迅猛发展，风电与电力系统之间问题不断出现情况下，新修订的可再生能源法更加强调规划的引导作用，突出了可再生能源的保障性全额收购，以及通过设立可再生能源发展基金解决电网企业为吸纳可再生能源而发生的接网费用以及其他相关费用。这些新内容更加真实地反映了当前风电与电网，乃至整个电力系统之间现实问题，有助于保证风电等可再生能源发电的有序、科学开发。纵观德国、丹麦、西班牙等国家风电发展，随着风电规模的增加、重要性的提高，各国对风电的技术要求日趋科学，对风电厂管理也日益严格。在此方面，我国也不应例外。

（2）电价政策方面。我国长期存在严重的电价交叉补贴，主要是工商业用户长期补贴居民用户（居民生活用电价格长期严重偏低）；城市用户补贴农村用户（农业生产、农业排灌用电长期严重偏低，比居民生活用电还低）；还有电压等级高的补贴电压等级低的。交叉补贴不能体现资源价值，不能引导用户合理消费，未充分体现公平原则，不能保证电力工业发展所需资金。随着我国工业化、城镇化的发展，用户用电需求呈现出多层次、多样化的趋势，改革现有电价政策，理顺电价形成机制成为亟待解决的核心问题之一。对居民生活用电采用阶梯电价或是阶梯分时电价将是一种有效解决途径。

（3）系统运行及辅助服务方面。未来风电等间歇性可再生能源的大量接入电网，将给系统运行带来更加突出的调峰、调频问题。大量的煤电、水电、燃气机组等将可能为系统提供辅助服务。很多辅助服务内容将可能造成机组能耗增加，寿命缩短，可靠性降低等不利影响。为降低这些影响，一方面需要风电等间歇性可再生能源发电通过采用先进技术降低间歇性的影响；另一方面，也需要对辅助服务提供者，给予科学、合理的经济补偿。

2. 智能电网发展对相关政策的需求。

（1）电价政策。电价政策是电力市场化改革的关键，也是智能电网发展的客观需要。科学、合理、公平的电价政策将起到真实反映资源稀缺程度、正确引导电力消费和保障电力能源资源可持续发展的作用。智能电网在用电侧发挥的削峰填谷、减少用户电费支出等功能，已在很大程度上依赖于电价政策。采用基于体现实时电能价值量的实时电价机制将是发展的需要。

（2）财政税收和投融资政策。智能电网建设需要大量的资金和技术，并且存在一定的不确定因素，在其发展初期，更需要政府加大财政支出、优化税收减免政策和投融资政策，缓解投资方和用户的后顾之忧，为智能电网的产业化发展创造条件。

（3）战略性新兴产业政策。世界主要发达国家都将发展智能电网作为提振经济、增加就业、带动产业升级的契机。各国根据各自国情，也正在制定和实施产业发展战略。我国在这场以智能电网为核心的电力能源变革中，也应充分利用智能电网的消耗资源少、带动系数大、就业机会多、综合效益好的内在优势，发挥其对新能源、新材料、信息通信、节能环保和电动汽车等产业的带动作用。为此，我国有必要结合我国国情，制定和实施智能电网相关战略性新兴产业发展政策。

（4）新能源汽车相关政策。美国、日本、德国等发达国家非常重视研发和使用新能源汽车，将其作为保证能源安全、减少温室气体排放和刺激经济发展的重要手段。我国汽车产业近年来发展快速，随着国内企业逐步掌握了电池、电机和控制系统等核心技术，加之国内市场需求巨大，所以我国已初步具备了新能源汽车发展所需的推动力。在此基础上，国家应加快制定新能源汽车相关技术标准、运营模式、充电基础设施布局规划和财税补贴等方面的政策引领和支持。

（5）智能电网增值服务相关政策。智能电网除具备传统电网的服务功能外，其最大的特点就是具备内容丰富、对象广泛的增值服务。例如，作为物联网技术最大应用领域的智能电网，可以通过电力光纤到户技术有力推动电信网、广播电视网和互联网"三网融合"。智能用电终端设备能为用户提供诸如用户侧小型分布式电源接入与协调管理、家庭安全防范、家电控制、用电方案优化、紧急求助，生活服务、物业管理、广告宣传、社区娱乐等增值服务；用电信息采集系统平台可以为供水、供气、供热等信息平台提供有力的支持。我国应加强智能电网操作标准、信息安全、运营模式及相关的管理体制等方面政策制定和实施。

3. 促进智能电网发展的措施建议。建设智能电网是一项复杂的系统工程，涉及政策、资金、科技、人才、管理等多个方面，需要在政府的组织领导下，调动各方面力量来共同推进。按照政府引导、政策支持和市场推动相结合的原则，建立稳定的财政资金投入机制，通过政府投资、政府特许等措施，依托智能电网建设，培育持续稳定增长的绿色经济和低碳发展所需的市场环境。建议我国从以下几方面加强保障措施和政策机制建设，以推动我国智能电网又好又快发展。

（1）加强宏观引导，将智能电网发展纳入国家"十三五"规划体系。我国政府应立足国情，建议由国家发改委和国家能源局在国家层面尽快制定我国智能电网的战略目标与实施路线，加快低碳排放为特征的产业体系和消费模式设计。把智能电网规划纳入国家和地方电力能源发展规划，纳入地方经济社会发展规划和城乡建设规划，保障好电网建设所需的线路走廊和站址用地。针对电动汽车充电设施、储能设施、分布式电源等新兴基础设施，要及早开展规划研究工作，尤其要抓紧开展电动汽车充电基础设施规划工作。

（2）完善法规体系，促进电力绿色发展。为了减轻智能电网早期运营可能出现的大幅亏损对投资方利益的损害和对投资热情的挫伤，建议财政部进一步加大财政资金支出和补贴力度，支持智能电网相关技术创新、电力基础设施建设。

建议国家税务总局在充分调研和分析的基础上，本着灵活、实用、适用的原则，给予智能电网建设、维护和管理主体企业税收政策倾斜，以降低智能电网发展初期的不确定性对相关行业盈利风险的负面影响。例如，对于智能家电企业、新能源发电企业等给予一定的所得税优惠；对于成本较高的智能电网关键设备，可以考虑给予相关企业一定的增值税减免政策；对于为风电等间歇性发电提供的调峰调频服务的常规发电企业，可考虑应给予适当的补偿；对于积极进行电力系统智能化的电力企业，可在土地使用税、房产税等方面适当给予减免等。

在电价方面，建议国家发改委尽快出台体现系统成本动态变化的分时电价、乃至实时动态电价机制，实现电价与电力供需联动、利用价格杠杆调控电力供需、引导智能用电和分布式储能发展，促进清洁能源发展。

建议国家发改委、能源局和电监会加大低碳发展评价指标体系和统计考核等制度保障体系、碳排放交易标准和碳交易市场体系研究与建设。

建议电监会研究制定适应清洁能源大规模发展的系统运行及辅助服务规定、考核细则和经济补偿办法。

（3）保障试点和研发投入，突破核心关键技术。建议科技部尽快将建设智能电网发展战略、技术创新、节能减排和低碳能源供应体系设计、关键技术研究和关键设备研发纳入国家科技发展规划和重大科技项目计划。强化企业主体地位，以产业创新联盟为抓手，建立智能电网技术研发平台，围绕关键业务领域和支撑技术领域，特别是在大电网安全稳定运行、风电大容量远距离输送、新材料、大容量储能、电动汽车、分布式电源、智能调度等方面，不断完善智能电网关键技术研究框架。通过强化系统集成机制、统筹协调机制和产学研用结合机制，创新多元化科技投入机制，加快科技成果产业化步伐。

鼓励金融机构加大对智能电网相关企业的金融支持力度，支持智能电网相关企业采用多种融资手段拓展融资渠道，适时建立"智能电网产业基金"，进一步提高智能电网相关企业的自身"造血功能"，保障智能电网试点工程顺利开展，推动企业的实力壮大、新技术研发和市场扩大。

（4）重视标准化工作，实现集约化发展。建议国家发改委组织、协调全国力量开展智能电网标准体系建设。由于智能电网的发展需要一套跨不同行业、不同技术领域的统一规范的技术标准体系，建议国家尽快建立统一规范技术标准体系的主导机构，总体负责研究制定统一的标准，组织协调国家相关部委、电网企业、发电企业、电器设备制造企业、科研机构、电力用户等相关方积极参与智能电网标准制定和完善工作，推动智能电网的标准化、规模化。

（5）依托智能电网，带动战略性新兴产业发展。建议国家发改委、工信部等部门抓紧制定以能源信息产业为抓手的，包括新能源、新材料、节能减排、电动汽车、电器装备等产业在内的战略性新兴产业发展规划。根据我国各地不同特点，组织地方政府、发电企业、电网企业、规划单位和相关企业积极开展调研和研究工作，摸清各地的产业特点、能源资源特点、用电结构，总结发展智能电网的优势、不足、机遇和挑战，制定针对性强、实效性高、速度科学、规模合理的产业发展规划。

建议国家财政部、国家税务总局针对参与战略性新兴产业发展的企业，提供财政补贴和税收优惠。

（6）加强国际合作，充分利用外部资源。牢牢把握我国在智能电网发展方面的战略主动权，在充分利用我国内部人才、资源和国家体制等方面的优势前提下，按照"国内国外两种资源、两个市场都要开发"的基本精神，从基本国情出发，大力加强智能电网国家合作。

建议国家发改委、能源局、科技部等部门积极组织双边或多边国际性智能电网联合研究、合作攻关。例如，国家每年可以资助一批具有较好基础和发展潜力的青年科研工作者到国外进修或参加技术研发等。通过加强国际合作，引进、借鉴、学习先进国家的经验和技术，将有效促进电力工业整体水平的提高。

参考文献

［1］李慧凤：《中国低碳经济发展模式研究》，载于《金融与经济》2010 年第 5 期，第 40～42 页。

［2］王震：《金融危机后的国际能源格局及其对中国的影响》，载于《世界经济研究》2010 年第 11 期，第 15～19、第 87 页。

［3］陈诗一：《中国碳排放强度的波动下降模式及经济解释》，载于《世界经济》2011 年第 4 期，第 124～143 页。

［4］陈晓科、周天睿、李欣、康重庆、陈启鑫：《电力系统的碳排放结构分解与低碳目标贡献分析》，载于《电力系统自动化》2012 年第 2 期，第 18～25 页。

［5］白建华：《特高压电网助推清洁能源发展》，载于《经济日报》2010 年 4 月 20 日。

［6］马胜红、李斌、陈东兵、陈光明、孙李平、张亚彬、熊燕、刘鑫：《中国光伏发电成本、价格及技术进步作用的分析》，载于《太阳能》2010 年第 4 期，第 6～13 页。

［7］李书锋：《我国可再生能源发展的经济学分析——基于租金理论视角》，载于《经济问题》2008 年第 7 期，第 13～16 页。

［8］李圆圆：《太阳能热发电用储热混凝土的制备与储热单元模拟分析》，武汉理工大

学，2008 年。

　　[9] 潘群峰：《论核电"三国"与核电产业发展战略》，载于《价值工程》2009 年第 2 期，第 14 ~ 17 页。

　　[10] 欧阳予：《世界核电技术发展趋势及第三代核电技术的定位》，载于《国防科技工业》2007 年第 5 期，第 28 ~ 32 页。

　　[11] 欧阳予、汪达升：《国际核能应用及其前景展望与我国核电的发展》，载于《华北电力大学学报（自然科学版）》2007 年第 5 期，第 1 ~ 10 页。

　　[12] 刘勇、刘万福：《地热能利用浅谈》，载于《能源工程》2002 年第 1 期，第 26 ~ 28 页。

　　[13] 郑崇伟、潘静：《全球海域风能资源评估及等级区划》，载于《自然资源学报》2012 年第 3 期，第 364 ~ 371 页。

　　[14] 杭雷鸣：《我国能源消费结构问题研究》，上海交通大学 2007 年。

　　[15] 汪毅：《生态设计理论与实践》，同济大学 2006 年。

　　[16] 财政科学研究所课题组：《中国促进低碳经济发展的财政政策研究》，载于《财贸经济》2011 年第 10 期，第 11 ~ 16、135 页。

　　[17] 倪红日：《运用税收政策促进我国节约能源的研究》，载于《税务研究》2005 年第 9 期，第 3 ~ 6 页。

　　[18] 常纪文：《中国环境法治的历史、现状与走向——中国环境法治 30 年之评析》，载于《昆明理工大学学报（社会科学版）》2008 年第 1 期，第 1 ~ 9 页。

　　[19] 肖国兴：《论能源革命与法律革命的维度》，载于《中州学刊》2011 年第 4 期，第 82 ~ 89 页。

　　[20] 王文军：《低碳经济发展的技术经济范式与路径思考》，载于《云南社会科学》2009 年第 4 期，第 114 ~ 117 页。

　　[21] 李艳芳：《论中国应对气候变化法律体系的建立》，载于《中国政法大学学报》2010 年第 6 期，第 78 ~ 91、第 159 页。

　　[22] 黄珺仪：《中国可再生能源电价规制政策研究》，东北财经大学 2011 年。

　　[23] 李连德：《中国能源供需的系统动力学研究》，东北大学 2009 年。

　　[24] 曹军威、万宇鑫、涂国煜、张树卿、夏艾瑄、刘小非、陈震、陆超：《智能电网信息系统体系结构研究》，载于《计算机学报》2013 年第 1 期，第 143 ~ 167 页。

　　[25] 宋亚奇、周国亮、朱永利：《智能电网大数据处理技术现状与挑战》，载于《电网技术》2013 年第 4 期，第 927 ~ 935 页。

　　[27] 刘小聪、王蓓蓓、李扬、姚建国、杨胜春：《智能电网下计及用户侧互动的发电日前调度计划模型》，载于《中国电机工程学报》2013 年第 1 期，第 30 ~ 38 页。

　　[28] 周孝信、陈树勇、鲁宗相：《电网和电网技术发展的回顾与展望——试论三代电网》，载于《中国电机工程学报》2013 年第 22 期，第 1 ~ 11、第 22 页。

[29] 张东霞、姚良忠、马文媛：《中外智能电网发展战略》，载于《中国电机工程学报》2013 年第 31 期，第 1～15 页。

[30] 韦延方、卫志农、孙国强、孙永辉、滕德红：《适用于电压源换流器型高压直流输电的模块化多电平换流器最新研究进展》，载于《高电压技术》2012 年第 5 期，第 1243～1252 页。

[31] 曾鸣、李红林、薛松、曾博、王致杰：《系统安全背景下未来智能电网建设关键技术发展方向——印度大停电事故深层次原因分析及对中国电力工业的启示》，载于《中国电机工程学报》2012 年第 25 期，第 175～181、第 24 页。

第五章

促进绿色产业发展制度 *

第一节　绿色经济及环保产业的概况

　　自然环境是人类生存及一切活动的物质基础，保护人类赖以生存的自然和生态环境已成为世界各国关注的焦点。我国是拥有 13 亿人口的发展中大国，能源、资源相对匮乏，要走出一条低消耗、高产出的发展之路，必须发展绿色经济，支持绿色产业，走可持续的道路。

　　绿色技术是发展绿色经济的支撑力，利用绿色技术可以有效提高资源利用率，降低污染排放强度，促进经济增长与环境保护的相互协调与双赢。绿色产业是绿色经济体系的基础单元和支柱，具有高新技术性和拉动性，绿色产业对绿色经济的整个发展具有全面的带动、促进作用。

　　运用绿色技术，发展绿色产业，完善绿色产业发展制度，是生态经济建设的重要内涵，是推进新型工业化的重要途径。2010 年 10 月 18 日颁布的《中共中央关于制定国民经济和社会发展第十二个五年规划的建议》再次强调了发展绿色产业、建设生态文明的重要性，"面对日趋强化的资源环境约束，必须增强危机意识，树立绿色、低碳发展理念，以节能减排为重点，健全激励与约束机制，加快构建资源节约、环境友好的生产方式和消费模式，增强可持续发展能力，提高生态文明水平。"为促进绿色产业发展制度的构建提供了强大动力。

---

　　* 本章相关图表均来源于环境保护部环境规划院的研究成果。

一、绿色技术现状

　　绿色技术是指在提高生产效率或优化产品效果的同时，能够提高资源和能源利用率，并有利于环境保护和生态平衡以及能满足人的生存与发展需要的技术。技术结构的绿化应在两个方面体现出来，一是克服生态环境危机的技术、环保技术，即修复生态环境和改善生态环境的技术；二是非生态技术趋于绿色化，不仅是传统产业的技术改造使之绿色化，而且就是高新技术的发展必须有利于生态环境保护和产业的绿化，使所有非生态技术呈现绿化的趋势。

　　绿色技术主要包括提高生态效率的共性技术。具体内容包括：（1）清洁生产与零排放工艺技术体系；（2）具有共性的关键技术，如节水技术、节能技术、分离技术、生物催化技术、生态材料等。重点行业的关键技术。根据我国的现状和发展趋势，首先要识别我国在发展绿色经济的过程中应加以特别关注的行业。如制造业、建筑业、能源业、环保业、生态农业等行业的生产技术应是重点领域。具体内容包括：（1）制造业绿色工艺技术，包括：汽车行业、冶金行业、化工行业、装备行业、环保产业等；（2）以节能、节水、提供舒适、清洁环境为目标的绿色建筑材料、绿色建筑设计和绿色建筑设备；（3）节能工艺技术、清洁燃烧技术及清洁能源的开发利用；（4）产量高、质量好、无有毒有害的农业生产技术和农产品加工技术。绿色消费模式的支撑技术。消费过程不仅消耗资源、造成污染，同时还是生产的驱动力。绿色经济要求改变消费模式，用与环境友好的方式进行消费，避免消费过程对资源的浪费和对环境的污染。具体内容包括：（1）废旧汽车回收利用、家电产品回收利用、包装物回收利用、废弃建筑材料回收利用、剩余食品回收利用技术；（2）以功能经济、服务经济代替物质经济的理论与实践研究及绿色服务业体系的建立；（3）符合绿色经济原理的新型产业体系，包括服务业、回收业、出租业、中介产业，咨询产业等的建立。

（一）我国主要绿色技术的现状与国际差距

　　1. 我国能源技术的现状与国际差距。与国际能源技术先进水平相比，我国能源技术还存在重大差距，主要表现为：（1）能源科研基础设施薄弱；（2）系统化、工程化、产业化水平低，尤其是重大能源技术，难以形成产业链；（3）创新能力不足，难以形成创新价值链；（4）主体能源技术落后。我国先进的发电技术主要依靠反复技术引进；我国至今尚不具备设计制造大型燃气轮机的能力；没有掌握设计大容量、高效率气化炉的技术；尚没有一座煤气化联合循环电站；在煤炭液化的工程放大、反应器技术方面与国外相比存在差距；电网结构相对比较薄弱，高压输电线的输送能力较低，电力系统主要运行技术指标和设备水平也较低，高压直流输电和可控串补等一些电网发展所必需的重要设备尚不能独立制造。

2. 我国的矿产资源技术现状与国际差距。我国矿产资源勘查、开发利用和矿山环境等方面的技术发展总体上以跟踪和引进为主，与主要矿业国之间差距明显，主要表现在：（1）指导矿产勘查的成矿理论研究以跟踪为主，结合我国地质成矿特点的理论创新匮乏；（2）航空物探和航空遥感技术以及计算机和信息应用技术以引进为主，高新技术在勘查中的应用程度低；（3）露天深凹采矿、1000 米以下深井采矿和溶浸采矿技术刚刚起步；（4）大型高效采选设备主要依靠进口，在线监测和自动控制程度低；（5）矿山安全和环境污染防治技术薄弱。

3. 我国的水资源技术现状与国际差距。我国的水资源技术研究滞后于国际同类研究。水资源评价、水资源规划、水环境保护、开发利用过程中的水资源合理配置、水法规建设、水管理体系建设、节水技术与机制研究、水价研究等理论方法方面的研究具有一定的深度和广度。主要的差距在于技术成果的推广和应用管理方面。全国节水、治污等工作的开展很不平衡，如工业用水的重复利用率，先进地区已超过 70%，而落后地区达不到 20%。在污染的治理、海水利用淡化方面与先进的国家差距更大。

《国家中长期科学和技术发展规划（2006—2020）》提出，实施煤炭资源的高精度勘探和合理经济、高效安全、环境友好发展战略，保障煤炭的供给能力，满足国民经济快速发展的需要，加强对被污染环境的治理，减少因煤炭开采给生态环境带来的损害，使煤炭资源开发走可持续发展的道路。发展高效、低污染的煤炭直接燃烧新技术，重点研究和开发以煤气化为龙头的，联合生产电力、清洁燃料和高附加值化工产品的多联产能源系统，有效地减少环境污染，并为未来大规模经济制氢和二氧化碳减排打下基础。

2012 年 3 月，科技部发布《洁净煤技术科技发展"十二五"专项规划》，规划指出，"提高煤质是洁净煤技术的源头，2010 年我国煤炭消耗 33 亿吨，高效利用问题比较突出……目前，国内有众多企业开发这一方面的技术，但是由于褐煤粉尘分离、煤焦油回收加工、污水净化等关键技术没有得到突破，成为共性技术障碍；'十二五'期间拟加大对该类技术的支持，提升褐煤分级提质转化、褐煤气化等重点技术水平"，规划指出"针对褐煤、低变质烟煤分级转化、综合利用开展煤质与转化基础研究"作为重点基础研究，将"褐煤、低变质烟煤高效转化、综合利用新工艺，新技术研发及工业示范，开发百万吨级工业装置工艺包"作为关键核心技术的研发。规划还指出"建设以资源综合利用、节能减排、高效低成本为目标、实现大规模高效煤基转化多联产技术集成的示范工程正在受到洁净煤技术领域的关注。该技术集成包括了大型煤焦化、煤基清洁燃料集成加工、煤气净化与污染物控制及资源化利用、余能回收梯级利用与发电等专项技术，形成数百万吨级煤转化及煤基清洁燃料、数百万兆瓦以上发电规模，达到系统能效提高5%以上、关键产品降低直接能耗10%以上的效果。该项目对发展具有中国特色的煤高效清洁转化技术具有重要引领意义。"龙成低阶煤低温热解分质利用技术项目采用低阶煤高效转化、综合利用新工艺，符合国家洁净煤科技发展规划要求。

2014年修订的国家工业和信息化部《焦化行业准入条件》，该准入条件界定了焦化行业的企业是指炼焦、焦炉煤气制甲醇、煤焦油加工、苯精制生产企业，界定了炼焦工艺包含常规焦炉、热回收焦炉、半焦（兰炭）炭化炉三种生产工艺，界定了半焦（兰炭）炭化炉（以下称"半焦炉"）是指将原料煤中低温干馏成半焦（兰炭）和焦炉煤气，并设有煤气净化、化学产品回收的生产装置。加热方式分内热式和外热式，界定了半焦炉的准入条件为半焦炉：单炉生产能力≥10万吨/年，企业生产能力≥100万吨/年，单套处理无水煤焦油能力≥15万吨/年，低阶煤低温热解分质利用技术项目属于炼焦行业的半焦炭化炉工艺，龙成工艺单炉生产能力达到80万吨/年，未来推广项目总体规模均在千万吨级以上，煤焦油加工规模在百万吨级以上，在生产能力上完全符合《焦化行业准入条件》。

《焦化行业准入条件》规定焦化行业焦炭单位产品能耗如表5-1所示。

表5-1　　　　　　　　　　焦化行业焦炭单位产品能耗

项　　目	半焦炉
焦炭单位产品能耗（kgce/t 焦）	≤240（内热） ≤230（外热）
吨焦耗新水（立方米）	≤2.4
焦炉煤气利用率（%）	≥98
水循环利用率（%）	≥96

（二）煤清洁高效利用技术

1. 在煤炭资源开发方面，主要任务有：

（1）深部地层煤炭资源高精度勘探和矿井建设特殊施工技术。继续探索深部聚煤盆地探测理论、煤田构造规律，争取实现我国中部和东部找煤的重大突破。研究开发适应深部地层煤炭资源勘探的特高分辨率地震等物探技术，查清煤层产状和小构造；研究开发深厚冲积层千米深井建设特殊施工技术，确保大型矿井和煤炭基地开发建设。

（2）大型矿井煤炭高效开采和洗选加工技术及配套装备。研究开发设计高水平的综合机械化采煤技术装备，煤矿快速掘进与支护技术装备，配套的提升和运输装备，以满足大型高产高效矿井生产的需求；研究开发大型自动化煤炭洗选设备；高硫煤选煤技术；开发煤炭井工全自动化开采技术和全矿区信息网络监测监控技术。

（3）煤炭资源环境友好开采技术。研究开发包括提高低渗透率的煤层气开采技术，研制钻井完井、采气和地面集气处理等关键技术装备。探索煤层开采引起的岩层及地表移动规律，研究可控损害的采煤技术和工艺，提高资源回收率。开发矿井水资源化处理技术和煤矸石综合利用技术，实现煤炭资源开发与环境友好协调发展。

2. 在洁净煤利用技术方面，主要任务有：

（1）高效洁净火力发电技术。超临界和先进超临界机组、大型循环流化床锅炉、大型空冷机组的设计、制造、成套技术；烟气污染控制技术；火电机组先进控制、故障诊断、计算机仿真技术。

（2）燃气轮机及联合循环技术。通过消化吸收引进技术，在2015年左右自行研发有自主知识产权的先进重型燃气轮机，具备自主设计能力；开展整体煤气化联合循环（IGCC）示范；分布式供能系统。

（3）PolyGen——中国新一代洁净煤技术综合发展计划。旨在全面带动我国在洁净煤利用领域的关键技术，包括大规模煤气化，分离和净化技术，先进燃气轮机，煤炭液化合成油、醇、醚技术，醇醚发动机技术，二氧化碳利用技术，多联产工厂设计和集成技术，虚拟仿真技术以及以煤气化为龙头的煤气化多联产示范。

（4）煤炭利用前沿科学技术探索。高效固定式燃料电池发电技术；燃煤污染防治的基础科学和技术（如可吸入颗粒物形成机理与防治，烟气痕量重金属元素检测和脱除技术等）；能量转换循环创新；纳米技术在煤炭技术中的应用；CO_2埋存技术，CO_2近零排放煤直接制氢技术等。

（三）煤清洁高效利用的战略意义

1. 缓解我国油气资源紧张的局面。一直以来，我国的能源体系都存在着两大问题：一是油气严重依赖进口：2013 年，我国石油和天然气的对外依存度分别达到 58.1% 和 31.6%，油气资源不足的问题严重威胁着我国的能源安全，制约了我国的经济发展；二是煤炭粗放利用：大量低阶煤不经预处理就被直接燃烧，其中的油气资源白白烧掉，效率低下又污染严重。煤清洁高效利用技术的广泛应用，可有效缓解我国油气资源紧张的局面，又能为节能减排、减轻雾霾做出贡献，有效解决两大问题，提高能源利用效率，提升我国油气安全。

2. 扭转我国能源利用的"逆向分布"现状。我国的能源利用存在"两个逆向"。一是能源供需的逆向分布：能源消费中心在东部，资源主要在西北部，需要大规模远距离地输送，无论是物流成本还是安全性都面临很大挑战；二是能源资源和水资源的逆向分布：资源主要在西北部，而西北部恰恰是最缺水的地区。在山西、内蒙古、陕西、宁夏等煤炭资源储量高省市，其煤炭储量约为我国已知储量的 67%，但是水资源却仅占我国总量的 3.85%，均属于严重缺水的地区。而每开采 1 吨煤平均耗水 2.5 吨，火电每度电耗水 3 公斤，煤化工每吨产品耗水 10~15 吨。所以把煤以及煤制成品从西北部送到东南部，这相当于既输煤又输水，进一步加剧了资源的矛盾。

二、绿色产业发展现状

在我国，绿色产业主要是指环保产业，国际上有广义的和狭义的环保产业理解角度。狭义的环保产业是指在环境污染控制与减排、污染治理以及废弃物处理等方面提供设备和服务的行业，主要是相对于环境的"末端治理"而言的；用于"末端治理"的产品和服务，其环境功能与使用功能一致，如污水治理设备的使用功能和环境功能都是去除污染物。广义的环保产业既包括能够在测量、防治、限制及克服环境破坏方面生产与提供有关产品和服务的企业，又包括能够使污染排放和原材料消耗最小量化的清洁生产技术与产品，这主要是针对"生命周期"而言的，涉及产品的生产、使用、废弃物的处理处置或循环利用等环节，也就是从"摇篮到坟墓"的生命全过程。广义环保产业不仅涵盖了狭义的内容，还包括产品生产过程的清洁生产技术，以及清洁产品。

国际上至今没有环保产业统一的定义，如美国称之为"环境产业"，日本称之为"生态产业"或"生态商务"。环保产业的分类也各不相同。美国环保产业分为环保服务、环保设备和环境资源三大类；国际经济合作发展组织（OECD）认为，环保产业是指在防治水、空气、土壤污染及噪声，缩减和处理废物及保护生态系统方面提供产品和服务的部门；日本将环境产业分为环境保护、环境恢复、能源供给、清洁生产、洁净产品、废弃物处置和利用等六个部分。

在我国，环保产业的发展和概念范围经历了一个不断变化的过程。20世纪70年代，我国环保工作的重点是工业污染防治、"三废"治理，因而环保产业的范围主要是污染治理和三废综合利用设备及技术，当时称之为"环保工业"。80年代生态环境保护成为环保工作又一重点，环保产业的范围也随之拓宽，生态保护与恢复、自然保护开发活动等成为环保产业的重要组成部分。90年代环境污染防治重点由点源转向区域、流域综合整治，由分散治理转向集中控制，环保产业的范围随之扩展到城市基础设施建设。2004年，我国将环保产业定义为国民经济结构中为环境污染防治、生态保护与恢复、有效利用资源、满足人民环境需求，为社会、经济可持续发展提供产品和服务支持的产业。它不仅包括污染控制与减排、污染清理与废物处理等方面提供产品与技术服务的狭义内涵，还包括涉及产品生命周期过程中对环境友好的技术与产品、节能技术、生态设计及与环境相关的服务等。进入21世纪，环保工作以实现可持续生产和消费为重点，大力推行清洁生产，创建生态工业园区，建立资源节约型和环境友好型社会，走循环经济之路，环保产业的范围也随之扩展到清洁生产技术、工艺和设备及对环境友好的绿色产品和技术咨询服务领域。2011年，环境保护与相关产业统计调查的口径确定为环境保护产品、环境保护服务、资源循环利用产品和环境友好产品，涉及水污染治理、大气污染治理、固体废物处理处置、噪声与振动控制、辐射防护与土壤修复、环境监测、资源循环利用等领域的产品制造与相关服务。

（一）国际环保产业发展概况

保护环境不仅仅是支出，更重要的是可以带来经济效益，形成强有力的国际经济新的增长点，环保产业已成为许多国家革新和调整产业结构的重要目标和关键。近年来，全球环保产业产值年均增长率约为8%，远远超过全球经济增长率，成为各个国家十分重视的"朝阳产业"。在2012年全球环保市场份额中，美国约占全球的36%，生物、计算机和新材料等被广泛应用到环保领域；西欧约占29%，政府、企业和社会公众等共同参与，以技术创新和技术输出为产业发展主线；日本约占16%，在洁净产品设计和生产方面发展迅速，如绿色汽车和运输设备生产居世界前列。环保产业新兴国家虽然在全球的份额中比重较小，但其需求增长极为迅速。目前，国际环保产业发达国家产业发展特点体现在：

1. 基础科研方面。发达国家对于环境科学方面的基础研究已经进入以地球生态系统为对象的综合集成研究阶段，能够在很大程度上揭示人类活动对地球系统的影响机制。发达国家的这些研究成果能够为解决资源短缺、灾害频发、环境污染和生态退化等经济社会发展中的关键问题提供科技支撑，并把它转化为可供解决上述问题的决策基础和实用技术。

2. 环保技术方面。发达国家通过环境技术的进步，在很大程度上突破了资源、环保和能源的瓶颈约束，保障了生产模式和消费模式的改变，促进了其社会、经济和环境的协调发展。总体上看，目前发达国家在环境方面主要致力于曾经遭受污染的生态环境功能的恢复，而发展中国家相对仍处于遏制环境污染加剧的趋势。发达国家能够从"先污染，后治理"过程中走出来，主要依赖于形成了一套成熟的传统污染控制技术。这一污染控制技术体系根据环境要素进行分类，主要包括水污染控制技术、大气污染控制技术、固体废弃物控制技术、土壤修复技术等。环保技术与产品呈现高科技化，拥有全球领先的专利技术。美国的脱硫、脱氮技术，日本的除尘、垃圾处理技术，德国的污水处理技术，在世界上遥遥领先。

3. 环保产品方面。世界发达国家环保产品不断取得技术创新，电子及计算机技术、新材料技术、新能源技术、生物工程技术正源源不断地被引进环境治理的各个领域。其装备产品向深度化、尖端化方向发展，产品不断向标准化、普及化、系列化与成套化方向发展，各种高新技术和新材料不断应用到环保设备之中。在大气污染防治方面，不断加强防治设备研究的同时，不断对污染源的发生机理进行研究，达到从源头上对其进行治理；在水污染防治方面，研制成套化与系列化处理技术与设备的同时，利用生物技术和源头排放控制进行综合治理；在固体废弃物处理与防治方面，把预防和再生利用与回收利用、最终处理作为固体废弃物的处理原则；在噪声与震动控制方面，做到测量技术的普及化和智能化，加强成套技术的研究和综合治理技术的完善。

4. 环保服务方面。环保服务业的发展是环境保护产业化的高级阶段。全球环保服务业主要集中在废物处置服务和水处理服务，2010年这两个项目产值占全球环境服务业产值的74%，其中废物处置服务占45%，水处理服务占29%。但在不同国家，情况也不尽相同，比如美国最重要的项目是废物处置服务，占美国环保服务市场的44%；法国和英国在废水处理方面具有优势；日本则是大气污染控制。从地区分布看，全球环境服务市场主要集中在美国、西欧和日本，这三个国家和地区的环境服务业产值约占全球环保服务业产值的80%。其中美国约占40%，西欧约占28%，日本约占12%。但发达国家环保产业产值占全球环保产业产值的比例在逐渐下降，环保服务业在全球环保服务业中的比重也相应下降。

5. 环保企业发展方面。环保企业正向综合化、大型化、集团化方向发展，其企业形式大致可以分为三类：第一类，国际性跨国公司，这类公司具有雄厚的经济实力和技术实力，集科研、设计、制造、安装于一体，具有悠久的发展历史；第二类，大型垄断企业中的环保设备分部或子公司，这类企业以生产单一的名牌产品为主，同时可通过协作网组合后提供成套设备，企业专业性强，技术先进，具有很强的市场竞争力；第三类，主要是拥有较多的以生产单一品牌为主的中小型专业化企业。

6. 产业政策方面。发达国家纷纷采取措施，鼓励环保技术、产品、服务的出口。美国环保产品享受出口免税、出口信贷优惠，并在商务部下设环保产品出口办公室，专门负责环保产品的全球促销。日本政府提出以21世纪绿色地球为新主题的"绿色地球百年行动计划"，积极扶持其环保产业。

7. 环境履约方面。随着环境问题的全球化，生态与环境科技研究也呈现出全球化的趋势，主要表现在全球环境公约和大型国际研究计划的驱动。随着《气候变化框架公约》、《生物多样性公约》、《湿地公约》、《防治荒漠化公约》、《保护臭氧层公约》、《关于持久性有机污染物的斯德哥尔摩公约》、《控制危险废物越境转移及其处置巴塞尔公约》等国际公约的签署，生态与环境科学研究已经跨入更广泛的国际合作新阶段。如国际地圈—生物圈计划（IGBP），全球环境变化的人文因素计划（IHDP）、生物多样性计划（DIVERSITAS）和世界气候研究计划（WCRP）等。

8. 环境管理方面。发达国家在污染治理、环境政策等方面已有了一套成功的经验与管理模式。在环境排污收费、环境政策调控、环境信息公开化，以及区域环境规划、环境政策、环境经济等方面都有了一整套管理政策与法规。同时，这些政策制度又为环境科技的发展创造了空间，使环境科技能不断出新，并及时应用于生产实践。环境科技的开发及成果推广很大程度上依赖于结构的调整、环境标准的制定和严格的执法。因此，环境管理等软科学在环保产业促进中占有重要的地位。

（二）我国环保产业发展现状

经过 30 多年的发展，我国环保产业已初具规模，基本形成涵盖环保产品、环保服务、废物循环利用和环境友好产品等几大领域的产业体系。产品供给能力显著提升，基本满足我国污染防治和经济社会发展的需求；技术创新能力不断提升，通过引进消化与自主研发，掌握了一批具有自主知识产权的关键技术；服务领域不断拓展，环境技术咨询、环保设施运营、环境友好技术和产品、清洁生产技术、循环经济等得到快速发展。近年来，在环境保护和资源节约相关法律法规、标准、政策驱动下，我国环保产业呈现快速发展态势，产业总体规模显著扩大、产业结构深刻调整、产业技术水平不断提升。

根据 2011 年全国环境保护及相关产业状况公报，2011 年全国环境保护及相关产业从业单位 23 820 个，从业人员 320 万人，年营业收入 30 752.5 亿元，年营业利润 2777 亿元，年出口合同额 334 亿美元。其中，与环保产业的传统核心内涵相关的环保产品销售产值约 2000 亿元，环境服务收入约 1700 亿元；以废旧资源再利用为主的循环经济支撑技术和产品收入约 7000 亿元；以环境标志产品、节能、节水标识产品等为代表的环境友好产品约 20 000 亿元。2004 ~ 2011 年的 7 年间，环保产业年均增长率超过 30%，约为 GDP 的 2 倍；产业收入总额从 4600 亿元增加到超过 3 万亿元，增加了 6 倍多。目前，我国环保产业发展特点体现在：

1. 技术研发方面。我国目前共有 2825 家机构具备环保产业技术研发能力，累计研发环保产业技术 3698 项，实现工业化生产技术 2081 项，获得发明专利 6728 个，实用新型专利 14 233 个。我国环保产业各领域新技术数量分布情况显示，环境保护产品技术和资源循环利用技术的研发与应用情况较好，研发能力与新技术实用性基本满足现阶段污染防治需求；清洁生产、环境服务技术研发与应用相对薄弱。在环境污染治理技术研发应用中，土壤污染治理与修复、生态修复及生态保护、辐射污染防护技术研发力度不足。

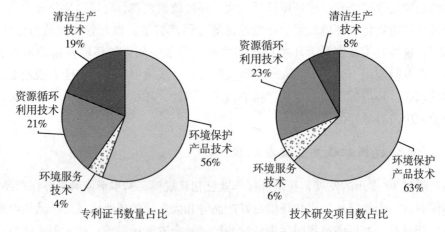

专利证书数量占比　　　　　　技术研发项目数占比

图 5-1　我国环保行业技术研发数及专利数占比

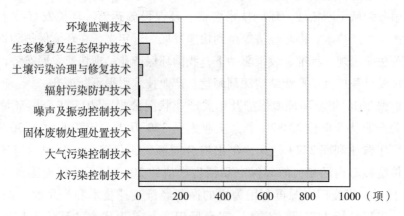

图 5-2　环境污染治理技术数量分布情况

2. 环保产品方面。2011 年我国环境保护产品生产从业单位 4471 家，实现销售收入 1997.3 亿元，销售利润 213.9 亿元。其中，水污染治理产品与大气污染治理产品的生产单位分别占到 52% 和 36%；产品销售收入分别占总收入 35.4% 和 44.8%，是现阶段我国环境保护产品生产的主要领域。

与日本、美国环境保护产品生产情况对照显示，我国在土壤污染治理与修复、固废处理处置与资源循环利用领域产品生产相对滞后。2011 年日本固废

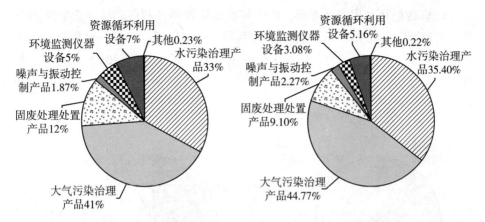

图 5 – 3　2011 年环境保护产品销售收入与利润领域分布

处理处置与资源循环利用产品销售收入约占环境保护产品的 30%（日本统计年鉴）；美国土壤修复产品销售收入约占环境保护产品的 20%（美国统计年鉴）。这主要与我国现阶段污染防治重点任务与产业发展阶段相关。

3. 环保服务方面。2011 年我国环境保护服务从业单位 8820 家，实现销售收入 1706. 82 亿元，销售利润 183. 61 亿元。其中，污染治理服务及环境保护设施运营、环境监测、环境工程建设、环境评估与评价从业单位分别占到 30%、14%、13%、8%；污染治理服务、环境保护设施运营和环境工程建设销售收入分别占总收入 42. 31% 和 32. 51%（2004 年占比为 27. 5%），是现阶段我国环境服务的主要领域。

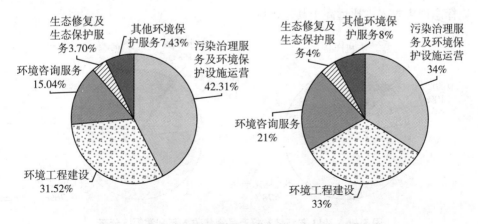

图 5 – 4　2011 年环境保护服务营业收入与利润领域分布

4. 资源循环利用产品方面。2011 年我国资源循环利用产品从业单位 7138 家，实现销售收入 7001. 6 亿元，销售利润 474. 2 亿元。其中，再生资源回收利用与产业"三废"综合利用的单位数量分别占到 36. 54% 和 55. 31% ；产品销售收入分别占总收入 57. 8% 和 39. 98% ，二者是现阶段我国资源循环利用产品的主要领域。

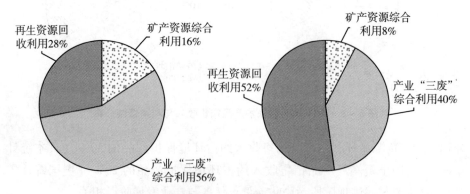

图 5 – 5　2011 年资源循环利用产品销售收入与利润领域分布

5. 环境友好产品方面。2011 年我国环境友好产品从业单位 4104 家，实现销售收入 20 046. 8 亿元，销售利润 1905. 5 亿元。其中，环境标志产品与有机产品的单位数量分别占到 33. 33% 和 47. 66% ；环境标志产品、节能产品、有机产品的销售收入分别占总收入的 76. 62% 、14. 64% 和 7. 69% ，从企业数量看，环境标志产品和有机产品是现阶段我国环境友好产品的主要领域，其中环境标志销售收入占比远高于其他领域。

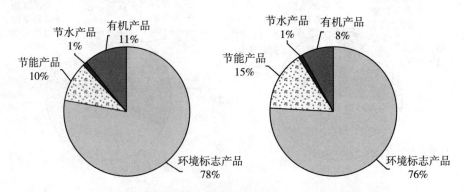

图 5 – 6　2011 年环境友好产品销售收入与利润领域分布

三、我国环保产业发展趋势

(一) 发展机遇

党的十八届三中全会提出加快生态文明制度建设，从顶层提出了多项促进环境保护及相关产业发展的利好政策。未来，我国将进一步加强环境监管，加大公共服务采购力度，实施污染治理设施运营，推行资源税、排污权、水权交易，充分释放环境保护及相关产业需求；建立吸引社会资本投入生态环境保护的市场化机制，发展环境污染第三方治理，充分发挥市场经济的优势与活力，促进环境保护及相关产业发展。同时，环境保护及相关产业政策体系不断完善，将逐渐规范、优化产业市场，为产业发展创造良好的政策环境。

(二) 规模预测

2004～2011 年期间，我国环境保护产品、环境保护服务、资源循环利用产品营业收入年均增长率分别为 28.7%、30.5%、14.1%。不考虑其他影响因素的情况下，按照上述发展速度测算，预计 2015 年我国环境保护产品、环境保护服务、资源循环利用产品营业收入将达到 0.55 万亿元、0.5 亿元、1.2万亿元。环境保护与相关产业各领域 2015 年营业收入估算值与"十二五"节能环保产业发展规划目标对照见表 5－2。

表 5－2　　　　　　　　环境保护与相关产业各领域发展目标

领　域	营业收入（亿元）				规划 2015 年目标
	2004 年	2011 年	年均增长率（%）	2015 年预测	
环保装备	310	1725	27.78	4598	环保装备总产值超过 5000 亿元
环保药剂材料	32	286	36.92	1005	环保药剂材料总产值超过 1000 亿元
环境保护服务	264	1706	30.54	4954	环境保护服务产值 5000 亿元
资源循环利用产品	2787	7002	14.06	11 851	资源循环利用产品市场占有率大幅提高

（三）产业升级

支柱产业主要从产值与工业总产值占比、出口创汇、吸纳、行业关联、产业集中度、技术成熟度、需求收入弹性、附加价值率、增长率等几个方面判别。产值占工业总产值8%以上是支柱产业认定的基本条件之一。目前，我国环境保护及相关产业产值占GDP的比重呈现上涨态势，对国民经济的支撑作用日益增强，但与支柱产业的量化指标仍有一定差距。2011年环境保护及相关产业中环境保护产品、环境保护服务、资源循环利用产品、环境友好产品营业收入占工业总产值的比重分别为0.2%、0.2%、0.8%、2.4%。按照工业总产值保持20%的年均增长率，环境保护产品、环境保护服务、资源循环利用产品分别保持28.7%、30.5%、14.1%的年均增长率，环境友好产品按照31.3%的年均增速计算，2023年环境保护及相关产业营业收入占工业总产值的比重将超过8%。环境保护及相关产业依附和渗透在国民经济的各行各业中，对缓解资源环境瓶颈制约、扩大有效需求、转变经济发展方式、促进产业转型升级、增强发展内生动力，都具有重要意义。从我国经济发展的战略目标要求看，作为战略性新兴产业之一的环境保护产业在今后的发展中面临巨大的发展机遇，有望成为下一轮经济发展的支柱产业。

（四）结构转型

2004～2011年间，我国环境保护产品、环境保护服务、资源循环利用产品营业收入增长5.8倍、6.5倍、2.5倍，节能产品与节水产品合计稍有降低。借鉴国际环保产业发展经验，环境保护及相关产业结构直接受经济发展阶段影响。随着我国经济发展方式转变，我国环境保护及相关产业将由末端控制的环境保护产业生产为主，逐渐向环境功能服务的环境保护服务、绿色消费支撑的环境友好产品生产转变。发达国家中，环境保护及相关产业大多经历了环境保护服务和环境友好产品收入超过环境保护产品的发展阶段。

未来几年，我国通过实施生态红线、城市环境总体规划、生态环境损害责任终身追究等政策制度，我国环境保护将由基于排放标准、环境标准的末端治理和企业监管，逐渐向基于环境质量、环境事件的综合整治和环境监管转变。辅以政府采购服务制度、事业单位体制改革制度等，工业领域运营服务、以事业单位为主提供的政府咨询服务将逐渐向市场放开。部分环保从业单位将顺应市场需求，以传统单一的产品生产、工程建设或咨询服务为基础，产业链上下游延伸，拓展经营范围，向综合环境服务型企业发展。环保服务业占环保产业比重有所提高，综合环境服务规模将逐渐扩大。

采用环保设施第三方运营与管理收入占运行投入费用（全国环境统计年报数据）的比例表征环保设施运营市场化程度（市场化率），则 2011 年我国城镇污水处理设施、工业废水处理设施、工业废气处理设施运营市场化率分别为 90.10%、11.31%、1.48%。工业园区、大型排污企业污染治理设施以及农村环保设施社会化运营市场空间较大。

第二节　我国绿色产业制度现状

绿色产业是指产品和服务用于防治环境污染、改善生态环境、保护自然环境、有利于人类生存环境的新兴产业。它不仅包括生产环保产品的环保工业及环保技术服务业，而且广泛渗透到第一、第二、第三产业的各领域、各部门，为国民经济的可持续发展服务。我国已初步建立起适合我国国情的绿色产业相关的法律、法规体系，先后修订和制定了《矿产资源法》、《土地管理法》、《水污染防治法》等 6 部环境保护法律，9 部自然资源管理法律，30 多部环境保护与自然资源管理行政法规，整个绿色产业已基本做到了有法可依、有章可循。

随着绿色产业相关法律、法规体系的建立，我国绿色产业制度也在逐步形成。下面将从产业引导税收优惠、价格补偿、土地、财政投资、技术创新、社会化投融资、监管等几个方面详细分析国家、部门与地区促进环保产业发展的具体政策。

一、产业引导制度

我国高度重视环保产业发展，先后出台并推进实施一系列促进环保产业发展的制度措施，主要有：

1. 《关于加快培育和发展战略性新兴产业的决定》（国发〔2010〕32号），将环境保护及相关产业作为发展战略性新兴产业重点扶持。

2. 《关于促进战略性新兴产业国际化发展的指导意见》（商产发〔2011〕310 号），提出把国际化作为推动战略性新兴产业发展的重要途径，要培育节能环境保护及相关产业国际化发展。

3.《"十二五"国家战略性新兴产业发展规划》（国发〔2012〕28号），提出建立健全促进环境保护及相关产业健康可持续发展的政策措施，确保环境保护及相关产业成为引领绿色经济的重点支柱产业。

4.《关于加强环境保护重点工作的意见》（国发〔2011〕35号），明确提出大力发展环境保护及相关产业是环境保护的重点工作。

5.《关于环保系统进一步推动环境保护及相关产业发展的指导意见》（环发〔2011〕36号），明确了培育潜在市场、释放现实市场、促进结构升级、提高发展水平的推动环境保护及相关产业发展的主要思路。

6.《"十二五"节能环保产业发展规划》（国发〔2012〕19号），提出环保产业发展目标、任务、保障措施。

7.《发展环保服务业的指导意见》（环发〔2013〕8号）明确了环保服务业发展的重点工作与推进措施等。

8.《服务业发展"十二五"规划》（国发〔2012〕62号），明确了我国服务业发展的总体要求、发展重点，提出要加快发展节能环保服务业。

9.《环保服务业试点工作方案》（环办〔2012〕141号），为环保服务业发展营造了良好的政策和体制环境。

10.《国务院关于加快发展节能环保产业的意见》（国发〔2013〕30号），明确进一步深化发展节能环保产业的主要举措。

11. 北京市全面启动了政府机构节能示范工程、高耗能行业节能工程、大型公共建筑节能工程、节能新产品新技术推广工程、绿色照明工程、可再生能源开发利用工程、循环经济及资源综合利用示范工程、水资源节能利用工程等八大节能环保重点工程，全面支持节能环保产业的发展。

上述产业促进政策，明确了未来环保产业发展重点，为产业发展营造了良好的政策环境。

二、税收优惠政策

（一）已出台的优惠政策

总体上看，对细分的产业行业，给予不同形式的税收优惠政策。但各类税收政策的出发点，不具有节能环保作用。有些税收政策难以严格划分产业，如资源综合利用的税收政策，既包含对生物质能产业（属于新能源产业）的扶持，也包含对环保产业的扶持。税收政策促进节能环保产业发展，既有鼓励性政策，也有惩罚性政策。一般来说，对有利于节能环保的经营活动，给予鼓励性的税收政策；对不利于节能环保的经营活动，给予惩罚性的税收政策。例如，为限制高排放和污染环境，通过采取增税措施，增加经营成本，促使企业增加节能环保投入，客观上有利于节能环保产业发展。所以，税收政策不仅仅直接作用于大节能环保产业，而且通过作用于非节能环保产业，引导企业加大节能环保投入，客观上能够促进节能环保产业发展。

1. 按税种划分体现支持节能环保产业发展的税收政策。我国调节节能环保产业发展的税种主要是增值税、企业所得税、消费税、车船税和资源税。增值税为我国第一大税种，主要作用对象是产品，任何产品的生产和经营，都需要缴纳增值税，但在产品经营中，涉及资源综合利用的产品，有利于节能环保，需要通过增值税政策予以支持。企业所得税为我国第二大税种，主要作用对象是企业或建设项目，凡是专门从事节能环保产业经营的企业或从事节能环保项目建设的企业，均可享受相应的企业所得税政策的支持。消费税是宏观调控税种，具体特定的调节功能作用，其调节范围包括对一些特定产品，如烟、酒、石油等；对一些高档消费品，如黄金、珠宝首饰、高档手表等；对不利于节能环保的资源和产品，如实木地板、木制一次性筷子等，因而消费税调节范围包括节能环保领域。车船税、资源税都是对特定车辆（船舶）和资源产品进行税收调节，以体现促进节能环保的作用。

增值税政策

增值税优惠主要体现在资源综合利用方面，分四个等级。

（1）实行免征增值税的政策。对销售自产的以建（构）筑废物、煤矸石为原料生产的建筑砂石骨料，对垃圾、污泥处理处置劳务，免征增值税。

（2）实行增值税即征即退100%的政策。包括：利用工业生产过程中产生的余热、余压生产的电力或热力；利用一些农作物（稻壳、花生壳、玉米芯、油茶壳、棉籽壳）、三剩物、次小薪材为原料生产的电力、热力；以废弃的动物油、植物油为原料生产的饲料级混合油；以回收的废矿物油为原料生产的润滑油基础油、汽油、柴油等工业油料；等等。

（3）实行增值税即征即退80%的政策。以三剩物、次小薪材和农作物秸秆等3类农林剩余物为原料生产的木（竹、秸秆）纤维板、木（竹、秸秆）刨花板等，以沙柳为原料生产的箱板纸。

（4）实行增值税即征即退50%的政策。以蔗渣为原料生产的蔗渣浆、蔗渣刨花板；以粉煤灰、煤矸石为原料生产的氧化铝、活性硅酸钙；以废旧电池、废线路板、废旧电机、报废汽车等为原料生产的金、银、铜、锡等金属；等等。

企业所得税政策

现行企业所得税法对企业从事环境保护、节能节水项目建设，综合利用资源，以及购置用于环境保护、节能节水、安全生产等专用设备的投资额，均给予了一定的税收优惠。

（1）对资源综合利用收入实行计减收入。企业以资源综合利用企业所得税优惠目录规定的资源作为主要原材料，生产国家非限制和禁止并符合国家和行业相关标准的产品取得的收入，减按90%计入收入总额。

（2）对节能环保建设项目实行所得税"三免三减半"。企业从事符合条件的环境保护、节能节水项目建设，包括公共污水处理、公共垃圾处理、沼气综合开发利用、节能减排技术改造、海水淡化等，自项目取得第一笔生产经营收入所属纳税年度起，第一年至第三年免征企业所得税，第四年至第六年减半征收企业所得税。

（3）鼓励企业使用环保、节能专用设备的税收政策。企业购置并实际使用《环境保护专用设备企业所得税优惠目录》、《节能节水专用设备企业所得税优惠目录》和《安全生产专用设备企业所得税优惠目录》规定的环境保护、节能节水、安全生产等专用设备的，该专用设备的投资额的10%可以从企业当年的应纳税额中抵免；当年不足抵免的，可以在以后5个纳税年度结转抵免。

消费税政策

（1）对木制一次性筷子和实木地板按5%的税率征收消费税。

（2）提高乘用车消费税税率。将气缸容量1.0升以下乘用车的消费税税率由3%下调至1%，将气缸容量3.0～4.0升乘用车的消费税税率由15%上调至25%，气缸容量4.0升以上乘用车的消费税税率由20%上调至40%。

（3）提高成品油消费税税额。将无铅汽油的消费税单位税额由每升0.2元提高到每升1.0元；将含铅汽油的消费税单位税额由每升0.28元提高到每升1.4元。

（4）对"汽车轮胎"税目中的子午线轮胎免征消费税，对翻新轮胎停止征收消费税。

车船税政策

2011 年 2 月 25 日，全国人民代表大会常务委员会通过的《中华人民共和国车船税法》对原暂行条例进行了五个方面的改革：

（1）扩大了征税范围。将在机场、港口以及其他企业内部场所行驶或者作业且依法不需在车船登记管理部门登记的车船也纳入征收范围。

（2）改革乘用车计税依据。将原暂行条例对乘用车（微型、小型客车）按辆征收，改为对乘用车按"排气量"划分为 7 个档次征收，每辆每年税额为：

1.0 升（含）以下的，税额为 60 元至 360 元；

1.0 升以上至 1.6 升（含）的，税额为 300 元至 540 元；

1.6 升以上至 2.0 升（含）的，税额为 360 元至 660 元；

2.0 升以上至 2.5 升（含）的，税额为 660 元至 1200 元；

2.5 升以上至 3.0 升（含）的，税额为 1200 元至 2400 元；

3.0 升以上至 4.0 升（含）的，税额为 2400 元至 3600 元；

4.0 升以上的，税额为 3600 元至 5400 元。

资源税政策

（1）对油气资源税实行从价计征。自 2011 年 11 月 1 日起，将油气资源税从价计征改革由西部地区向全国推开，油气资源税由过去的从量定额征收统一修改为按油气销售额的 5%（规定税率）计征。

（2）提高部分矿产资源税税额。较大幅度的调高了锡矿石、钼矿石、菱镁矿、滑石、硼矿、铁矿石的资源税税率；提高了铅锌矿石、硅藻土、磷矿石、珍珠岩、玉石等矿产品的资源税税额标准。

2. 按产业或领域划分体现支持节能环保产业发展的税收政策实行鼓励合同能源管理的税收优惠政策：

（1）节能服务公司实施符合条件的合同能源管理项目取得的收入，统一按 3% 税率征收营业税，对其转让给用能单位的因实施合同能源管理项目形成的资产免征增值税。

（2）节能服务公司实施合同能源管理项目，符合企业所得税法有关规定条件的，自项目取得第一笔生产经营收入所属纳税年度起，第一年至第三年免征企业所得税，第四年至第六年减半征收企业所得税。

（3）与节能服务公司签订符合条件的能源管理合同的用能企业，按照合同实际支付给节能服务公司有关的、合理的支出，不再区分节能服务公司提供服务的费用和提供资产的价款，均可以在计算当期应纳税所得额时扣除。

（4）节能服务公司与用能企业签订的能源管理合同期满后，节能服务公司在该节能减排技术改造项目中向用能企业提供的资产，按折旧或摊销期满的资产进行税务处理。节能服务公司与用能企业办理上述资产的权属转移时，也不再另行计入节能服务公司的收入。

（5）企业自 2008 年 1 月 1 日起购置并实际使用列入《环境保护专用设备企业所得税优惠目录》（2008 年版）、《节能节水专用设备企业所得税优惠目录》（2008 年版）范围内的环境保护、节能节水和安全生产专用设备，可以按专用设备投资额的 10% 抵免当年企业所得税应纳税额；企业当年应纳税额不足抵免的，可以向以后年度结转，但结转期不得超过 5 个纳税年度。

（6）对销售下列自产货物实行免征增值税政策：再生水、以废旧轮胎为全部生产原料生产的胶粉、翻新轮胎、生产原料中掺兑废渣比例不低于 30% 的特定建材产品；对污水处理劳务免征增值税；对销售下列自产货物实行增值税即征即退的政策：以工业废气为原料生产的高纯度二氧化碳产品、以垃圾为燃料生产的电力或者热力、以煤炭开采过程中伴生的舍弃物油母页岩为原料生产的页岩油、以废旧沥青混凝土为原料生产的再生沥青混凝土、采用旋窑法工艺生产并且生产原料中掺兑废渣比例不低于 30% 的水泥。销售下列自产货物实现的增值税实行即征即退 50% 的政策：以退役军用发射药为原料生产的涂料硝化棉粉；对燃煤发电厂及各类工业企业产生的烟气和高硫天然气进行脱硫生产的副产品；以废弃酒糟和酿酒底锅水为原料生产的蒸汽、活性炭、白炭黑、乳酸、乳酸钙、沼气；以煤矸石、煤泥、石煤、油母页岩为燃料生产的电力和热力；利用风力生产的电力；部分新型墙体材料产品；对销售自产的综合利用生物柴油实行增值税先征后退政策。

（7）在 2010 年年底以前，对符合条件的增值税一般纳税人销售再生资源缴纳的增值税实行先征后退政策。对符合退税条件的纳税人 2009 年销售再生资源实现的增值税，按 70% 的比例退回给纳税人；对其 2010 年销售再生资源实现的增值税，按 50% 的比例退回给纳税人。

（8）2008 年开始实施的新《企业所得税法》中规定，对从事公共污水处理、公共垃圾处理、节能减排技术改造等项目的所得，自项目取得第一笔生产经营收入所属纳税年度起，给予"三免三减半"的优惠。环境商会据此建议：进一步加大力度，环保企业所得税在前 6 年的"三免三减半"之后，可比照高新技术企业按 15% 的税率征收。

（9）国家税务总局《关于污水处理费不征收营业税的批复》（国税函〔2004〕1366号）明确了单位和个人提供的污水处理服务取得的污水处理费免征营业税。污水处理费纳入财政事业单位预算由财政按照污水处理量按期拨付企业，免缴土地使用税。

（10）对矿井水和其他污水、垃圾处理企业和再生资源回收利用企业免征土地使用税和房产税。

（11）凡兴办环保产业项目的企业，经认定为国家需要重点扶持的高新技术企业的，可减按15%的税率征收企业所得税。鼓励在高新技术开发区内兴办环保产业项目。经确认符合《当前国家鼓励和发展的环保产业设备（产品）目录（2007年修订）》及相关文件规定的，可按国家规定享受有关减免税优惠政策；经确认符合当前国家鼓励发展的环保产业设备（产品）的专业制造企业，可按国家规定享受有关减免税的优惠政策。环保企业为开发新技术、新产品、新工艺发生的研究开发费用，未形成无形资产计入当期损益的，计算应纳税所得额时，在按照规定据实扣除的基础上，按照研究开发费用的50%加计扣除；形成无形资产的，按照无形资产成本的150%摊销。对有关单位和个人从事属于自然科学领域的技术转让、技术开发业务和与之相关的技术咨询、技术服务业务，其取得的收入免征营业税。对购置并实际使用《环境保护专用设备企业所得税优惠目录（2008年版）》规定的环境保护等专用设备的企业，可按国家规定，从企业当年的应纳税额中抵免该专用设备投资额的10%；当年不足抵免的，可在以后5个纳税年度结转抵免。

（二）税收优惠政策取向

《关于加快培育和发展战略性新兴产业的决定》（国发〔2010〕32号）中提出"在整合现有政策资源和资金渠道的基础上，设立战略性新兴产业发展专项资金，建立稳定的财政投入增长机制，增加中央财政投入，创新支持方式，着力支持重大关键技术研发、重大产业创新发展工程、重大创新成果产业化、重大应用示范工程、创新能力建设等。在全面落实现行各项促进科技投入和科技成果转化、支持高技术产业发展等方面的税收政策的基础上，结合税制改革方向和税种特征，针对战略性新兴产业的特点，研究完善鼓励创新、引导投资和消费的税收支持政策"。

《发展环保服务业的指导意见》（环发〔2013〕8号）中提出"严格落实并不断完善现有环境保护税收优惠政策。积极推进环境税费改革"。

三、价格补偿政策

（一）已出台的价格政策

1. 进一步完善脱硫电价政策。运用价格杠杆，对安装并运行脱硫设施且达到一定脱硫率的燃煤电厂实行脱硫补偿电价政策，加快现有燃煤电厂烟气脱硫净化的进程。结合上网电价调整，按照补偿社会平均脱硫成本的原则，制定非省统调燃煤电厂脱硫补偿电价政策。要根据电厂脱硫成本变化情况，及时完善脱硫电价政策，并积极探索燃煤电厂烟气脱硝项目的电价补偿政策。

对符合国家规定标准的生物质发电项目（包括农林废弃物直接燃烧和气化发电、垃圾焚烧和垃圾填埋发电、沼气发电）自投产之日起，15 年内享受一定标准的补贴电价。

（1）全面实施城镇污水处理收费制度。污水处理费应按照补偿污水处理设施和排污管网的运行维护成本，并有合理投资回报的原则核定。目前尚未开征污水处理费的城市，必须在 2007 年 6 月底前开征。已开征污水处理费的城市，到 2007 年年底，污水处理费平均征收标准调整到不低于每立方米 0.80 元；经济发达地区要在现有基础上，合理调整城镇污水处理费征收标准，到 2007 年年底，污水处理费平均征收标准不低于每立方米 1.20 元。要加大城镇污水处理费和自备水用户污水处理费征收管理的力度，提高收缴率。按照"多排放，多付费"的原则，积极推行按用户排放污水的污染程度分类、分档计价收费的办法。

（2）全面实施生活垃圾处理收费制度。区别不同的对象，制定不同的收费标准，对非居民用户的收费标准要按照补偿垃圾收集、运输和处理成本，并有合理投资回报的原则核定；对居民用户的收费标准，目前可按照补偿垃圾收集、清运环节成本的原则核定，并根据居民的承受能力逐步提高。在农村逐步推行垃圾处理收费制度。

（3）全面实施危险废物处置收费制度。按照国家和省价格主管部门的有关规定，按照补偿处置成本，并有合理投资回报的原则，以及危险废物处置难易程度，分类核定危险废物处置收费标准。针对医疗废物、工业危险废物、社会源危险废物等不同的收费对象采取不同的计费办法。

2. 政府对城市污水、垃圾处理企业以及项目建设给予必要的配套政策扶持，包括：城市污水、垃圾处理生产用电按优惠用电价格执行；对新建城市污水、垃圾处理设施可采取行政划拨方式提供项目建设用地。投资、运营企业在合同期限内拥有划拨土地规定用途的使用权。

各级政府要从征收的城市维护建设税、城市基础设施配套费、国有土地出让收益中安排一定比例的资金，用于城市污水收集系统、垃圾收运设施的建设，或用于污水、垃圾处理收费不到位时的运营成本补偿。

3. 进一步加快实施城镇污水处理收费制度。各地价格主管部门在核定和调整城镇污水处理费征收标准时，要将污泥处置的费用纳入污水处理成本。全面实施危险废物处置服务性收费制度。

4. 制定环境公用设施用电优惠政策，根据污染治理设施如污水处理厂COD削减绩效等对环保企业进行电价补贴奖励，发挥环境公用设施的减排潜力。

（二）价格补偿政策取向

《"十二五"节能环保产业发展规划》（国发〔2012〕19号）提出"严格落实脱硫电价，研究制定燃煤电厂脱硝电价政策。深化市政公用事业市场化改革，进一步完善污水处理费政策，研究将污泥处理费用逐步纳入污水处理成本，研究完善对自备水源用户征收污水处理费制度。改进垃圾处理收费方式，合理确定收费载体和标准，降低收取成本，提高收缴率。对于城镇污水垃圾处理设施等国家支持的项目用地，争取在土地利用年度计划安排中给予重点保障"。

《关于加快发展节能环保产业的意见》（国发〔2013〕30号）中提出"严格落实燃煤电厂脱硫、脱硝电价政策和居民用电阶梯价格，推行居民用水用气阶梯价格。深化市政公用事业市场化改革，完善供热计量价格和收费管理办法，完善污水处理费和垃圾处理费政策，将污泥处理费用纳入污水处理成本，完善对自备水源用户征收污水处理费的制度。改进垃圾处理费征收方式，合理确定收费载体和标准，提高收缴率和资金使用效率。严格落实并不断完善现有节能、节水、环境保护、资源综合利用的税收优惠政策"。

四、土地优先使用制度

（一）已出台的土地政策

1. 编制年度服务业重大项目计划，对列入计划的项目所需新增建设用地指标由相关市、县（市、区）优先安排，其中特别重大的项目，省里酌情给予支持。

2. 环保基础设施建设用地实行行政划拨，除法律法规和国家规定的收费项目外，尽量减免土地使用与建设中的其他行政事业收费。其他环保产业投资项目建设用地，可采取协议出让方式取得土地使用权。环保产业企业建设项目占用农用地指标，省里可优先给予安排。开发未确定土地使用权的国有荒山、荒地、荒滩的，经批准，可以由开发单位或个人用于生态建设，使用期限最长可达50年。

3. 保证环保装备企业投资项目建设用地。环保装备产业企业建设项目占用农用地指标，优先给予安排。对符合条件的入驻企业和重大项目的用地，可实行"一厂一策"、"一事一议"予以优惠。

4. 加强服务业用地保障。各地在编制主体功能区规划、土地利用总体规划、市县域总体规划和城市总体规划时，应明确保障服务业发展用地的措施；各市、县（市、区）在制定年度用地计划时，要根据本地服务业发展需要，逐步提高服务业用地比例；省安排地方年度土地利用计划时，要把各地服务业发展水平作为用地指标分配的依据之一。编制年度服务业重大项目计划，对列入计划的项目所需新增建设用地指标由相关市、县（市、区）优先安排，其中特别重大的项目，省里酌情给予支持。

（二）土地使用政策取向

《关于加快发展节能环保产业的意见》（国发〔2013〕30号）中提出"对城镇污水垃圾处理设施、"城市矿产"示范基地、集中资源化处理中心等国家支持的节能环保重点工程用地，在土地利用年度计划安排中给予重点保障。"

五、财政资金奖补政策

（一）已出台的资金政策

1. "十一五"期间，各地结合当地的具体情况，适当调整水价，以提高用水效率为目标，重点解决污水处理费偏低等问题。2005～2008年，中央财政设立的环保专项资金，共支出4.4亿元，支持污染防治新技术、新工艺推广应用项目150项。

2. 河北省设立环保产业发展专项资金，2001～2002 年，共支持 25 家环保企业，吸引资金 7 亿元。

3. 陕西省设立环保产业发展专项资金采取贷款贴息、补助、资本金注入等三种支持方式，对《陕西省环保产业发展规划》重点发展领域龙头企业兼并重组项目及重大技术装备产业化项目，重点支持环保装备产业化项目；为环保产业重大技术装备配套的产业化项目；拥有自主创新技术和成果转化的环保产业化项目；餐厨废弃物利用、工业再制造示范及低碳技术等环保重大技术研发项目；具有重大技术突破、示范作用明显，能大幅度提升产品附加值的工业废弃物、再生资源等资源综合利用等 5 大类项目。

4. 建立和完善产业标准体系，引导企业执行 GB/T24000－ISO14000 标准，积极采用国际标准。对基地内环保装备产业企业通过 GB/T24000－ISO14000 标准认证的，在专项资金中一次性奖励 2 万元；产品技术指标达到国际标准水平，并通过采用国际标准确认的一次性奖励 3 万元。对尚未有国家或行业标准的环保装备产品，必须制定企业标准，制定的标准应考虑国际先进性，并按标准组织生产。理顺和加强环保装备产品认证工作，依照国家制定的环保装备产品认定制度和办法，遵循企业自愿和第三方认证原则，开展规范的认证工作，属强制性认证范围的产品必须通过认证。

（二）资金奖补政策取向

《发展环保服务业的指导意见》（环发［2013］8 号）中提出"安排中央财政节能减排和循环经济发展专项资金，采取补助、贴息、奖励等方式，支持环保服务业发展。中央预算内投资和其他中央财政专项资金，加大对环保服务业的支持力度。"

《关于加快发展节能环保产业的意见》（国发［2013］30 号）中提出"加大中央预算内投资和中央财政节能减排专项资金对节能环保产业的投入，继续安排国有资本经营预算支出支持重点企业实施节能环保项目。地方各级人民政府要提高认识，加大对节能环保重大工程和技术装备研发推广的投入力度，解决突出问题。要进一步转变政府职能，完善财政支持方式和资金管理办法，简化审批程序，强化监管，充分调动各方面积极性，推动节能环保产业积极有序发展"。

六、技术创新鼓励政策

（一）已出台的鼓励政策

1. 推动环保产业企业技术创新。对重大环保科技攻关和重点国产化项目、环保新产品试制、环保科技示范工程，省计委、经贸委、科技厅、环保局等有关部门，在评估立项、科研经费、验收鉴定、成果推广等方面予以优先安排。企业实际发生的技术开发费，可以按实税前扣除；盈利企业当年技术开发费比上年增长 10% 以上（含 10%）的，经税务部门审核批准，允许税前再扣除 50%。对于符合国家及省环保产业鼓励目录的设备（产品），应按高新技术产品有关政策对待。

有关部门要把环保技术装备的开发优先列入高新技术产业发展计划，重视环保产业新技术、新工艺、新产品、新材料的研究和推广工作。对新办的从事环保咨询、环保信息、环保技术服务的内资企业，自开业起 2 年内免征所得税。

2. 鼓励环保装备企业运用先进适用技术进行技术改造。对环保装备企业技术改造项目，适当加大财政贴息力度，加快用高新技术改造传统环保装备产业的步伐。市科技局会同有关部门每年组织实施 5～10 项达到国内领先水平的环保高新技术研究及产业化项目，每个项目安排 10 万元，用于支持环保装备产业共性技术、关键技术的攻关，提升企业的科技水平和产品国际竞争能力。用好折旧政策，企业进行中间实验，报经税务部门批准，中试设备的折旧年限可在国家规定的基础上加速 30%～50%，以促进设备更新和技术改造。

3. 推动环保装备企业技术创新。对重大环保科技攻关和重点国产化项目、环保新产品试制、环保科技示范工程，有关部门在评估立项、科研经费、验收鉴定、成果推广等方面予以优先安排。基地企业可以优先推荐申报创新基金项目、高新技术产品和高新技术企业；列入省级以上重大科技攻关项目的给予下达经费 50% 的配套补助。被认定为国家、省高新技术企业分别给予 10 万元、5 万元奖励；获得国家环保实用技术推广的产品和国家、省级环保产品认证的企业，分别给予 5 万元、3 万元、1 万元奖励；环保装备企业实际发生的技术开发费，可以按实在税前扣除；盈利企业当年技术开发费比上年增长 10% 及以上的，经税务部门批准，允许税前再扣除 50%。鼓励支持环保装备企业与大专院校、科研院所以各种形式创建企业科技园和技术创新中心，其中基地内企业创办博士后工作站的，一次性补助 5 万元；被批准为国家级、省级高新技术研发中心的，一次性补助 10 万元、5 万元。对新办独立核算的从事环保咨询、环保信息、环保技术服务的内资企业，自开业之日起 2 年内免征所得税。

（二）创新鼓励政策取向

《"十二五"节能环保产业发展规划》（国发〔2012〕19 号）中提出"发布国家鼓励的节能环保产业技术目录。在充分整合现有科技资源的基础上，在节能环保领域设立若干国家工程研究中心、国家工程实验室和国家产品质量监督检验中心，组建一批由骨干企业牵头组织、科研院所共同参与的节能环保产业技术创新平台，建立一批节能环保产业化科技创新示范园区，支持成套装备及配套设备研发、关键共性技术和先进制造技术研究。推进国产首台（套）重大节能环保装备的应用"。

《关于加快培育和发展战略性新兴产业的决定》（国发〔2010〕32 号）提出："重点开发推广高效节能技术装备及产品，实现重点领域关键技术突破，带动能效整体水平的提高。加快资源循环利用关键共性技术研发和产业化示范，提高资源综合利用水平和再制造产业化水平。示范推广先进环保技术装备及产品，提升污染防治水平"。

《关于环保系统进一步推动环保产业发展的指导意见》（环发〔2011〕36 号）中提到："加强环保技术创新体系建设，增强环保产业持续创新能力。大力推进建立以企业为主体、产学研结合的环保技术创新体系，鼓励、支持环保企业与科研院所联合开展技术研发并建立长效合作机制，打造具有核心竞争力的产业集群，形成产业发展新优势。积极鼓励和引导龙头骨干企业组建创新基地、工程技术中心和重点实验室，培育建设一批环保科技研发机构和创新平台，加快培育建设一批环保产业孵化器，提高其培育和扶植科技型中小环保企业的能力。积极引导、扶持企业开发具有自主知识产权的环保技术装备、产品、材料和药剂。将产业化作为环保科技的重要考核指标，大力推进水专项等各项科研成果产业化，实施重大环保产业创新发展工程。各级环保部门要在水专项、公益性行业环保科研项目和各类环保科技计划中，加大或推动对环保企业参与环保科技创新的投入力度。在各类环保专项资金中，安排一定比例的资金支持环保新技术、新工艺、新产品的示范应用。完善政策环境、融资环境，以政府采购、以奖代补等多种方式加速环保高技术转化及其产业化发展"。

《"十二五"国家战略性新兴产业发展规划》（国发〔2012〕28号）中提出："以解决危害人民群众身体健康的突出环境问题为重点，加大技术创新和集成应用力度，推动水污染防治、大气污染防治、土壤污染防治、重金属污染防治、有毒有害污染物防控、垃圾和危险废物处理处置、减震降噪设备、环境监测仪器设备的开发和产业化；推进高效膜材料及组件、生物环保技术工艺、控制温室气体排放技术及相关新材料和药剂的创新发展，提高环保产业整体技术装备水平和成套能力，提升污染防治水平"。

《服务业发展"十二五"规划》提到"推动环保技术成果的转化和应用，开展关键技术工程示范，加快环境科技创新平台建设，完善环保服务业标准体系"。

七、社会化投融资政策

（一）已出台的投融资政策

1. 2007年7月，原国家环保总局、中国人民银行和银监会三部门联合提出了《关于落实环境保护政策法规防范信贷风险的意见》，通过市场的方式有力的遏制环境污染的经济金融杠杆"绿色信贷"制度正式确立。2009年12月，中国人民银行、银监会、证监会和保监会联合印发了《关于进一步做好金融服务支持重点产业调整振兴和抑制部分行业产能过剩的指导意见》（银发〔2009〕386号），要求金融部门和机构要积极创新金融产品，按照"绿色信贷"原则，加大对国家产业政策鼓励发展的新能源、节能减排和生态环保项目的支持。2005年10月，国家开发银行作为政府的开发性金融机构与原国家环境保护总局签署了"开发性金融合作协议"，"十一五"期间为规划项目提供500亿元人民币政策性贷款，支持中国环境保护事业发展。截止到2008年年末，国家开发银行环保及节能减排领域贷款发放余额达到2761亿元，占全行贷款余额的9.8%。

环境保护部积极与金融机构开展协作，2009年与中国银行签署了《关于支持环保产业发展的合作备忘录》，支持中国银行为环保企业，特别是中小企业提供贷款、融资服务，扶持环保企业发展。

2. 辽宁省积极协调相关部门，每年从省级环保专项资金中拿出5%设立环保产业发展基金，重点支持带动性强、产业链长、技术门槛高的重大成套关键技术的自主创新开发与推广应用。

3. 湖委办〔2009〕8 号规定市财政直接安排的工业转型升级发展资金总量今年不少于 1 亿元，其中循环经济发展专项资金（2009 年 500 万元）和节能降耗专项资金（2009 年 1500 万元）主要用于：一是实施重点节能技改项目。二是节能、节水和减排方面的技术、产品、工艺研发及推广应用项目。三是清洁生产项目。四是资源综合循环利用项目（中水回用、电子废弃物处理、垃圾焚烧发电等）。五是新能源和可再生能源开发利用项目。

4. 诸暨市财政在专项经费中每年安排 50 万~100 万元、市科技三项经费安排 20%、环保治理基金切出 20%，建立市环保装备产业发展专项资金，重点支持环保装备产业关键技术攻关、装备国产化示范工程、环保科技成果的转化和应用；支持环保装备产业企业技术改造和技术创新体系建设；扶持环保装备产业服务体系建设；扶持和培育基地内的重点骨干企业的发展。

5. 2002 年发布的《关于推进城市污水、垃圾处理产业化发展的意见》中鼓励城市政府用污水、垃圾处理费收费质押贷款。不少省市也已制定相应的政策，江西省将县（市）污水处理厂的特许经营权统一质押给省资产集团公司，向银行贷款融资，并实行集中建设、建成出让、统一还贷，使得向来慎贷、惜贷的金融机构趋之若鹜。福建省也出台政策允许投资企业用特许经营权向金融机构质押贷款，用于污水、垃圾处理厂的建设和运行。

（二）社会化投融资政策取向

《关于加快培育和发展战略性新兴产业的决定》（国发〔2010〕32 号）中提出"鼓励金融机构加大信贷支持。引导金融机构建立适应战略性新兴产业特点的信贷管理和贷款评审制度。积极推进知识产权质押融资、产业链融资等金融产品创新。加快建立包括财政出资和社会资金投入在内的多层次担保体系。积极发展中小金融机构和新型金融服务。综合运用风险补偿等财政优惠政策，促进金融机构加大支持战略性新兴产业发展的力度。积极发挥多层次资本市场的融资功能。进一步完善创业板市场制度，支持符合条件的企业上市融资。推进场外证券交易市场的建设，满足处于不同发展阶段创业企业的需求。完善不同层次市场之间的转板机制，逐步实现各层次市场间有机衔接。大力发展债券市场，扩大中小企业集合债券和集合票据发行规模，积极探索开发低信用等级高收益债券和私募可转债等金融产品，稳步推进企业债券、公司债券、短期融资券和中期票据发展，拓宽企业债务融资渠道。大力发展创业投资和股权投资基金。建立、完善促进创业投资和股权投资行业健康发展的配套政策体系与监管体系。在风险可控的范围内为保险公司、社保基金、企业年金管理机构和其他机构投资者参与新兴产业创业投资及股权投资基金创造条件。发挥政府新兴产业创业投资资金的引导作用，扩大政府新兴产业创业投资规模，充分运用市场机制，带动社会资金投向战略性新兴产业中处于创业早中期阶段的创新型企业。鼓励民间资本投资战略性新兴产业"。

《"十二五"节能环保产业发展规划》（国发〔2012〕19号）中提到"推动银行业金融机构在满足监管要求的前提下，积极开展金融创新，加大对环保服务业的支持力度。建立银行绿色评级制度，将绿色信贷成效作为对银行机构进行监管和绩效评价的要素。鼓励信用担保机构加大对资质好、管理规范的环保服务企业的融资担保支持力度。鼓励和引导民间投资和外资进入环保服务领域，支持民间资本进入污水、垃圾处理等服务行业"。

《关于加快发展节能环保产业的意见》（国发〔2013〕30号）中提出"大力发展绿色信贷，按照风险可控、商业可持续的原则，加大对节能环保项目的支持力度。积极创新金融产品和服务，按照现有政策规定，探索将特许经营权等纳入贷款抵（质）押担保物范围。支持绿色信贷和金融创新，建立绿色银行评级制度。支持融资性担保机构加大对符合产业政策、资质好、管理规范的节能环保企业的担保力度。支持符合条件的节能环保企业发行企业债券、中小企业集合债券、短期融资债券、中期票据等债务融资工具。选择资质条件较好的节能环保企业，开展非公开发行企业债券试点。稳步发展碳汇交易。鼓励和引导民间投资和外资进入节能环保领域"。

八、人才引进政策

（一）已出台的人才引进政策

1. "海外高层次人才引进计划"简称"千人计划"，主要是围绕国家发展战略目标，从2008年开始，在国家重点创新项目、学科、实验室以及中央企业和国有商业金融机构、以高新技术产业开发区为主的各类园区等，引进2000名左右人才并有重点地支持一批能够突破关键技术、发展高新产业、带动新兴学科的战略科学家和领军人才来华创新创业。同时，各省（区、市）也结合本地区经济社会发展和产业结构调整的需要，有针对性地引进一批海外高层次人才，即地方"百人计划"。2012 年 7 月 25 日，"千人计划"已引进各领域高端人才 2263 名。

2. 国家高层次人才特殊支持计划简称"万人计划"，是面向国内高层次人才的支持计划。2012 年 8 月 17 日，经党中央、国务院领导批准，由中组部、人社部等 11 个部门和单位联合印发。总体目标是，从 2012 年起，用 10 年左右时间，有计划、有重点地遴选支持 1 万名左右自然科学、工程技术、哲学社会科学和高等教育领域的杰出人才、领军人才和青年拔尖人才，形成与引进海外高层次人才计划相互补充、相互衔接的国内高层次创新创业人才队伍开发体系。

3. 江苏省高层次创业创新人才引进计划，重点围绕优先发展的重点产业，引进 500 名左右的高层次创业创新人才和若干人才团队，促进一批具有自主知识产权的重大科技成果转化和产业化，孵化一批高成长性的科技型企业，带动一批高新技术企业在核心技术及重大产品的自主创新方面进入国内一流或国际先进行列，打造一批快速发展、竞争优势明显的高新技术产品群和企业群。

4. 苏州工业园区的"金鸡湖双百人才计划"，从 2010 年开始，苏州工业园区用五年时间，每年投入不低于 2 亿元人才专项资金，重点引进和培养"千人计划"人才、中科院"百人计划"人才、江苏省高层次创新创业人才、姑苏领军人才、苏州工业园区科技领军人才、国际型学科领军人才、高端服务业领军人才等各级创新创业领军人才 200 名，高技能领军人才 200 名。通过产业吸引人才，人才引领产业，努力实现产业转型升级与人才结构优化的良性互动机制，把苏州工业园区建设成为高层次人才创新创业的首选地和智力经济特征明显的国际化人才高地。实施五大重点工程：科技领军人才创业工程、海外高层次领军人才创新创业工程、科教领军人才创新工程、高端服务领军人才创新创业工程和高技能领军人才队伍建设工程。

5. 深圳市分别在高层次专业人才的认定、住房、配偶就业、子女入学、科研津贴和国（境）外高级专家特聘管理 6 个方面为各类人才度身订造了一套完善的服务体系，发布了《深圳市高层次专业人才配偶就业促进办法（试行）》、《深圳市国（境）外高级专家特聘岗位管理办法（试行）》、《深圳市高层次专业人才住房解决办法（试行）》、《深圳市高层次专业人才学术研修津贴制度实施办法（试行）》、《深圳市高层次专业人才子女入学解决办法（试行）》等办法。

6. 切实做好服务业人才培养和引进工作。多渠道、多层次培养服务业人才。争取用五年时间培养 1000 名左右既了解省情特点、又熟悉国际规则的现代服务业国际化高端人才；有计划地在高等院校和中职学校增设服务业紧缺专业，扩大招生规模；加强服务业人才的继续教育，充分利用各类教育培训机构开展服务业技能型人才再培训、再教育；鼓励高校、企业合作开办人才实训基地，政府有关部门可给予适当资金补助；支持国（境）外从事现代服务业培训的职业资格认证组织来浙创办、合办培训认证机构，开展相关活动。

改善用人留人环境，加大服务业高端人才引进力度。抓紧制定并组织实施《浙江省现代服务业高端人才引进计划》，加快引进文化创意、工业设计、现代物流、金融商务、营销管理和软件与信息服务等高级专业人才。加大吸引在国外著名服务业机构从业的留学人才和外籍人才来浙领办、创办服务企业的政策扶持力度，积极为企业赴国内外引进服务业高端人才搭建平台、做好服务，必要时给予适当资金补助。对个人获得省政府、国务院部委及以上单位科学技术奖取得的奖励，免征个人所得税；对于报经省政府、国务院部委或国务院认可后发放的对优秀博士后、归国留学人员、浙江省特级专家等高层次人才和优秀人才的奖励，免征个人所得税。引进国家级科研机构、国家重点高校、海外知名大学、世界 500 强企业的高级技术职称或博士学位等高层次服务业人才，所支付的一次性住房补贴、安家费、科研启动经费等费用，可据实在计算企业所得税前扣除。对做出突出贡献的服务业人才，根据其实际贡献程度给予资助和补贴。鼓励以智力资本入股或参与分红。各级政府要在服务业高端人才密集的区域建立人才工作服务站，帮助解决各种困难和问题。对引进的服务业高级专业人才在住房等方面给予照顾。及时制定政策，解决外籍人才及子女的社会保险、医疗保险和就学问题。

（二）人才引进政策取向

1. 企业人才队伍建设。加快完善高校和科研机构科技人员职务发明创造的激励机制。加大力度吸引海外优秀人才来华创新创业，依托"千人计划"和海外高层次创新创业人才基地建设，加快吸引海外高层次人才。加强高校和中等职业学校战略性新兴产业相关学科专业建设，改革创新人才培养模式，建立企校联合培养人才的新机制，促进创新型、应用型和复合型人才的培养。

2. 《国务院关于加快发展节能环保产业的意见》（国发〔2013〕30 号）中提出，推动国际合作和人才队伍建设。鼓励企业、科研机构开展国际科技交流与合作，支持企业节能环保创新人才队伍建设。依托"千人计划"和海外高层次创新创业人才基地建设，加快吸引海外高层次人才来华创新创业。依托重大人才工程，大力培养节能环保科技创新、工程技术等高端人才。

3. 以人才、智力、项目相结合的引进形式，通过项目合作、技术咨询、技术承包、技术入股以及联建重点实验室、研究中心等方式引进高精尖人才，吸引拥有科学技术成果、发明专利或掌握环保高新技术、懂经营、会管理的复合型高层次环境科技人才。

九、环保服务业试点政策

党的十八届三中全会提出了"市场作为资源配置的决定性因素、推广政府购买公共服务、政府减少行政审批、建立法制政府和服务型政府、建立吸引社会资本投入生态环境保护的市场化机制，发展环境污染第三方治理"等，这些政策导向为环境保护进一步引入市场化竞争机制，发展以技术和社会资本为基础与依托的环境服务业，向社会提供各种类型的优质环境服务奠定了基础。《环保服务业试点工作方案》（环办［2012］141号）发布后，湖南、四川、山东、江西等地积极开展环保服务试点工作，在环境污染治理服务、区域环境质量服务、环境监测服务、环境金融服务、环境综合服务园区建设等领域进行了广泛大胆的探索和尝试。

山东省率先试点实施环境空气质量监测第三方社会化运营，以政府采购环保服务的方式来获取环境监测等方面的相关信息与服务。2011年，山东省环保厅发布了《山东省城市环境空气质量自动监测站 TO 模式试点工作实施方案》和《山东省环境空气质量自动监测"转让—经营"（TO）模式质量管理体系技术规定》。目前，全省17市144个空气站已全部实行 TO 模式。2013年，山东省办公厅发布的《关于印发政府向社会力量购买服务办法的通知》（鲁政办发［2013］35号），其附件服务指导目录中就明确提出环保服务的采购类别，进一步完善了山东省各级政府环保服务采购制度体系，为更多的环保服务纳入政府采购体系提供有效地示范经验。

十、市场监督管理政策

《"十二五"节能环保产业发展规划》（国发［2012］19号）中提出"严格节能环保执法监督检查，严肃查处各类违法违规行为，加大惩处力度。落实节能减排目标责任，开展专项检查和督察行动。加强对重点耗能单位和污染源的日常监督检查，对污染治理设施实行在线自动监控。加强市场监督、产品质量监督，强化标准标识监督管理。落实招投标各项规定，充分发挥行业协会作用，加强行业自律。整顿和规范节能环保市场秩序，打破地方保护和行业垄断，打击低价竞争、恶性竞争等不正当竞争行为，促进公平竞争、有序竞争，为节能环保产业发展创造良好的市场环境"。

《发展环保服务业的指导意见》（环发［2013］8号）中提出"严格环保执法监管，严肃查处各类环境违法违规行为，加大惩处力度。落实环保目标责任，开展专项检查和督察行动。加强服务市场监督，充分发挥各相关行业协会作用，加强行业和企业自律。整顿和规范环保服务市场秩序，打破地方保护和行业垄断，打击低价竞争、恶性竞争等不正当竞争行为，促进公平竞争、有序竞争，为环保服务业发展创造良好的市场环境"。

《关于加快发展节能环保产业的意见》（国发［2013］30号）中提出"研究制定强制回收产品和包装物目录，建立生产者责任延伸制度，推动生产者落实废弃产品回收、处理等责任。采取政府建网、企业建厂等方式，鼓励城镇污水垃圾处理设施市场化建设和运营。深化排污权有偿使用和交易试点，建立完善排污权有偿使用和交易政策体系，研究制定排污权交易初始价格和交易价格政策。开展碳排放权交易试点。健全污染者付费制度，完善矿产资源补偿制度，加快建立生态补偿机制"。

第三节　完善绿色产业制度

环保产业具有强烈的政策驱动型特征，这是该产业区别于其他战略新兴产业的一个十分突出的特点，主要表现在三个方面：一是政府不断提高的环境政策和标准是节能环保产业需求的重要推动力；二是环保产业发展初期必须配套政府的直接鼓励政策，如财政补贴、税收优惠、金融支持、配额交易、绿色采购等；三是环保产业具有混合经济的特征，一些环境服务具有公共物品性质，民营资本介入需要政府授权；水供应和污水处理等市政工程具有自然垄断特征，需要一定规模才具有经济可行性；私营企业作为主要参与主体的大量环境产品和服务，也需要政府制定好市场规则，以使企业在竞争中实现资源高效配置。

纵观世界各国环境保护的历史，我们可以看到，环境保护政策越健全，环境标准与环境执法越严格的国家，环保产业也就越发达，也就越具有在国际市场占有优势的环保技术。可以说，政府针对环保发展的政策因素是环保产业发展的首要驱动力，也是环保产业发展的基础。结合我国目前的环保政策导向和环保企业发展现状，从投融资、财税、法规的角度进行分析，并对目前止步难行的土壤治理行业进行剖析，提出政策建议如下。

一、财政投入制度

社会经济发展水平对环保产业发展的规模、速度以及技术水平等都有着重要影响，国家对环保产业的资金投入是环保产业发展的原动力，一方面，它可以影响市场主体的收入分配状况和投资结构；另一方面，它可以改变资金、劳动力、技术供给的流动方向，从而影响产业结构。作为国家宏观调控、优化资源配置的重要手段，合理的投入政策对推动节能环保产业发展起着至关重要的作用。

（一）确保环保投入增长幅度高于地方财政投入增长幅度

由于环保项目具有投资期限长、收益较低等特点，导致环保行业对一般商业资金的吸纳能力并不强，这使得目前我国环保行业的外部融资只能主要依靠财政预算资金投入。1997 年亚洲金融危机和 2008 年全球金融危机爆发后，中央政府分别安排 650 亿元国债和 2100 亿元用于生态环境建设，拉动了社会资本的跟进，建设了一大批污水垃圾处理设施，缓解了长期以来城市建设中环境基础设施滞后的矛盾。

2006～2010 年，我国环境污染治理投资总额呈逐年增加趋势，经过 2011 年的小幅回落之后，2012 年大幅增长至 8253.6 亿元，约占 GDP 的 1.6%。2006～2012 年我国环境污染治理投资占 GDP 比重在 1%～2% 之间，有效抑制了环境污染急剧蔓延，SO_2 和 CO_2 排放量有所下降，但其他主要污染物排放量仍呈增长之势，环境总体恶化的势头尚未得到根本遏制。这说明，现有环保投入幅度还不足以遏制环境污染。

根据财政部数据统计，我国财政环保支出由 2010 年的 1443.1 亿元增加到 2013 年的 1803.9 亿元，但在全国财政支出中的比重却由 3.0% 下降到 2.6%；2010～2012 年，全国财政节能环保支出年均增长 24.1%，2013 年中央财政节能环保支出 1803.9 亿元，比 2012 年下降 9.7%，2014 年中央财政节能环保支出 2109.09 亿元，虽比上年增长 17.0%，但却大大低于上五年的环保支出平均年增长率。这些数据显示，中央和地方财政环保支出总额虽然在逐年增加，但所占财政支出的比例并没有增加，投入总额增速也在降低，随着政府公共环境服务职能的不断强化，政府投资将起到不可替代的主导和带动作用，在城市环境基础设施建设、环境监测、农村环境整治、流域生态修复等方面仍需进一步加大投入力度。

比照国际惯例，当治理环境污染的比例达到 1% ~ 1.5% 时，可以控制污染恶化的趋势；当该比例达到 2% ~ 3% 时，环境质量可有所改善，可见，为了控制环境污染和生态破坏，改善环境质量就必须有充足的资金投入。参考国际经验显示的经济增长与环境指标之间的相对变化关系，按照我国现行的环境标准和目前的环境污染状况，若要控制环境污染，改善环境质量，建议每年从新增财政收入和土地出让金中切出一定比例，用于污染治理和环境建设，构建环保支出与 GDP、财政收入增长的双联动机制，从而引导政府新增财力向环保投资的倾斜，保证环保投入增长幅度高于地方 GDP 的增长幅度，保证环保投入占 GDP 的比重最少保持在 2% ~ 3%。

（二）尽快建立清洁水基金、清洁空气基金等财政投入基金

环境领域传统投资模式如国债投资、地方财政投入、社会资本、外国政府及国际金融组织贷款和地方政府环境资产的出售资金都在逐步完善中，除此之外，我们应开始寻求新的融资渠道。我国从 1994 年就开始酝酿建立国家环境保护基金，但目前为止建立的污染治理专项基金并不多，更多的是针对地方环境保护的基金，且基本以排污收费资金为基础建立。

发达国家很多是通过设立各种环保基金，对环境设施的运行加以支持。在美国，由联邦和州政府按照 4:1 的比例投入资本金设立清洁水州立滚动基金，1987 ~ 2001 年，这个基金共向 1 万多个水污染防治及饮用水项目提供了 343 亿美元的低息贷款，有效地保障了设施的建设和正常运行。目前这个基金周转情况良好，除每年都有 10 亿美元以上的本金和利息回流外，美国国会还根据美国环保局的"清洁水需求调查"，每年向滚动基金增拨 11 亿美元的联邦资金。

借鉴国际经验，我国应积极探索设立清洁环境专项基金，对环境基础设施的建设和运行提供资金支持。这样一方面能够为环保运营企业提供新的融资方

式和渠道，改善融资结构；另一方面也有利于环保资金使用效率的提高。由此建议，根据国际经验和我国环境现状，应尽快成立"清洁水基金"、"清洁空气基金"等环保产业国家财政投入基金，由各级财政划拨一定资金作为启动资金，每年由中央财政保证投入 1000 亿元，并将征收的污水处理费作为经常性资金来源纳入其中。投入方式由传统的拨款改变为贷款，同时配套低息或无息还款政策，建立较长周期的还款周期机制，促进基金滚动发展，缓解环保产业发展中遇到的资金短缺、投入期长等问题，带动财政资金的自我增长，促进绿色经济增长点的成长。

二、税收制度

环保产业是典型的政策驱动型产业，税收优惠是助推其发展的最为有效且易于操作的扶持措施。通过税收优惠，可以有效缓解长期以来因收费不到位、运行经费不足等影响企业正常运营和发展的问题，增强企业对环境保护的投资热情，吸引更多民间资本进入环保领域。同时也可以极大地减轻政府的财政支出压力和公众支付压力。西方国家经验表明，实行有利于环境的价格政策和税收政策，是防治污染、保护环境的两把利剑。

（一）进一步研究和完善促进节能环保产业发展的税收政策

1. 适时修订节能环保税收政策适用的目录。我国对资源综合利用和节能环保实行了一系列税收优惠政策，主要是通过"目录"来实现的，如《资源综合利用企业所得税优惠目录》、《环境保护专用设备企业所得税优惠目录》、《节能节水专用设备企业所得税优惠目录》、《大型环保及资源综合利用设备等重大技术装备目录》等。这些"目录"均采取定期调整或修订，由有关行业主管部门会同财税部门来执行修订工作。结合实际需要，通过扩大目录适用范围，可体现加大税收政策扶持力度。

2. 加大环境保护专用设备投资抵免力度，把脱硝设备纳入企业所得税抵免范围。工业排放污染是造成环境污染的主要原因，鼓励企业安装环境保护专用设备可以有效控制工业排放污染。现行企业所得税法对企业购置并实际投入使用的环境保护专用设备，在优惠目录范围内允许按投资额的 10% 抵免企业所得税，对减少工业排放污染发挥了积极作用。但现行优惠目录范围偏窄，目前只对脱硫、除尘等设备可以进行抵免，而治理 PM2.5 最有效的手段是安装脱硝设备，建议尽快修订并扩展环境保护专用设备优惠目录，将烟气脱硝等专用设备纳入优惠目录范围；同时将可有效减少工业排放污染的烟气脱硝、脱硫、除尘等大气污染防治设备的投资抵免所得税比例（10%）适当予以调高。这样，一方面可以促进污染治理步伐的加快，另一方面可以促进环保产业的发展。

3. 完善资源综合利用税收政策，鼓励循环利用废弃资源。资源综合利用既有利于缓解我国资源短缺矛盾，又可以减少废弃物排放。近年来，我国资源综合利用推进力度不断加大，2011 年全国煤矸石、煤泥发电装机容量达 2800 万千瓦、相当于减少原煤开采 4200 万吨；从钢渣中提取渣钢约 450 万吨、相当于减少铁矿石开采 1740 万吨，废弃资源已经成为支撑我国经济发展的"城市矿山"。为进一步促进综合利用废弃资源，建议在落实好现有资源综合利用税收优惠基础上，进一步加大税收支持力度，如对利用煤层气生产的电力实行增值税即征即退的政策，对利用国内废矿物油、地沟油等为原料生产的再生油实行免征消费税的政策，将垃圾发电纳入《资源综合利用企业所得税优惠目录》，减按 90% 计算应纳税所得额。

4. 运用惩罚性税收政策措施，限制高耗能、高排放行业发展。目前，粗钢、水泥、电解铝、平板玻璃等产能过剩行业，同时也是"两高一资"行业。2008 年以来，我国相继调整或取消了钢材、煤焦油、汽油、部分化肥等产品的出口退税，有效抑制了"两高一资"产品的出口需求。根据当前形势，可考虑进一步加大惩罚性税收政策力度。一是对一些大量消耗能源资源、易造成环境污染的"两高一资"产品（如非环保电池、焦炭、高硫煤）开征消费税。二是在继续执行现行限制"两高一资"产品出口退税政策的基础上，可研究对构成 PM2.5 主要成分的烃、烷、烯、酯、醛等挥发性有机物，调低或取消出口退税。三是对进口废油、废渣和高硫煤等容易污染环境的垃圾产品实行惩罚性关税，限制其进口。

5. 加快推进资源税改革。一是实行计征方式的改革，逐步将部分资源品种由从量计征改为从价计征。我国已全面推进了油气资源税从价计征的改革，下一步要择机推进煤炭资源税从价计征的改革试点。长远看，所有资源品种都应改为从价计征。二是适当扩大资源税征税范围。党的十八届三中全会决定明确提出：逐步将资源税扩展到各种自然生态空间。因为资源概念不限于矿产，广义的资源应当包括水流、森林、山岭、草原、荒地、滩涂等。近期，可先考虑将水列入资源税征收范围；长远看，其他资源都要逐步纳入资源税的征收范围。

6. 研究开征环境保护税。一是建立环境保护税法。环境保护税必须体现依法治国理念，已纳入国家一级立法进程，即建立环境保护税法。目前，国家有关部门已起草和上报《中华人民共和国环境保护税法》（草案）；将来，在国务院审议通过的基础上，按照有关程序提请全国人大立法机关审议。人大审议通过后，就可以开征环境保护税。二是环境保护税征税对象是污染物。包括大气污染物、水污染物、固体废物、噪音等。目前，只对一些污染排放物实行收费，将来可进行"费改税"，统一纳入环境保护税中，同时设立二氧化碳等若干个税目，择机开征。税负水平设计要适度，既要满足激励企业环境治理的要求，又要兼顾企业可承受的能力。

完善上述税收政策，虽然具有普惠性，但必将有利于促进节能环保产业的进一步发展。

（二）将环保类企业定性为高新技术类企业

2012年7月印发的《"十二五"国家战略性新兴产业发展规划》提出要针对战略性新兴产业特点，加快研究完善和落实鼓励创新、引导投资和消费的税收支持政策。针对节能、软件等产业，已有相应优惠政策。如2012年针对软件产业和集成电路产业，发布了《关于进一步鼓励软件产业和集成电路产业发展企业所得税政策的通知》，提出一系列税收优惠政策。目前，我国涉及环保企业的税中主要包括流转税、所得税、印花税、房产税、城镇土地使用税、车船使用税等，其中所得税是主要税种，税率为25%，优惠政策主要为"三免三减半"，这对于投资回报相对较低、回报期限较长的环保产业来说，作用并不明显，特别是对于一些BOT项目，由于建设期限较长，项目获得盈利时间较长，这样的优惠政策基本形同虚设。

《中华人民共和国企业所得税法》有对国家需要重点扶持的高新技术企业采取了15%的企业所得税税率的规定，但环保企业大部分属于中小企业，以目前的高新技术企业资格定义条件来看，绝大部分环保企业对高新技术资格可望而不可即。对于环保企业来讲，无论规模大小，基于其对复杂环境污染的环境治理和保护的作用，大多具有知识密集或技术密集的属性，且需有相当一部分的研发投入，基本符合国家对于高新技术企业的认定标准。

建议出台环保行业的专项税收优惠政策，比照高新技术企业所得税的征收标准，对环保企业所得税减按15%的税率征收，在15%优惠所得税率基础上，将"三免三减半",调整为"五免五减半",即企业从事符合条件的环境保护、节能节水项目的所得,自项目取得第一笔生产经营收入所属纳税年度起五年内免征所得税,第六年至第十年减半征收企业所得税。

(三) 将环保设施定性为公用公益性设施

节能环保行为是一种造福子孙后代的可持续发展行为,成本高、见效慢,具有显著的社会责任特性,需要政府发挥更多主动性,加大资金支持和政策引导力度来推动。近年来,随着市政公用事业改革不断推进,许多城市污水垃圾处理设施的运营主体由事业单位改为企业,治污设施的生产经营性用房及所占土地需要额外缴纳房产税和土地使用税,增加了环保企业负担,提高治污成本,不利于民间资本的进入。环保企业所从事的环境治理业务具有公益属性,应在土地和房产使用上给予充分的优惠导向。建议比照由国家财政部门拨付事业经费的单位免征房产税和土地使用税政策,对污水处理、垃圾处理等污染治理企业的生产经营性用房及所占土地的房产税和城镇土地使用税实行免征。

三、金融制度

我国环境污染治理资金主要来源于四个方面:排污费补助、政府其他补助、企业自筹及其他融资渠道,其他融资渠道包括银行贷款、股票市场、债券发行、环保基金、外资及污染治理设施建设运行市场化等。市场化改革推行的投资多元化在一定程度上缓解了污染治理投资不足的问题,但目前我国的环保融资主体和手段仍存在商业融资手段不足的问题,严重限制了环保企业的资金运作和行业发展,随着我国城市化和工业化进程的加快,环境污染治理资金需求越来越大,亟须建立起持续稳定的、适应于环保产业发展特点的投融资体系,从根本上解决环境污染治理资金短缺问题。

(一) 加大银行贷款优惠政策

作为企业融资的主要渠道,银行贷款是企业进行环保融资的重要方式。《国务院关于加快培育和发展战略性新兴产业的决定》中提到鼓励金融机构加大对战略性新兴产业的信贷支持。《"十二五"全国环境保护法规和环境经济政策建设规划》中提出要健全绿色信贷政策。构建绿色信贷环境信息的网络途径和数据平台。研究建立绿色信贷政策效果评估制度。2007 年,国家环保总局、中国人民银行、中国银行业监督管理委员会联合发布《关于落实环保政策法规防范信贷风险的意见》（环发［2007］108号），文件要求"充分认识信贷手段保护环境的重要意义"。

然而相对其他行业企业来讲，金融机构对环保企业的贷款积极性普遍不高。在市场经济条件下，金融机构往往愿意投资给高回报的产业，而大多数环保企业还处于中小型规模，仅仅是保本微利运行。同时，商业银行贷款利率高、周期短，也难以适应城市公用环境基础设施收益低、周期长的特点。

基于以上情况，建议国家鼓励各类银行向环保企业提供贷款，进一步促进银行实施环保产业优先的贷款体系，发挥环保融资的主渠道作用；考虑将环境政策审查作为信贷审查的重要内容和前置条件，增加贷款项目环境绩效考核，优先支持环境绩效好的贷款项目；对于污染防治项目，借鉴国外经验，适当放宽贷款期限、实行贷款浮动利率、延长信贷周期等优惠政策，同时，进一步落实收费权质押等项政策，为污染治理融资提供更多的创新金融产品。

（二）鼓励环保企业上市融资

利用股票市场融资是吸收社会闲散资金进行环保融资的有效手段，可以较好地利用市场机制。可以看出在符合监管要求的前提下，国家不断地鼓励环保企业通过股票市场募集资金实施节能减排项目，更是为环保、新能源、低碳经济、循环经济板块的相关企业建立绿色通道。《国务院关于加快培育和发展战略性新兴产业的决定》中提到要积极发挥多层次资本市场的融资功能。进一步完善创业板市场制度，支持符合条件的企业上市融资。《国家环境保护"十二五"规划》提出要推进环境金融产品创新，完善市场化融资机制。鼓励符合条件的地方融资平台公司以直接、间接的融资方式拓宽环境保护投融资渠道。鼓励符合条件的环保上市公司实施再融资。

1996年沈阳特种环保设备制造股份有限公司成为第一家向社会公开募股的环保企业，到1999年已经有30家与环保相关的企业上市，形成了证券市场中的环保板块。此外，还有不少上市公司逐渐介入环保业务。2007～2009年环保节能行业融资金额逐年增长，2009年达到10.51亿美元的历史高点，2010年小幅回调，2011年度再度活跃，2012～2013年在VC/PE行业整体低迷的大环境下，环保节能行业投资案例数量和规模连续两年下滑。

从股市表现来看，环保企业具有业绩优良、高成长型、获利能力强和股本扩张快等特性，已组成潜力板块。碧水源、万邦达两家环保企业的上市曾经引起轰动，环保上市企业一时的高市值引发关注，但环保企业上市数量多年来并没显著增加。当前，很多环保企业受规模限制无法进入股票市场融资，而利用国债的规模又取决于国债的发行规模和财政的投入力度，环保企业受资金限制，规模化发展的难度进一步加大。

建议加大鼓励环保企业通过上市融资的形式筹集资金，进一步完善我国的环保企业上市融资制度，同时逐步发展污染治理设施的市场化经营、试点排污权交易等融资渠道，这些新型的环保融资渠道可以减轻政府财政压力，为企业提供更多的机会和选择。

（三）推行环保产业企业债券

《国务院关于加快培育和发展战略性新兴产业的决定》中提出要大力发展债券市场，扩大中小企业集合债券和集合票据发行规模，积极探索开发低信用等级高收益债券和私募可转债等金融产品，稳步推进企业债券、公司债券、短期融资券和中期票据发展，拓宽企业债务融资渠道。

债权式融资模式具有集中性和可控性的特点，长期以来，我国环境治理过程中所需资金除国家划拨外，更多的依靠债权形式融资，尤其是依靠发行国债。随着我国经济的稳定增长，投资者对债券投资的信心增强，为企业发行债券提供了市场条件，同时，国债、企业债等的投入带动了地方、企业和银行等资金的投入，可产生放大效应，为解决重点污染治理问题提供更多的资金支持。1993 年国家颁布《企业债券管理条例》，允许在市政建设、农业水利及高新技术建设项目等发行债券。与股票相比，企业债券的发行成本较低，发行后股权和管理结构不受影响，还可以利用财务杠杆来扩大公司规模，增加股东利润。目前，环保相关的企业债券发债单位以国有大型企业、大型项目为主。如早期的 1999 年上海城市开发建设总公司发行 8 亿元债券，用于上海城市基础设施建设；2008 年年底首创股份发行不超过 18 亿元分离交易可转债，用于湖南等地的水务项目及进行债务结构调整；2013 年中国宜兴环保科技工业园发展总公司发行 10 亿元企业债券。

发展企业债券市场，有利于拓宽企业直接融资渠道，缓解企业资金压力。建议政府进一步健全企业债券市场，鼓励环保企业发行绿色企业债券，能充分调动各类投资者的积极性，将社会资本逐步转变为环保产业资本，以维持整个环保投资规模，从而确保我国环保事业发展的连续性。但与国际市场相比，我国企业债券的发展严重滞后。从企业债券所占融资的比重看，大多数发达国家为 15%～20%，美国高达 36%，而我国企业债券只占 2% 左右。

目前我国环保产业的债券形式以国债为主，作为一种效果明显的融资手段，对环保企业的融资能力提供巨大的拉动力，有利于集中社会闲散资金进入环保领域，但国债为主的债券发行方式容易造成地方过多依赖中央的问题，且在我国环保企业除了少数国有企业，其他企业在国债资金的取得上具有相当的难度，所以要充分研究市场机制对资源优化配置的作用。考虑到未来我国环保投资的巨大缺口，在长期建设国债的同时，建议合理调整债券项目结构，继续采取倾斜扶持安排，稳定长期建设国债用于环保的支出，同时抓紧研究推行并逐步完善企业债券发行制度。

四、价格制度

价格机制是市场机制中的基本机制，是市场机制中最敏感、最有效的调节机制，对于作为政策驱动产业的环保产业来讲，价格机制的影响尤其重要。合理的价格政策能够逐步理顺市政公用产品和服务的价格形成机制，引导市场资金的流向，促进产业取得长足发展。

（一）将污泥处理成本纳入污水处理费

在我国，污泥处理一直是行业内所忽略的领域，随着我国污水处理能力的提升，污泥产量大幅增长，经过近年的快速发展，污水处理市场已从设施建设向运营转变，而随着运营市场的完善，随之而来的就是污泥问题的凸显。

污泥是在污水处理过程中产生的固体废物，其产量约占整个处理水量的 0.3%～0.5%，按照《十二五全国城镇污水处理及再生利用设施建设规划》，到 2015 年年末，我国干泥生产将至少达到 1604 万吨。直辖市、省会城市和计划单列市的污泥无害化处理处置率达到 80%，其他设市城市达到 70%。但目前，全国范围内真正按照"减量化、无害化、资源化"原则有效处理的污泥量仅为 10% 左右，这与欧美等发达国家普遍超过 50% 的处理水平还存在较大差距，排放的污泥大多未经过稳定处理后便简单填埋，而污泥中含有大量的有毒有害物质，不处理会造成二次污染，这给垃圾填埋场造成极大的压力。2009年国家出台了《城镇污水处理厂污泥处理处置及污染防治技术政策（试行）》

（建城［2009］23 号），要求通过污水处理费、财政补贴等途径落实污泥处置费用。"十二五"开局之初又发布了《关于进一步加强污泥处理处置工作组织实施示范项目的通知》，要求各地有关部门高度重视污泥处理处置工作。

当前常用的污泥处理方法主要有填埋、堆肥、焚烧及水泥窑协同处理，成本投入均不低，一般推算，填埋成本在 500～760 元/吨，堆肥成本在 300～350 元/吨，焚烧成本在 770～1000 元/吨，而目前许多城市仅是将污水处理费计入水价一并收取，并没有体现污泥处理的成本。从成本核算分析，每吨湿污泥的运行费用应包括投资、运营、物料运输及企业合理利润，即使不包括污泥运输成本也在 100 元以上，才能保证污泥处理处置工程的有效性、安全性和环保性。而污泥运输成本占比也较大，政府补贴也应计入进项目成本核算中。建议考虑优化污泥设施建设经费、污泥处置补贴经费与污水处理厂的经费投入配比，改善"重水轻泥"的现状。按照污染治理成本核算，建议将污泥处理费按 0.3 元/吨的标准计入污水处理费中加以征收。

（二）将飞灰、渗滤液处理成本纳入垃圾处理费

据报道，目前我国约有 2/3 的城市陷入垃圾围城的困境，仅"城市垃圾"的年产量就超 2 亿吨，且每年仍以 8% 左右的速度递增，影响城市景观，同时污染大气、水和土壤，对居民的健康构成威胁，成为城市发展中的重要问题，及时有效地解决城市垃圾处理对促进资源节约型、环境友好型社会建设具有重要的意义。我国的垃圾处理以垃圾填埋处理和垃圾焚烧处理为主，根据我国垃圾处理无害化、减量化、资源化的原则，渗滤液和飞灰处理问题日益凸显，处理不当将引起二次污染。

根据"十二五"规划，垃圾焚烧产业将呈爆发式增长，占生活垃圾无害化处置比例将由 2010 年的 19.62% 上升至 2015 年的 35.24%，沿海地区占比要达到 48%；日处理能力由 8.96 万吨/日上升至 30.72 万吨/日。随着垃圾焚烧产业的增长，飞灰产生量也将大幅增多，如这些飞灰不能得到安全处置，将是危害环境的极大隐患。2008 年《生活垃圾填埋污染控制规定》实施，飞灰经严格预处理后，可以进入生活垃圾填埋场填埋处置。基于目前技术水平，飞灰处理成本约要 800～1000 元/吨，相当于每吨垃圾中飞灰处理成本为 30 元，成本高昂。中国的垃圾处理收费还处于起步阶段，很多地方甚至还没有开征垃圾处理费，更不用说将末端的飞灰处置成本纳入其中。即使在开征垃圾处理费的城市中，很多还在沿用 20 世纪 90 年代的征收方案，例如北京市每月每户只

收 3 元。绝大部分地区的垃圾处理费只占垃圾处理成本的 20% ~ 30% 。收费低及政府针对飞灰处置补贴机制的缺失，都不利于垃圾焚烧飞灰的安全化无害化处置。

2012 年，我国共有城市生活垃圾处理设施 701 座，其中卫生填埋场就有540 座，垃圾渗滤液日均产生量已超过 12 万吨。垃圾堆放和垃圾填埋都必然会产生成分复杂、污染性极强的垃圾渗滤液，其作为一种特殊废水，处理的投资、运行成本远远高于一般城市、工业污水，以目前采用较多的膜处理技术为例，每吨渗滤液的建设成本约为 5 万元，运行成本为 50 元/吨左右。高昂的处理和运行成本让很多垃圾处理企业望而却步，成为制约垃圾处理行业发展的瓶颈，更甚者有些企业采取了偷排漏排的手段，严重污染了生态环境，严重危害了人体健康。

基于以上问题，建议各级财政专项资金健全对飞灰和渗滤液处理的激励和补贴机制，适当提高居民垃圾处理收费标准，从收益上拉低垃圾处理成本，从而促进垃圾数量增长和处理问题的进一步解决。

（三）将脱硫脱硝除尘电价进一步完善

对主要污染物实行总量控制，最有效的办法就是使污染物减排成本集成化，在有关资源产品价格中纳入环境成本，建立环境价格形成机制。近年来，最成功的案例就是 2004 年开始实行的脱硫电价政策，2004 年国家发改委出台1.5 分/千瓦·时脱硫电价政策，2011 年国家发改委又出台 0.8 分/千瓦·时脱硝电价政策，相关政策的出台，调动了企业脱硫的积极性，推动了城市兴建污水处理厂的进程，极大地刺激了脱硫行业的发展，对"十一五"期间国家顺利完成 SO_2、CO_2 减排目标起到了重要的作用。

借鉴成功经验，环境政策更多地着眼于经济手段，充分发挥价格信号的引导、调节作用，加快推动污染治理成本内部化进程，逐步建立环境价格形成机制。建议推行污染减排的综合电价政策。考虑到中国城市 PM10 和 PM2.5 污染严重的现状，并考虑电价政策的公平性，建议有关部门尽快出台 0.2 分/千瓦·时除尘电价政策，并进一步调整脱硫脱硝电价政策，依据脱硫脱硝成本核算，将高硫煤脱硫电价调整至 1.8 分/千瓦·时，低硫煤脱硫电价调整至 1.1分/千瓦·时，脱硝电价调整至 1.0 分/千瓦·时等，使电价补贴与污染治理成本相符。

五、土壤治理制度

我国的大气和水污染治理已经走了将近 40 年的历程，但是土壤污染治理与修复还处于摸索和起步状态。我国土壤污染防治面临的形势很复杂：部分地区土壤污染严重，土壤污染类型多样，呈现新老污染物并存、无机有机复合污染的局面，土壤修复工作就显得更为严重和复杂，土壤治理修复需求紧迫。

（一）尽快完善相应的法律法规标准体系

我国关于土污染防治的相关法律法规分散不系统，且基本都是原则性的规定，缺乏操作性的细则和责任追究调控，我国还没有一部专门针对土壤的污染防治法，相关标准体系也不完善，只有一部针对土壤环境质量的国家标准——《土壤环境质量标准》。要解决土壤污染治理的问题，需尽快完善我国土壤环境管理的法律法规、技术规范和标准体系。建立健全土壤污染监测防治体系、污染举报制度，对土壤污染过程进行管理和监督。针对我国不同地区的土壤污染特点、过程和规律，研发和建立有效的防治土壤污染技术体系，开展污染土壤修复与综合治理试点示范。

（二）尽快建立土壤治理和修复的经营模式

土壤修复一般包括污染场地修复、矿山土地修复和耕地修复三种类型，一个污染场地的修复一般需上亿元资金，保守估计我国场地修复的资金需求约达6000 多亿元，"十二五"期间，国家治理重金属污染的投入将达 595 亿元，而用于防治土壤污染的全部财政资金将达千亿元，我国目前对土壤修复投入的资金完全达不到市场需求。美国在 1980 年通过了《综合环境反应、赔偿和责任法》，建立了环保超级基金，主要用于治理国内未处理的危险废物公共污染，而我国目前还没有这样专门用于修复治理的资金计划。在此形势下应尽快制定长远规划，出台相关政策，积极探索土壤修复的市场化机制，探索 PPP 模式在土壤治理和修复领域的运用。资金成为制约土壤修复行业发展的一大瓶颈，在建立相关的土壤污染防治与修复基金中加大民间资本注入，减轻融资压力，同时还应多方面大力鼓励民营资本进入这个领域，在准入条件、税收、技术、人才等方面予以积极扶持，多条腿走路发展土壤修复相关产业。

建议对于增量土壤污染，遵循"谁污染，谁治理"的原则，采用"谁污染，谁付费"的方式，建立全国联网的土地污染档案，落实增量土地污染的责任主体，为今后土壤污染治理找好买单者。

建议对于存量房地产开发类项目，可以通过商业模式加以解决。而对于存量类的城市公共类土壤修复项目（如公园、绿地）等，在财政兜底的前提下，可以尝试借鉴美国"棕地开发"模式，通过超级基金的方式，多方位解决土壤修复资金来源，建立土壤污染安全保障专项资金，完善土壤污染治理经营模式。

六、法律法规

（一）完善相关法规制度体系

为确保污染物排放和环境质量"双达标"，必须将环境战略、目标、制度和政策以法律形式固定下来，为污染治理奠定坚实的法制基础。当前应抓紧修订环境保护法，以及三个单项污染防治法律，即大气污染、水污染和固体废物污染环境防治法，加快制定《土壤污染防治法》等法律，同时结合环保产业的发展制定《特许经营法》等运营法规，制定并完善相关的环境标准。目前《环境保护法》修订已启动立法程序，该法修订已引起社会各界广泛关注，该法的出台将推动"环境优先"的发展原则，将促进保障公众环境权益的意识传播。结合我国目前环保产业发展的现状，环保法律法规制度的完善应重视以下几个方面内容：

1. 环境管理制度方面，除完善现行管理制度外，应补充规定的环境管理制度，如政策和规划环境影响评价制度、污染物总量控制制度、环境质量管理制度、环境功能区划制度、环境信息公开制度和环境基础设施特许经营制度等。

2. 环保投入方面，应比照《科技进步法》、《教育法》等其他行业的主导上位法，对我国的环保投入做出明确规定，即国家财政用于环境保护支出的增长幅度，应当高于国家财政经常性收入的增长幅度。全社会环境保护投入应当占国内生产总值适当的比例，并逐步提高。

3. 环境经济政策方面，应将近年来行之有效的政策用法律形式固定下来，如环境设施有偿使用制度、环境价格形成机制、环境设施建设运行的市场化机制、生态补偿机制等，对正在逐步推行的环境税、环境保险、排放权交易、绿色信贷等，法律应明文予以鼓励。

4. 公众参与方面，应将公益诉讼、公众环境监督等做出明确的法律规定。

（二）落实并加强执法和监督

1. 在完善法律体系的同时，加大环保执法力度。如执法力度不足，难以使潜在的环保产业市场转化为现实市场，难以达到环保产业市场有序、稳步发展的目标。应加大环保法律法规和标准的执行力度，为潜在的环保产业市场的现实转化提供最根本动力。

2. 加强对环保产业市场的监督管理。打破地方、行业保护和市场封锁，严格执行招投标制度和工程监理制度，执行规定的建设程序，保证市场的公平和公正。

3. 建立环保产品标准体系，开展环保产品认证、评定工作。坚持企业自愿、第三方认证、国家统一管理的原则，提高环保产品进入市场的"门槛"，加强环保产品质量的监督管理，使产品质量成为竞争制胜的根本。

4. 发挥社会和中介组织的作用，加大宣传和信息公开力度。推进企业环境信息的披露，并使之成为股票上市、产品质量评定等的依据之一，通过政府、企业和社会的共同努力，为环保产业发展创造一个开放、有序、公平竞争的市场环境。在充分发挥市场配置资源基础性作用的同时，调动政府和企业两方面的积极性，促进我国环保产业的健康快速发展。

参考文献

[1] 叶薇：《中国绿色技术现状及成因分析》，载于《科技进步与对策》2002 年第 3 期，第 31～32 页。

[2] 王峰、刘靓：《我国绿色技术创新实践现状与政策探析》，载于《中国科技信息》2010 年第 13 期，第 295～296 页。

[3] 王兵、叶薇：《中国绿色技术现状分析》，载于《江苏科技信息》2001 年第 8 期，第 6～8 页。

[4] 白泉、时璟丽、高虎、李俊峰：《我国能源技术的现状、问题及建议》，载于《能源技术》2007 年第 4 期，第 195～198 页。

[5] 许传凯：《煤清洁燃烧技术在我国的发展》，载于《热力发电》1997 年第 2 期，第 2 页。

[6] 吴秀云、卫立冬：《我国绿色产业的发展现状及对策研究》，载于《衡水学院学报》2005 年第 4 期，第 16～18 页。

［7］杜家廷、倪志安：《关于我国绿色产业发展现状及对策研究》，载于《重庆工学院学报》2001 年第 3 期，第 56 ~ 59 页。

［8］张昌勇：《我国绿色产业创新的理论研究与实证分析》，武汉理工大学，2011 年。

［9］中国石油集团经济技术研究院：《2013 年国内外油气行业发展报告》。

［10］冯长根：《选择培育战略性新兴产业的几点建议》，载于《科技导报》2010 年第 9 期，第 19 ~ 21 页。

［11］任赟：《我国环保产业发展研究》，吉林大学，2009 年。

［12］赵云皓、逯元堂、辛璐、孙宁：《促进环保产业发展的财政资金政策实践与展望》，载于《中国人口·资源与环境》2012 年第 S1 期，第 20 ~ 23 页。

［13］曹红辉：《我国环保产业的投融资战略选择》，载于《中央财经大学学报》2000 年第 8 期，第 5 ~ 7 页。

［14］夏杰长、赵学为：《促进环保产业发展的财政金融对策》，载于《经济与管理研究》1999 年第 6 期，第 39 ~ 41 页。

［15］梁云凤、高辉清：《鼓励绿色技术创新的财税政策建议》，载于《税务研究》2009 年第 11 期，第 17 ~ 20 页。